卫星导航技术及应用系列丛书

GNSS 反射信号处理
基础与实践
（第 2 版）

杨东凯　王　峰　著

U0299575

电子工业出版社·
Publishing House of Electronics Industry
北京·**BEIJING**

内 容 简 介

本书介绍 GNSS 反射信号接收和处理的基本方法及应用。在系统分析 GNSS 信号的基础上，深入阐述 GNSS 信号反射后的典型特点，从射频接收、中频处理和观测量提取等不同角度讨论 GNSS 反射信号接收机的软硬件设计，就海洋遥感、陆地遥感和几个新型应用（如空中移动目标探测、河流边界监测和地表水体识别）做全面的介绍和探索。书中内容涉及岸基、地基、机载和星载等多种不同的配置模式，也包括单天线干涉法和双天线协同法两种信号处理方法。在理论模型和算法性能仿真验证中所采用的数据，有的来自作者研究小组自行开展的试验，有的来自与合作伙伴共同开展的试验，也有的来自国内外公开的数据集经处理后的结果。

本书可供卫星导航相关领域（电子通信、雷达遥感、航空航天和计算机等）及对地观测相关领域的高校师生学习使用，也可作为海洋、气象、农业、水利和环境等领域从事应用研究的工程技术人员及科技管理人员的参考书。

图书在版编目（CIP）数据

GNSS 反射信号处理基础与实践 / 杨东凯，王峰著.
2 版. -- 北京 : 电子工业出版社，2025. 1. --（卫星导航技术及应用系列丛书）. -- ISBN 978-7-121-49176-4

Ⅰ. TN967.1；P228.4

中国国家版本馆 CIP 数据核字第 2024AX8328 号

责任编辑：张来盛　钱维扬
印　　刷：河北鑫兆源印刷有限公司
装　　订：河北鑫兆源印刷有限公司
出版发行：电子工业出版社
　　　　　北京市海淀区万寿路 173 信箱　　邮编：100036
开　　本：720×1000　1/16　印张：19.75　字数：379.2 千字
版　　次：2012 年 5 月第 1 版
　　　　　2025 年 1 月第 2 版
印　　次：2025 年 1 月第 1 次印刷
定　　价：158.00 元

第2版序
FOREWORD

多个全球导航卫星系统（GNSS）的发展极大地推动了信息化社会的发展，其所提供的时空服务已深入人类生活的各个方面，开辟了人类高效、精准利用时间和空间信息的新时代。北斗系统是我国独立自主建设的全球导航卫星系统，经过近30年的发展，经历了从无到有和从有到强的历程，取得了举世瞩目的成就，已成为国家战略空间基础设施之一，在智能交通、无人驾驶、智慧城市及灾害监测等领域已经发挥了极其重要的作用。随着北斗产业链的不断完善，培育新型应用领域以及深入与其他学科的交叉融合，将进一步丰富北斗应用体系，繁荣北斗应用生态。

导航和遥感是获取空间信息的两种手段，前者解决了空间的连续时间和定位问题，而后者解决了空间的物理特性测量问题。遥感技术利用目标辐射、折射或散射的电磁波信号来反演目标的物理参数，从这个角度讲导航卫星发射的电磁信号自然就是先天的遥感资源。全球导航卫星系统（GNSS）反射信号的遥感应用就是其中的典型代表，简称为 GNSS-R，已经成为全球近 30 年来的研究热点。基于 GNSS 的星座特点及收发分置的双基或多基配置特征，GNSS-R 技术具备辐射源多、设备功耗低等优势，已经在海风海浪监测、土壤湿度监测等海洋、气象和农业遥感中得到了应用，取得了较好的效果。

北京航空航天大学杨东凯教授自2003年开始研究GNSS反射信号应用的理论方法，带领团队在物理机理研究、数学模型构建、接收机软硬件研发和现场试验验证及应用推广等方面做了大量卓有成效的工作。2012 年在国家科学技术学术著作出版基金的资助下出版了《GNSS 反射信号处理基础和实践》一书，是国内首本系统论述 GNSS-R 信号处理和应用实践的专著，对推动该技术的发展发挥了重要作用。经过十多年发展，该团队持续在 GNSS-R 技术领域深耕，从信号处理方法到接收机设计和反演应用等方面均取得了系列新成果，本书第 2 版正是对其近 10 年工作的总结和梳理。第 2 版除对第 1 版内容进行重新梳理外，增加了该团队近年来所取得的新的研究成果，拓展了新内容，能使读者对 GNSS-R 技术有更全面和系统的认识。书中所涉及的技术和成果对推动全球导航定位系统的遥感应用和繁荣我国北斗系统的应用生态具有重要意义。

本人和杨东凯教授相识多年，深知十年如一日地在一个领域持续研究的艰辛，今应邀为本书写序，衷心祝贺本书的出版。相信本书的出版可为从事 GNSS 和遥感技术，以及二者交叉融合研究的教师、学生和科研人员提供系统的参考。也希望能有更多读者通过阅读本书，了解、热爱并投身到 GNSS-R 技术的研究之中，共同推动我国北斗导航卫星系统的繁荣发展。

中国科学院院士 杨元喜

2024 年 10 月

第1版序
FOREWORD

全球导航卫星系统（GNSS）经历了 40 余年的发展，已经在国家的经济社会和人们的日常生活中发挥了越来越重要的作用，并逐渐成为国家空间信息基础设施的重要组成部分。随着我国北斗系统建设进程的加快，欧盟伽利略计划的实施，美国 GPS 和俄罗斯 GLONASS 现代化的推进，GNSS 的应用正日益改变我们的生活。可以说，GNSS 的应用已经远远超出了人们的想象。

在众多 GNSS 的应用领域中，GNSS-R 是自 20 世纪 90 年代初开始发展起来的一个分支。利用经反射后的导航卫星信号，对反射面物理特性和参数进行反演，是典型的反问题。美国、欧盟在该领域的发展较为领先，都在低轨卫星上安装了 GNSS-R 接收机，并通过机载、陆地实验获得了海面风场、土壤湿度、海冰等的大量观测数据，研究了相应的反演模型。GNSS-R 中的研究内容，如导航卫星信号的反射机理，信号能量、相位及频率随反射面物理特征变化的数学模型，反射信号接收处理算法，各类参数反演模型等，已成为 GNSS-R 领域的重要科学问题和备受国内外学者广泛关注的研究热点。

国内青年学者杨东凯教授在国家突出贡献专家张其善教授的指导下，近年来在 GNSS-R 相关领域开展了大量深入、细致的研究工作。他们承担了国家 863 计划课题"GNSS 反射信号接收处理公共平台"，积极倡导并参与了北斗系统的海风海浪探测应用示范，成为国际上该领域十分活跃的研究团队。通过持续研究，已在反射信号精细跟踪、功率波形生成，相关接收处理等方面取得了一系列独具创新性的研究成果。

两位教授所著的《GNSS 反射信号处理基础与实践》一书，在总结他们多年研究成果的基础上，参考了国内外相关领域的最新研究进展，对 GNSS-R 理论和方法进行了全面、系统、深入的阐述，其内容涉及 GNSS 反射信号的电磁波理论、反射信号接收处理方法、海面风场探测、有效波高测量、土壤湿度测量等问题，初步形成了较为完整的 GNSS 反射信号接收处理的理论和方法体系，这是我国学者在 GNSS-R 研究领域所做的重要贡献。书中所介绍的技术方法和研究成果对推动我国北斗的应用，也具有重要的工程参考价值。

我衷心祝贺本书出版以及本书作者取得的成果，相信本书的问世对我国卫星导航事业的发展将会发挥重要作用。

中国工程院院士

2011 年 10 月

伟大的时代，造就了伟大的事业。

时值 2020 年，我国的北斗三号正式全面建成，对全世界提供卫星导航服务。著者团队在国家科学技术学术著作出版基金的支持下，出版了《GNSS 反射信号海洋遥感方法及应用》，得到了社会的广泛关注，为拓展北斗的创新应用提供了一个参考。该书是著者在总结本书第 1 版后续推广成果的基础上撰写的；本书第 1 版的撰写可追溯至 2008 年前后，于 2012 年北斗正式在亚太提供服务之时出版。转眼十多年过去了，当时书中所描绘的软硬件设计、提出的信号处理方法，以及所探索的应用都有不同程度的发展。就信号处理方法而言，多数已趋于成熟并逐步开始商业化，创新的应用（如成像、目标探测等）已由概念论证进入到被学术界和用户初步认可的阶段，算法、模型乃至数据处理结果也有较大的进展。

基于上述考虑，著者两年前就联系电子工业出版社着手对第 1 版进行修订再版，更新当前对 GNSS 反射信号处理及应用的认知，反映现阶段国内外研究前沿，拓展北斗在农业、气象、海洋、水利、灾害及环境监测中的应用广度与深度。这一设想很快得到了出版社及相关编辑的支持，于是有了今天的第 2 版。

随着北斗卫星导航系统（BDS）的日益完善，其星座和信号特点的优势日趋显现，在利用其反射信号进行遥感探测等方面同样有不俗的表现。著者团队多年来以 GNSS 反射信号为研究方向，并将北斗作为重点拓展领域。相较于 2012 年的版本，本书第 2 版在以下方面进行了重新梳理和补充：

（1）对导航卫星信号的描述，改变了常用的按系统梳理的模式，而是从信号体制出发，即以扩频测距码的本质特征为核心，新的信号体制如二进制偏移载波（BOC）是作为其扩展出现的。各大导航系统包括 GPS、GLONASS、

Galileo 和 BDS 的信号均是通用信号体制的一个实现案例。

（2）随着集成电路的飞速发展，GNSS 反射信号接收机的软硬件设计也有很大的变化，书中详细阐明了著者课题组的新一代接收机设计和结果，为行业应用和推广提供基础设施。

（3）在初版中所讨论的土壤湿度应用仅仅是作为测试介绍的，而第 2 版中则用一整章，就单天线、双天线模式基于不同的观测量开展土壤湿度探测应用做了深入的分析和探讨。

（4）将初版中的 GNSS-R 成像一节内容扩展成了一章，并梳理总结了著者课题组开展的 GNSS 反射信号成像的研究结果，包括几何构型、信号模型、处理算法及试验论证等。

（5）从数学模型、系统构型、算法实现、仿真论证及试验验证等不同的角度，给出了空中目标探测、内陆水体探测及河流边界参数测量等一些新型应用。

可以说，第 2 版的内容比初版覆盖更加全面，分析更加透彻，设计更加新颖，充分体现了当前著者团队的最新研究成果，希望能给广大读者以耳目一新的感觉。

本书的出版得到了著者研究小组多位研究生的帮助，邢进、汉牟田、吴世玉、张国栋、苗铎、杨鹏瑜、况珂源、甄佳欢、谭传瑞在文献核查、文字梳理和图表绘制等方面均贡献了很多宝贵的时间和精力。本书第 2 版有幸得到了中国科学院院士杨元喜的支持，并应邀为本书作序，在此表示由衷的感谢。北航 PNaRL 实验室的朱云龙老师对第 2 章的内容进行了文字整理工作，博士后洪学宝对第 7 章内容进行了整理编辑工作，对此一并表示感谢。

尽管著者竭尽所能，书中疏漏和不足仍在所难免，真诚欢迎读者和同行不吝批评、指正。我们共同推动北斗系统的创新应用，也共同拓展 GNSS 反射信号的应用范围和应用深度。

著　者

2024 年 10 月

利用全球导航卫星系统（GNSS）的反射信号进行反演是 GNSS 领域当前的研究热点之一。自 1993 年海外学者发现这一现象以来，美国航空航天局和国家气象局，欧洲空间局和卫星气象中心，澳大利亚、日本和中国的学者就一直对反射的导航卫星信号进行各个层次的研究，其应用领域涉及海洋气象参数（如海浪、海风、海水盐度、海冰等）的反演，土壤湿度、森林覆盖等参数的反演，移动目标探测和地球表面成像等内容。该领域的研究大多集中在反射信号接收处理设备研制、信号处理算法研究、物理反演模型研究。其中，美国和欧洲走在该领域的前列，并已经在陆地、航空和卫星三类载体上配备 GPS 反射信号接收机，进行了大量的数据采集和处理实验，初步获得了有效的海面风场反演模型。

我国对 GNSS-R 遥感探测技术的研究尚处于起步阶段，第一篇文章于 2002 年在"海洋监测高技术论坛"上发表，其后刊登在《高技术通讯》2003 年 3 月增刊上。此后，在国家 863 计划（2002AA639190）的支持下，著者带领研究小组在国内首次自主研制了 12 通道机载串行延迟映射接收机系统，并于 2004 年 8 月成功完成了机载试验。2006 年和 2007 年分别在国家 863 计划 2006AA09Z137 和 2007AA127340 的持续支持下，著者研究小组在黄海、渤海、南海等海域进行了海岸地面实验与航空飞行试验，取得了大量原始数据。2008 年在国家自然科学基金（60742002）的支持下，研究小组对基于 GNSS 反射信号的移动目标探测进行了理论分析与初步的数据采集实验。针对海洋测风、海面测高、目标探测及土壤湿度等应用领域，著者研究小组发表了一系列学术论文，申请并获批了多项国家发明专利。目前，GPS 反射信号接收机在中国气象局所属的海洋气象观测站进行实时观测，数据处理正在同步进行之中，已经取得了初步的业务数据分析结果。

中国科学院、总参气象水文总局以及国内多所高校对该领域也进行了深入的跟踪研究，完成了实际的数据采集与分析处理实验，取得了一些对进一步研究具有指导意义的学术成果。本书在国家科学技术学术著作出版基金的资助下，总结了著者所承担的国家 863 计划课题和国家自然科学基金课题的研究成果，从 GNSS 的现状出发，分析了 GNSS 反射信号的特性和接收处理的基本方法，对反射信号接收机的设计从硬件和软件两个角度进行了详细的讨论，针对海面测风、海面测高两个应用领域全面总结和论述了 GNSS 反射信号的应用模型以及著者研究小组所取得的实际测试结果，并对土壤湿度测量、移动目标探测和表面成像进行了初步的探索。

本书基于著者近年来对 GNSS 反射信号接收处理技术及应用研究所取得的成果撰写，并力图反映近年来国内外的最新成果，希望通过本书的出版，让读者对该领域的研究现状有一个全面、系统的了解。本书由北京航空航天大学教授杨东凯博士主笔，张其善教授审阅了全书，研究小组成员张波博士、博士生李伟强、李明里、路勇、张益强、姚彦鑫和国佳以及硕士生吴红甲、唐阳阳等参加了部分仿真分析和文字编辑工作。本书的出版得到了电子工业出版社的大力支持，张来盛编辑付出了大量辛苦的劳动，在此表示由衷的感谢和敬意。同时，本书的出版还得到了北京航空航天大学张彦仲院士、李曙坚高工，中国电子科技集团曹冲研究员、航天科技集团张孟阳研究员、中国科学院遥感技术与应用研究所李紫薇研究员、海军航空工程学院王红星教授、大连海事大学张淑芳教授、石家庄军械工程学院李小民教授以及中国气象局李黄副局长、夏青教授和曹云昌研究员的鼎力支持和帮助，在此一并表示感谢。

中国工程院院士、武汉大学原校长刘经南教授在百忙之中为本书作序，谨在此表示衷心的感谢。

由于著者水平有限，书中难免存在错误或不足，敬请读者批评指正。

著　者

2011 年 10 月于北京

目 录
CONTENTS

第1章 绪 论

1.1 卫星导航系统概述

从 1958 年美国海军和霍普金斯大学为了给北极星核动力潜艇提供全球定位导航而合作开发海军导航卫星系统（Navy Navigation Satellite System，NNSS）以来，卫星导航系统的研究和开发已经历了半个多世纪的发展。目前，卫星导航依然是各种导航方式中分量最重、最具研究价值的领域。随着人类社会发展和科技进步，其价值将会越来越清晰地展现在人们的眼前。与美国的全球定位系统（Global Positioning System，GPS）相对应的，是苏联建立的 GLONASS 系统和欧盟建设的民用卫星导航系统 Galileo。2000 年 10 月、12 月和 2003 年 5 月，我国先后发射升空了自行研制开发的"北斗一号"定位导航系统的 3 颗地球同步轨道卫星，翻开了我国在卫星导航领域研究的新篇章。经过近 20 年的发展，我国于 2020 年 7 月建成了北斗卫星导航系统（BeiDou Navigation Satellite System，简称北斗系统或 BDS），为全球用户提供定位、测速、授时及短报文服务。

1.1.1 北斗三号卫星导航系统

北斗三号卫星导航系统是我国自主研制的全球导航卫星系统（GNSS），它采用 CGCS2000 坐标系和北斗系统时，拥有地球同步轨道（Geosynchronous Earth Orbit，GEO）、中地球轨道（Medium Earth Orbit，MEO）和倾斜地球同步轨道（Inclined Geo-Synchronous Orbit，IGSO）的共 30 颗卫星[1]。其中，MEO 上有 24 颗卫星，轨道高度为 21 528 km，分别运行在 3 个倾角为 55° 的轨道面上，轨道面之间相隔120° 均匀分布。GEO 卫星共有 3 颗，轨道高度为 35 786 km，顶点分别位于东经 80°、110.5° 和 140°。3 颗 IGSO 卫星分别位于倾角为 55° 和高度为 35 786 km 的 3 个轨道上。具体的北斗卫星导航系统星座结构如图 1-1 所示。

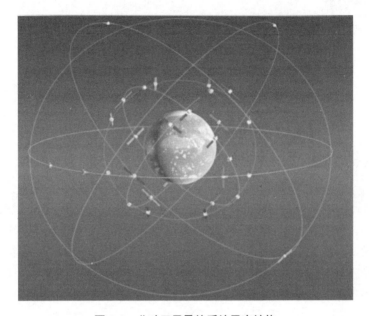

图 1-1　北斗卫星导航系统星座结构

1.1.2　GPS

从学术定义上看，GPS 就是能提供全球定位服务的系统；但由于美国最早建成并使用了这一术语，故"GPS"一词作为特定的美国建设并维护的服务全球的卫星导航系统的代称已为业界所公认。

在 20 世纪五六十年代，美国就开始研制基于卫星的定位导航系统，因航空航天技术发展的限制，其服务能力和性能均不能满足全球用户需求。为了协调各部门对导航的需求，研究和发展新一代的卫星导航系统，1973 年美国国防部专门成立了一个联合项目办公室（Joint Program Office，JPO），在综合分析了当时卫星导航技术和概念的基础上，提出了一种新的卫星导航系统——时距导航系统/全球定位系统（Navigation System Timing and Ranging/Global Positioning System，NAVSTAR/GPS），通常称之为 GPS（全球定位系统）。GPS 自 20 世纪 70 年代开始建设，历时 20 年，耗资 200 亿美元，于 1994 年全面建成并提供服务。

GPS 空间星座由 24 颗卫星组成，分布在 6 个轨道面上，每个轨道面上有 4 颗卫星，卫星轨道面相对于地球赤道面的倾角约为 55°，相邻轨道面的升交点赤经相差 60°，在相邻轨道上，卫星的升交点角距相差 30°，轨道平面距地面的高度约为 20 200 km，卫星运行周期为 11 h 58 min。美国的 GPS 目前由 30 颗在轨健康运行的卫星组成，分别为 7 颗 Block ⅡR、7 颗 Block ⅡR-M、12 颗 Block ⅡF 和 4 颗 Block Ⅲ/ⅢF，其中 4 颗 Block Ⅲ/ⅢF 卫星作为在轨备份。

1.1.3 GLONASS

苏联海军于 1965 年建立了一个卫星导航系统，称之为 CICADA，它的基本原理和美国的子午仪导航系统类似，也是基于多普勒频移测量原理的第一代卫星导航系统。该系统由 12 颗所谓的宇宙卫星组成其卫星星座，轨道高度为 1 000 km，运行周期为 105 min，每颗卫星发送频率为 150 MHz 和 400 MHz 的导航信号。20 世纪 80 年代苏联开始了第二代卫星导航系统——GLONASS 星基无线电导航系统的计划，它在全世界范围内提供三维定位、测速以及时间广播服务。GLONASS 在许多方面非常类似于 GPS，其位置、速度和时间（PVT）的确定也是用伪随机数（PRN）测距信号完成的。其星座包括 24 颗卫星，分布在 3 个等间隔的椭圆轨道上，轨道面夹角为 120°，轨道倾角为 64.8°，每个轨道上均匀分布 8 颗卫星，平均轨道高度为 19 100 km，卫星运行时间为 11 h 15 min。与 GPS 不同的是，GLONASS 采用了 FDMA（频分多址）体制区分不同的卫星，每颗卫星采用同样的测距码，在不同的频率上发射，每颗卫星广播 L1 和 L2 两种载波，其频率分别为 $f_{L1} = 1\ 602\ \text{MHz} + k \times 0.562\ 5\ \text{MHz}$ 和 $f_{L2} = 1\ 246\ \text{MHz} + k \times 0.437\ 5\ \text{MHz}$，其中 k 为卫星的编号。根据俄罗斯总统普京的多次指令，GLONASS 正在全面恢复和提升其服务能力和系统性能，具体措施包括研制第三代（GLONASS-K）长寿命卫星，连续发射新的导航卫星，开发与 GPS 兼容的 CDMA（码分多址）信号。

1.1.4 Galileo 系统

Galileo（伽利略）系统是欧盟主导建设的全球导航卫星系统，其功能比美国 GPS、俄罗斯 GLONASS 更丰富，除了通用的定位、测速和授时公开服务（Open Service，QS）外，还专门针对生命安全（Safety-of-Life，SOL）服务、搜救（Search and Rescue，SAR）、商业用户和某些政府用户提供性能优良的服务。Galileo 系统的卫星星座由均匀分布在 3 个中等高度轨道上的 30 颗卫星构成，每个轨道面上有 10 颗卫星（9 颗工作，1 颗运行备份），轨道面倾角为 56°，覆盖范围可达北纬 75° 和南纬 75°。Galileo 系统建成的目的是能弥补 GPS 在全球全时可用性上的不足：

（1）提高卫星导航在北半球高纬度地区的可用性；

（2）提高卫星导航业务的精度；

（3）提高后勤保障的自动化程度；

（4）改善卫星导航在城市地区的可用性。

1.1.5　QZSS

准天顶导航卫星系统（Quasi-Zenith Satellite System，QZSS）以高仰角服务和大椭圆非对称 8 字形地球同步轨道为其特征，用于中心市区和中纬山区的通信与定位，是 GPS 的区域增强系统，包含 L1、L2 和 L5 三种频率，播发完全与 GPS 相同或者可实现互操作的 L1 C/A、L1C、L2C 和 L5 信号，还有专门与 GPS-SBAS 兼容的 L1-SAIF 信号，可实现具有完好性功能的亚米级增强。此外，Lex（1 278.75 MHz）信号用于高数据率信息传输的实验验证。QZSS 由日本政府 4 个部门和数十家民营企业共同组织实施建设，由 3 颗分置于相间 120° 的 3 个轨道面上的卫星组成，轨道周期为 23 h 56 min，倾角为 45°，偏心率为 0.1，轨道高度为 31 500～40 000 km。

1.1.6　印度区域导航卫星系统

印度政府于 2006 年 5 月 9 日正式批准实施"印度区域导航卫星系统"（India Regional Navigational Satellite System，IRNSS）的重大工程，由印度空间研究组织（India Space Research Organisation，ISRO）负责实施。IRNSS 的星座由 7 颗卫星组成，包括 3 颗 GEO 卫星和 4 颗 IGSO 卫星。3 颗 GEO 卫星由 GPS 辅助型静地轨道增强导航卫星扩展而成。IRNSS 可提供标准定位服务和有限制服务。其中，标准定位服务使用的频段为 L5（1 176.45 MHz）和 S（2 492.08 MHz），信号带宽为 1 MHz，调制方式采用 BPSK；有限制服务使用同样频段，但是信号为 BOC(5,2)结构。

1.2 GNSS-R 技术概述

1.2.1 正问题与反问题

当已知媒质和物体的电磁与几何特性时，通过研究其对电磁波的响应，可以得出电磁场的时空分布特性及频域关系，称之为正问题。反之，由已知（探测）的"散射"体外部波场的时、空、频域分布特性，推断被测媒质和物体的几何与电参数结构特性，则称之为反问题（或者逆问题）。此处的"散射"是包含有透射、反射、折射及绕射等的广义电磁响应概念。反问题中的信息提取和处理，分别称为遥感和反演（或重建）。对实际问题中的遥感参量和反演方法需要具体情况具体分析，可以有多种不同的选择，测量参量除了波场幅度和相位，还有极化、时延、射线到达角与弯曲角及多普勒频移等。同时，反演中常可利用正问题的结果，对反演对象设定某种模式进行反复迭代[2]。

1.2.2 GNSS-R 技术定义

卫星定位与导航是 20 世纪后半叶航天和导航技术领域意义深远、影响重大的事件，是现代空间技术、无线电通信技术和计算机技术等相结合的产物。卫星定位与导航系统是以人造卫星作为导航台的星基无线电导航系统，能为全球陆、海、空、天的各类军民载体，全天候、24 小时连续提供高精度的三维位置、速度和精密时间信息。全球卫星定位系统不仅为空间信息用户提供了导航定位和精确授时信息，还提供了高度稳定、可长期使用的 L 波段微波免费信号资源。在测绘、地震监测、地质勘查、海上和沙漠中的石油开发、渔业、土建工程、考古发掘、冰山跟踪、搜索与救援、资源调查、森林和山地旅游、智能交通以及军事领域内的导弹制导等诸多方面，卫星导航系统均有着大量广泛的应用。这些应用很多都超出了当初导航系统的功能和设计目标，在科学应用方面使人类加强了对地球及其环境的认知能力。

GNSS-R 指 GNSS-Reflections（GNSS 反射信号）、GNSS-Reflectometry（GNSS 反射测量技术）或 GNSS-Remote Sensing（GNSS 遥感），GNSS-R 技术是自 20 世纪 90 年代以来逐渐发展起来的一个新型分支，是国内外遥感探测和导航技术领域的研究热点之一。如图 1-2 所示，GNSS 接收机在接收导航卫星直射信号的同时，也将接收图示反射面的反射信号，该信号对于定位求解而言作为多径干扰通常认为是有害的，在接收机中采用各种方法进行估计并加以抑制或消除，也可以直接利用抑制多径的信号处理方法进行抑制或消除，而不需要精确估计多径信号。但是，从电磁波传播基本理论角度看，该反射信号中携带着反射面的特性信息，反射信号波形的变化、极化特征的变化，幅值、相位和频率等参量的变化都直接反映了反射面的物理特性，或者说直接与反射面相关。通过对反射信号的精确估计和接收处理，可以实现对反射面物理特性的估计与反演。从这个意义上说，GNSS-R 是一个典型的反问题，是利用导航卫星 L 波段信号为发射源，在陆地、航空飞行器、卫星或其他平台上安装反射信号接收装置，通过接收并处理海洋、陆地或移动目标的反射信号，实现对被测媒质的特征要素提取或移动目标探测的一种技术。散射计和高度计在探测目标的物理信息时采用的是后向散射信号；而 GNSS-R 在探测时通常是通过前向散射来得到目标的物理信息的，是典型的被动式双（多）基遥感技术。

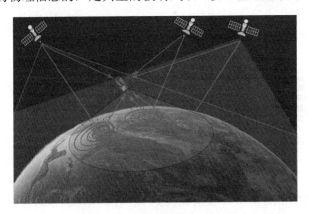

图 1-2　GNSS-R 原理示意图

　　GNSS-R 技术能够应用于海面测高、海面风场、土壤湿度和海冰等领域，如表 1-1 所示。

表 1-1　GNSS-R 技术应用领域

应 用 领 域	岸 　 基	机 　 载	星 　 载
海面测高	√	√	√
海面风场	√	√	√
土壤湿度	√	√	√
海冰	√	√	√
雪	√	?	?

1.2.3　GNSS-R 技术优势

GNSS-R 技术与传统的收发单置的高度计和散射计相比，具有以下优点：

（1）信号源丰富。各个导航系统拥有大量的在轨的或计划中的信号源，随着 GNSS 系统的不断完善和日趋成熟，在未来的应用中，导航卫星的在轨数量将达到 150 多颗。众多的导航卫星不仅能够实现全球覆盖，而且也拥有不同的信号体制，有利于实现大范围的高空间分辨率探测。

（2）探测设备相对简单，更利于机载和星载平台应用。GNSS-R 采用异源观测模式，不需要发射机，仅需要功耗和成本相对较低的接收设备，因此观测设备的重量、功耗、成本及软硬件复杂度均比散射计、高度计较低。

（3）受云、雨等天气的影响小。GNSS-R 采用的 L 波段信号的波长要比其他遥感手段（如卫星高度计、微波散射计等）采用的 C 波段或者 Ku 波段信号的波长长，基本不会受到云、雨等天气状况的影响。

（4）应用范围广。GNSS-R 信号中包含了大量的有关反射面的物理信息，通过对 GNSS-R 接收机的直射信号和反射信号进行处理，能够得到反射面的物理特征，因而 GNSS-R 技术在海洋遥感、陆地遥感以及农业、气象、环保、减灾等领域具有广阔的应用前景。

1.3　GNSS-R 技术的发展

1.3.1　海洋遥感

GNSS-R 技术的研究及应用在海洋领域最早被提出，该领域也是目前 GNSS-R 技术发展比较成熟的领域，尤其是海面风场反演和海面高度测量已经逐渐走向业务化[3]。

1. 海面风场反演

利用 GNSS 反射信号对海面风场进行遥感的概念源于 1996 年 Katzberg 的报告[4]。随后在 1998 年和 2000 年进行的机载试验都验证了该技术的可行性[5-6]。此后众多研究机构进行了大量试验来探究 GNSS-R 技术在海面遥感应用上的可行性及方法[7]。美国国家航空航天局（National Aeronautics and Space Administration，NASA）、美国科罗拉多大学、欧洲航天局（European Space Agency，ESA；简称欧空局）及西班牙 Starlab 等也开展了大量的试验，包括机载、星载、热气球等接收平台条件下的试验，通过将理论模型下的波形与实际试验得到的波形进行匹配而得到风场信息，并对结果进行对比分析。在岸基条件下，Soulat 于 2004 年利用岸基 GNSS-R 设备开展了相关试验，对海洋状态参数进行遥感探测[8]。2008 年，Wang 等在中国近岸首次开展 GNSS-R 岸基试验，有效反演了波高参数，并与现场观测结果一致[9]。2009 年，Lu 等设计了岸基接收机，理论论证了基于 GNSS-R 风场观测系统的可行性[10]。2014 年，李伟强等利用 2013 年深圳台风实验（代号：TIGRIS）数据，反演了台风"飞燕"和"尤特"肆虐期间的海面风速，其均方根误差（Root Mean Square Error，RMSE）小于 2.4 m/s[11]。2015 年，Martin 提出有效非相干累加次数的概念，并将其应用于 TIGRIS 台风数据处理，结果表明所提出的参数与相关时间具有线性关系[12]。2018 年，Kasantikul 等结合神经网络和粒子滤波技术，重新处理了 TIGRIS 台风数据，在高风速条件下其反演精度为 1.9 m/s[13]。

近些年，机载条件下的风场反演方法除了波形匹配外，有人还提出 DDM（Delay-Doppler Maps，时延-多普勒图）卷积[14]及 DDM 相关几何参数提取[15]的方法。此外，无人机平台有着成本低和可搭载多种载荷等优势，非常适于 GNSS-R 应用，目前也已有成功的尝试案例[16]。Juang 等在 2019 年开展了机载试验，测试了新一代接收机的性能[17]。Gao 等利用机载数据，结合神经网络技术综合反演海面风速，其实验结果与 NCEP 再分析数据有较好的一致性[18]。

2002 年，Lowe 等在星载平台上检测到 GPS 反射信号，开启了星载 GNSS-R 研究的先河[19]。随后，各个国家的相关研究单位均不断提出 GNSS-R 星载观测计划。2003 年 9 月，英国发射的灾害监测星座（DMC）之一的 UK-DMC 低轨卫星，搭载了萨里卫星科技有限公司（SSTL）研制的 GPS 接收机（型号为 SGR）[20]。UK-DMC 最初开展实验的目的，是确认从低轨卫星接收到的 GPS 反射信号是否可用，实验结果充分证明了其可行性。2014 年 7 月，英国发射的 TechDemoSat-1（TDS-1）卫星上搭载了新一代 SGR-ReSI 接收机进行 GNSS-R 低轨测量，提供基础观测 DDM 用于技术验证。TDS-1 数据表明，海面风速高达 27.9 m/s 时在轨处理仍可得到高质量 DDM 数据[21]。欧空局（ESA）的 3Cat-2 项目，计划在立方体卫星上搭载 GNSS-R 载荷 PYCARO（P(Y)& C/A ReflectOmeter），对海面高度与其他地表参数进行双频率、双极化 GNSS 反射信号测量[22]。欧空局在 2011 年还启动了 GEROS-ISS（GNSS rEflectometry, Radio Occultation and Scatterometry onboard International Space Station）计划，在国际空间站上进行 GNSS 信号反射、掩星与散射测量，为全球气候变化研究提供支持。NASA 于 2016 年 10 月发射了由 8 颗低轨小卫星组成的 CYGNSS 星座。其上同样搭载 SGR-ReSI 接收机，用于全球±35°纬度地区热带风暴与飓风的探测，提升极端天气的预报能力[23-25]。目前，捕风一号 A、B 卫星由中国航天科技集团五院航天东方红卫星有限公司抓总研制，2019 年 6 月在黄海海域发射成功，可实现更大范围、更高精度的海面风场监测[26]。

星载 GNSS-R 与传统的散射计遥感的主动式探测手段不同，其双基地（简称双基）雷达散射模型的性质决定了其观测性能不仅与星载观测设备的设计参数有关，还与其轨道设计、GNSS 可见卫星有关。GNSS 卫星作为信号发射源，在轨观测的可见星不是固定的，导致观测区域具有较大的随机性。探测区域不能根据连续的刈幅观测范围和时间进行计算，只能采用统计学方法对全局的探测情况进行统计分析。NASA 的 CYGNSS（旋风导航卫星系统）统计了观测点的重访时间，平均重访时间为 7.2 h。

GNSS-R 技术在我国发展很快，其研究工作主要集中在海面风场、有效波高、潮位等方面。北京航空航天大学率先开展了 GPS 反射信号延迟映射接收机的研制，并成功申请了相关专利。同时，联合中国科学院遥感与数字地球研究所于 2004 年利用延迟映射接收机在渤海进行了机载试验，并结合试验数据进行了海面风速及高度的探测研究[27]。随即，又在南海开展了机载 GNSS-R 反演海面风场的验证试验，相应成果已集中在文献[28]中进行了梳理和总结。符养、周兆明总结了反射信号、散射区域及相关功率波形的特征，具体分析了风速、风向、导航卫星仰角等对波形的影响，并利用 NOAA（美国国家海洋与大气局）飓风实验数据研究了风场反演方法，验证了 GPS-R 技术在海面风场探测应用中的可行性[29]。刘经南、邵连军等从卫星反射信号软件接收机方面和海面参数反演的模型建立方面具体分析了 GNSS-R 的关键技术，并指出了该技术的进一步发展方向[30]。王迎强、严卫等提出了一种称为二维差值算法的波形匹配方法来进行风速反演，实际数据验证具有较理想的反演效果[31]。

近几年，特别是 2013 年发明了 Resnet 神经网络之后，深度学习技术得到了迅猛发展。前人的研究为海面风场研究工作提供了新思路，国际上许多学者在 GNSS-R 领域进行了大量的深度神经网络风速反演的相关研究，其中文献 [32-35]都给出了令人满意的反演结果。

2. 海面高度测量

GNSS-R 通过测量海面反射信号相对于直射信号的传播时延来测量海面高度。根据天线装置的不同，GNSS-R 测高分为单天线模式和双天线模式。单天线模式通过利用导航接收机输出的信噪比、伪距及载波相位序列的振荡现象来测量海面高度。由于该方法要求反射和直射信号的时延不能超过一个码片长度，且直射和反射信号必须形成明显干涉图样，因此该方法仅适用于低高度角、低海拔场景，且时间分辨率较低。相比于单天线模式，双天线模式应用广泛，适合搭载于不同高度的平台。

1993 年，欧空局科学家 Martin-Neira 提出了利用 GPS 散射信号测量海面高度的设想"Passive Reflectometry and Interferometry System"（PARIS，无源反射和干涉测量系统）概念，指出可以利用双基雷达分别接收导航卫星直射和反射信号，实现对反射面物理特性的反演[36]。之后的近十年内，欧洲空间研究与技术中心（EESTEC）和美国喷气推进实验室（JPL）进行了多次空基试验，研究通过 GPS 反射信号进行高程测量的精度性能，在 20 km 高空飞行时可以获得 5 cm 的精度[37-38]。2002 年，Lowe 等处理了两次机载 GPS-R 海面高度探测试验数据，试验中的测高精度最优能够达到 5 cm，空间分辨率约为 5 km，能够满足中尺度涡旋探测所需的海面高度精度和空间分辨率[39]。2006 年，Wilmhoff 等在 NOAA WP-3D 飞机上进行了 GPS-R 测高试验，在墨西哥东北海湾的静海状态下采集了 GPS 散射信号数据，以研究使用 GPS 加密 P(Y)码信号进行海面高度测量的性能，试验测高的均方差约为 20 cm[40]。2016 年，Clarizia 等论证了利用 UK-TDS-1 数据反演海面高度的可行性,将 6 个月的 TDS-1 卫星数据综合起来生成了南大西洋和北太平洋海域两个区域的海面高度映射，其反演的海面高度与 DTU10 模型高度的均方根误差分别为 8.1 m 和 7.4 m，均大于理论误差值[41]。2018 年，李伟强等提出了两种基于前沿导数和前沿波形拟合的时延估计方法，利用 TDS-1 星载数据进行了验证[42]。2019 年，李伟强等进一步处理 CYGNSS 中频数据，得到了较完整的 GPS L1 和 Galileo E1 的时延波形，利用三种波形重跟踪算法实现码相位测高，修正了电离层、对流层、天线基线等的误差；在进行数据质量控制之后，得到的测高误差缩小为 2.5～

$3.9\ m^{[43]}$。2020 年，Mashburn 等结合 CYGNSS L1 DDM 数据进一步分析了星载海面测高性能，从时延精确重跟踪、电离层延迟修正、轨道误差修正等方面着手，提出了一种基于反射信号延迟模型的重跟踪方法，分析了相干/非相干场景下的测高精度，并利用 CYGNSS 印尼周边海域相干性较强的散射信号进行了验证[44]。尽管文献[45-46]利用 GNSS 全频谱的直射和反射信号互相关的方法提高了 GNSS-R 测高精度，但在低海拔场景中易受星间串扰的影响[47]。随着 GNSS 现代化和北斗、Galileo 星座的不断完善，GPS L5、BeiDou B3I 及 Galileo E5 等高宽带的新体制信号也逐渐被用于海面参数测量[48-50]。由于卫星运动带来了随机和时变的 GNSS-R 几何构型，海面高度测量误差和卫星高度角、方位角也就有密切的关系。一般情况下，高度角越大，测量误差就越小[51]。北斗系统的 GEO 卫星相对于地球表面固定，在岸基场景中可提供稳定的观测几何关系，实现长期稳定的观测。利用同步卫星发射的电磁信号作为外辐射源的探测技术，已成为研究热点之一[52-54]。和 GNSS 定位原理类似，海面测高除了利用码相位以外，也可以利用载波相位获取精度的提升。文献[55]给出了相应的系统结构和信号处理方法。文献[54]和[56]在岸基场景中利用北斗 GEO 反射信号的载波相位进行了海面高度的测量，试验结果表明测高精度可达厘米级。

海面高度还可利用直射信号和反射信号的干涉，即 GNSS-IR（GNSS-Interferometric Reflectometry，GNSS 干涉反射技术）来测量，其特点是可充分利用已有的 GNSS 连续运行基准站（CORS）的测绘型接收机提供厘米级精度[57-59]。基于此，GNSS-IR 可进一步用于风暴潮异常增水监测。例如，文献[60]利用中国香港站和巴哈马群岛站的多模多频 GNSS 观测数据，反演得到了三次风暴潮事件；文献[61]利用多星座 GNSS 数据获得了飓风"哈维"的风暴潮信息。为了提高时间分辨率，文献[62]提出了人为形成快速振荡干涉图样的方法，仿真结果表明，5 min 的时间间隔内可获得厘米级的测高精度。测绘型接收机对地表反射多径信号有抑制作用，尤其对高高度角的信号，当高度角大于 30° 时，测绘型接收机难以形成有效的干涉图样。通用导航天线和接收机抑制多径的性能较差，在高高度角场景中仍可形成干涉图样，在提高海面高度测量的时间采样率方面可发挥重要作用，其在无强干扰环境下海面高度测量的性能和测绘型接收机相当[63-64]。随着智能手机的普及，基于智能手机的应用服务正飞速拓展。文献[65]初步论证了利用智能手机的 GNSS 数据来测量反射面高度的设想。

1.3.2　土壤湿度探测

2000 年，Zavorotny 等通过双基雷达散射模型对粗糙地表散射的 GPS 信号进行了仿真，从理论层面分析了利用地表散射的 GPS 信号进行土壤湿度观测的可行性，并于同年开展了机载观测试验进行验证[66]。2002 年，Zavorotny 等在 NOAA 博尔德大气观测站开展了地基 GPS-R 土壤湿度观测试验，结果表明，降雨后反射信号明显增强，反射信号功率和土壤湿度实测值之间的相关性与土壤的干湿程度有关[67]。同年，NASA 开展了 SMEX02 空基实验，实验内容之一是利用机载 GPS 反射信号接收机采集地表反射的 GPS 信号，以供开展土壤湿度遥感研究[68]。2003—2006 年，D. Masters 等对 SMEX02 获取的 GPS 反射信号进行了持续处理分析，论证了利用 GPS 双基雷达遥感土壤表层水分变化的可行性[69-71]。2006 年，F. Ticconi 等面向机会源（如 GNSS 反射信号）陆面遥感应用，利用 AIEM（高级积分方程模型）分析了线极化波的双基雷达散射系数对土壤湿度的敏感性，初步结果表明，线极化波的前向散射信号可用于土壤水分反演[72]。2009 年，ESA 开展了半年期的地基 GNSS-R 观测实验，其结果表明，GPS 反射信号计算得到的反射率对土壤含水量敏感；同时也指出，在某些情况下，土壤湿度实测值没有显著增加，但信号反射率会有很强的波动[73-74]。2013 年，A. Camps 等开展了地基观测实验，采用正交线极化天线组接收反射信号，得到的交叉极化反射率与土壤湿度实测值的相关性更好，在某种程度上减弱了植被的影响[75]。同年，A. Egido 等开展了机载观测实验，采用正交圆极化天线组接收反射信号，结果表明，两种极化状态的反射系数对土壤水分和表面粗糙度都很敏感，而二者的极化比受地表粗糙度影响较小[76]。2016 年，A. Camps 等利用 TDS-1 卫星数据对大范围地表土壤湿度的敏感性进行了研究。结果表明，低 NDVI（归一化植被指数）值的 GNSS-R 观测量仍对土壤湿度敏感，二者之间的皮尔逊相关系数较好。随着植被高度的增加，反射率增加，对土壤水分的敏感性和皮尔逊相关系数减小，但仍然显著[77-78]。2017 年，H. Carreno-Luengo 等对 SMAP 卫星的观测数据进行了处理和分析，首次计算了星载平台的 GNSS-R 信号极化比，分析结果显示，极化比对土壤湿度的敏感性显著[79]。此外，该团队还研究了 GNSS-R 波形前沿和后沿宽度对地上生物量和粗糙地形的敏感性，显示出良好的结果。这些特点的验证对于地物参数反演算法具有推动作用。2018 年，该团队分析了 CYGNSS GNSS-R 反射率与 SMAP 辐射计亮温对土壤湿度的敏感性，结果表明，GNSS-R 反射率和辐射计亮温均对土壤湿度敏感,而相比于辐射计,GNSS-R 对土壤湿度的敏感度受湿生物量的影响更小[80],进一步考虑地表粗糙参数的影响对 CYGNSS DDM 特征进行了研究,取得了初步结果[81]。2019 年,O. Eroglu 等利用人工神经网络方法对 CYGNSS 覆盖范围内的地表土壤湿度进行了反演[82],在 9 km 空间分辨率前提下实现的观测结果均方根误差为 0.05 cm^3/cm^3。2020 年,S. Gleason 等对 CYGNSS 陆地观测一级数据产品进行了地理定位和数据定标处理,并结合河流数据进行了 GNSS-R 相干反射的空间分辨率分析[83]。同年,Volkan Senyurek 等利用随机森林方法构建了 CYGNSS 观测数据与 SMAP 土壤湿度模型[84],可以实现准全球范围内 9 km × 9 km 空间分辨率下的土壤湿度反演,反演结果与参考值的相关系数为 0.66,均方根误差达到 0.044 m^3/m^3。

国内在该领域的研究正逐步增多,大多数研究工作集中在地基观测方面,空基和星基方面的内容偶有涉及。2006—2007 年,关止、宋冬生等讨论了利用 GPS 反射信号进行土壤湿度反演,并利用 SMEX02 数据进行了验证[85-86]。2008—2009 年,毛克彪等采用 AIEM 电磁散射模型仿真分析了入射角和地表粗糙度对前向散射系数的影响,并对 SMEX02 实验采集的 GPS 反射信号进行了处理,所得到的反射信号信噪比与土壤湿度实测值有很高的线性相关度,平均相关系数达到 0.85 以上[87-89]。2009 年,王迎强等进行了 GNSS-R 土壤湿度反演可行性分析和验证[90-91]。2009—2011 年,严颂华等分析了 GNSS-R 土壤湿度反演过程并开展地基试验进行了验证[92-95]。2012 年,万玮等在处理 SMEX02 数据过程中,根据 NDVI 的不同区域划分进行了误差讨论,其裸土反演结果误差为 7.04%,中等植被覆盖区误差为 12%,高植被覆盖区误差为 32%[96]。2014 年,刘文娇等采用 ICF(干涉复数场)估计地表反射率,由此进行 GNSS-R 土壤湿度反演,并利用实际数据进行了验证[97]。同年,中国科学院国家空间科学中心、中国科学院遥感所、清华大学和中国气象局气象探测中心联合开展了我国首次机载 GNSS-R 土壤湿度遥感探测实验[98],结果表明,遥感结果与地面实测结果具有很好的一致性,裸土体积土壤湿度含量绝对偏差为 4%,植被覆盖情况下误差有所增大。2015 年,彭学峰等在地基 GNSS-R 土壤湿度反演试验数据处理过程中,利用高斯函数拟合地基 GNSS-R 土壤湿度反演结果直方图,分离了来自裸土与植被反射信号的土壤湿度估计值,能够更准确地估计均匀表面的土壤湿度[99]。2016 年,邹文博等提出了一种基于北斗 GEO 卫星反射信号的土壤湿度长期连续探测方法,实验结果表明,土壤湿度反演结果在时间和数值上均具有良好的连续性,与土壤湿度参考值相吻合,均方根误

差达到 5%[100]。同年，杨磊、吴秋兰等提出一种基于 SVRM 辅助的北斗 GEO
卫星反射信号土壤湿度反演方法，其数据处理结果表明，反演所获取的土壤湿
度结果与烘干称重法获取的土壤湿度参考值误差控制在 3%以内，线性回归方
程决定系数接近 0.9，均方根误差约为 1.5%[101-103]。尹聪等开展了地基 GNSS-R
土壤湿度观测实验，提出了利用 L 波段微波辐射计观测量对 GNSS-R 反射率进
行校正，结果表明，校正后的反射率与辐射计获得的亮温数据呈现很强的负相
关性，反演得到的土壤湿度也与实测值吻合得很好[104]。2017 年， 李伟等在梳
理已有 GNSS-R 土壤湿度估算方法的基础上，构建了 GNSS-R 土壤湿度估算体
系，实现了 GNSS-R 土壤湿度估算软件[105]。2019 年，涂晋升等分析了 TDS-1
GNSS-R DDM 用于反演土壤湿度的可能性[106-107]。同年，井成等使用 CYGNSS
数据对中国地区 2018 年土壤湿度进行了遥感处理，结合气象数据分析了广东
省土壤湿度变化异常的原因，验证了利用 GNSS-R 技术进行土壤湿度评估的有
效性[108]。2020 年，Yan 等利用线性回归方法建立了 SMAP 土壤湿度与 CYGNSS
观测数据模型，实现了 36 km × 36 km 空间分辨率下的准全球土壤湿度反演，
其观测结果与 SMAP 真值的相关系数为 0.80，反演结果的均方根误差为
$0.07 \ m^3/m^3$[109]。

1.3.3 双基 SAR 成像

2002 年，英国伯明翰大学的微波集成系统实验室（Microwave Integrated
System Laboratory，MISL）提出了 SSBSAR（Space-Surface Bistatic Synthetic
Aperture Radar，天地双基合成孔径雷达）系统的构想：使用地面接收机接收导
航卫星的地表反射信号进行 SAR（合成孔径雷达）成像[110]。2005 年，该实验
室团队基于 GLONASS 系统的导航卫星和地面固定站完成了初步试验，并获
得了双基 SAR（BSAR）图像[111]。其试验采用的数据采集系统包含 3 个通道：
GNSS 直达波通道用于接收 GNSS 的直达信号实现系统的定位，雷达通道
（Radar Channel，RC）用于接收地表的 GNS 反射信号，外差通道（Heterodyne
Channel，HC）用于接收指定导航卫星的直达波。2007 年，该实验室开展了地
面滑动轨道的 SSBSAR 验证试验[112-113]，论证了基于地面移动平台的导航卫
星辐射源地表双基 SAR 的可行性。2006 至 2008 年间，英国曼彻斯特大学的
M. Usman 等基于 GPS 反射信号的 SAR 成像技术的研究成果[114-116]，提出了通
过增大方位扫描角扩展方位向的维度，增加距离向与方位向分辨率的交叉耦合
方法，从而降低了距离向分辨率对空间分辨率的影响，提高了方位向分辨率对

空间分辨率的影响，并通过 BP（后向投影）成像算法进行聚焦成像。2009 年，M. Usman 等针对长时间的合成孔径导致点目标"拖影"的现象，提出了基于反卷积的点目标重构方法，提高了图像信噪比，并开展了相关的试验验证。试验中，目标场景采用角反射器模拟点目标，并采用 BP 成像算法。结果表明，图像中角反射器的位置有明显的强反射信号并能够被聚焦成像，但因受场景其他建筑回波的影响而导致图像信噪比较低，经过反卷积重构后，图像质量得到了明显改善。2009 年，MISL 以 Galileo 导航系统为辐射源在英国勒德洛的克利希尔地区开展了车载试验，试验目标区域中的 4 个独立建筑群在获得的 SAR 图像中可清晰分辨出来，和目标区域的光学图像给出的位置相一致。由于车载接收机相对于滑动轨道和地面固定接收机的移动速度明显提升，因此在较短的时间内获得了较高的方位向分辨率，实测的距离向地距分辨率约为 25.2 m，距离–方位交叉分辨率约为 1 m。2012 年，MISL 基于 GLONASS 系统 L1 信号的 P 码（码片速率为 5.11 MHz，即每秒 5.11×10^6 码片）论证了双基角变化和长时间合成孔径对系统带来的影响。结果表明，在准单站模式下（双基角接近 0°），该系统距离向分辨率约为 30 m，且随着双基角的增加，其距离向分辨率逐渐恶化；在 5 min 合成孔径条件下，该系统可提供约 4 m 量级的方位向分辨率[117]。同年，MISL 在苏格兰地区的 East Fortune 机场开展了基于 Galileo 外辐射源的机载双基 SAR 成像试验[118-119]，数据采集设备安装在一架直升机上，目标区域为 East Fortune 机场。试验过程中，直升机的轨迹由外接的 1 Hz 输出率的 GPS 系统提供。但是由于机载接收机的位置信息刷新率过低，导致无法精确描述飞机的运动轨迹，因此图像出现了明显的散焦现象。该试验验证了在机载模式下，SSBSAR 系统可获得比固定接收机和车载接收机更高的方位向分辨率。2015 年，MISL 团队开展了 GLONASS 系统反射信号的多基地（简称多基）SAR 研究[120]，在地面固定模式下，利用不同几何构型的多颗导航卫星进行了非相干融合成像分析，并对多基点扩散函数（Multistatic Point Spread Function，MPSF）进行了分析。点目标仿真结果表明，由多个空间分离的卫星获得的双基 SAR 图像的非相干组合可以产生多基图像，与单个双基 SAR 图像相比，所产生图像的分辨率得到显著提升。该方法的本质是通过扩展或增加方位向维度来约束 GNSS 信号的距离向分辨率，达到提高系统空间分辨率的目的。

国内针对 GNSS 双基 SAR 的研究起步较晚。2014 年，北京理工大学对北斗导航卫星反射信号的双基 SAR 成像进行了理论和试验研究。该团队研发了基于北斗二代导航系统反射信号的数据采集设备，并进行了重复试验，采用多颗北斗导航卫星产生了 26 张双基 SAR 图像[121]。基于上述试验结果提出了一种双基 SAR 多角度观测与数据处理方法，实现了对目标区域的多角度观测，共获取了 26 种几何配置下的图像[122]，证明了多角度融合是一种扩展 GNSS-BSAR 遥感应用的有效途径。

1.3.4 目标探测

1995 年，德国 GmbH 公司的 V. Koch 和 R. Westphal 首次提出使用全球导航卫星信号进行无源多基目标探测[123]。Kabakchiev 等利用前向散射的衍射效应分别对空中、陆地、海洋目标进行了相应的探测试验，并取得了一定的研究成果[124-126]。2012 年，Suberviola I 通过前向散射的方法，利用 GPS L1 信号实现了空中目标的探测，并开展了验证试验[127]。试验以右旋圆极化（RHCP）全向天线接收信号，观察飞机在穿越基线过程中接收信号的功率变化，以此判断目标的出现。分析结果表明，依据飞机穿越位置、卫星信号和接收机位置的不同，接收信号会出现不同程度的衰减、提升或振荡。Chow 等研究了利用相控阵天线接收 GPS 反射信号的外辐射源雷达，通过天线阵相位误差校准、阵列增益优化以及干扰信号对消技术提升了目标检测的性能[128]。2019 年，F. Santi 等采用 GNSS 信号作为外辐射源对海上船舶进行探测，提出了一种长时间积分的单步联合检测及定位算法，并进行了理论仿真分析和试验验证[129]。2021 年，该团队提出了一种新的目标检测算法，在最大化舰船信号背景比的同时，获得了聚焦良好的舰船图像。此外，他们还推导了在距离域和交叉距离域映射后向散射能量所需的比例因子，据此估计目标的长度，并利用 Galieo 卫星进行试验，验证了算法的可靠性[130]。

国内对 GNSS 外辐射源雷达的研究也已逐步开展。杨进佩等分别对基于 GPS 信号和北斗卫星信号的无源雷达探测可行性进行了分析，证明卫星导航信号可以作为无源雷达的第三方非合作辐射源进行目标探测[131-133]。刘长江等研究了基于 GNSS 的前向散射目标探测，通过选取铝板作为探测目标，分别用全向 GPS 天线和高增益喇叭天线成功探测到了目标[134-135]。2020 年，陈武团队利用 GNSS 外辐射源构成天–地双基雷达系统，借助目标的运动特点并结合 SAR 成像技术，通过对目标能量回波进行聚焦而探测到海面目标，并通过反演得到目标至接收机的距离，判断出目标的运动方向[136]。此外，该团队还提出了一种 GNSS-SAR 动目标成像算法，通过试验探测到两艘货船的位置与真实情况有很好的一致性[137]。曾虹程等基于 GNSS 外辐射源雷达提出了一种改进的无人机检测算法，实现了无人机目标在距离-多普勒平面上的聚焦，并通过仿真对算法进行了验证[138]。

1.4　本书结构

本书第 1 章从卫星导航系统介绍入手，从正问题和反问题的基本概念出发，全面介绍 GNSS-R 技术及其应用领域，并总结国内外的 GNSS-R 研究现状。第 2 章和第 3 章详细阐述 GNSS 信号体制和处理基础，并着重就 GNSS 中的直射信号相关数学模型和接收处理技术展开论述，为导航卫星反射信号处理模式及接收机设计提供理论基础。第 4 章介绍 GNSS 反射信号基础，包括信号波形、极化状态等内容。第 5 章结合 GNSS 反射信号特性，分析反射信号接收与处理的基本原理和方法，从天线设计、直射信号反射信号协同处理、反射信号相关器等方面给出深入的讨论。第 6 章和第 7 章从海面风场反演、海面高度测量和土壤湿度反演等方面介绍著者研究小组在 GNSS-R 领域的应用实践。第 8 章和第 9 章介绍当前 GNSS-R 的两个最新研究领域——成像和目标探测，并给出著者研究小组的实际数据结果，最后给出展望。

参 考 文 献

[1] 全国北斗卫星导航标准化技术委员会. 北斗卫星导航系统公开服务性能规范: GB/T 39473—2020[S]. 国家市场监督管理总局, 国家标准化管理委员会, 2020-11-19.

[2] 熊皓. 电磁波传播与空间环境[M]. 北京: 电子工业出版社, 2004.

[3] 万玮, 陈秀万, 彭学峰, 等. GNSS 遥感研究与应用进展和展望[J]. 遥感学报, 2016 (20):874.

[4] KATZBERG S J, GARRISON J L. Utilizing GPS to determine ionospheric delay over the ocean[J]. NASA TM, 1996: 4750.

[5] GARRISON J L, KATZBERG S J, HILL M I. Effect of sea roughness on bistatically scattered range coded signals from the Global Positioning System[J]. Geophysical Research Letters, 1998, 25(13): 2257-2260.

[6] ZAVOROTNY V U, VORONOVICH A G. Scattering of GPS signals from the ocean with wind remote sensing application[J]. IEEE Transactions on Geoence & Remote Sensing, 2000,

38(2): 951-964.

[7] PICARDI G, SEU R, SORGE S G, et al. Bistatic model of ocean scattering[J]. IEEE Transactions on Antennas & Propagation, 1998.

[8] SOULAT F. Sea state monitoring using coastal GNSS-R[J]. Geophysical Research Letters, 2004, 31(21): 133-147.

[9] WANG X, SUN Q, et al. First China ocean reflection experiment using coastal GNSS-R[J]. Chinese Science Bulletin, 2008.

[10] LU Y, YANG D, XIONG H, et al. Study of ocean wind-field monitoring system based on GNSS-R[J]. Geomatics and Information Science of Wuhan University, 2009.

[11] LI W, YANG D, FABRA F, et al. Typhoon wind speed observation utilizing reflected signals from BeiDou GEO satellites[J]. Lecture Notes in Electrical Engineering, 2014: 191-200.

[12] MARTIN F, CAMPS A, MARTIN-NEIRA M, et al. Significant wave height retrieval based on the effective number of incoherent averages[C]. IEEE International Geoscience and Remote Sensing Symposium, 2015: 3634-3637.

[13] KASANTIKUL K, YANG D, WANG Q, et al. A novel wind speed estimation based on the integration of an artificial neural network and a particle filter using BeiDou GEO reflectometry[J]. Sensors, 2018, 18(10).

[14] PARK H, VALENCIA E, RODRIGUEZ-ALVAREZ N, et al. New approach to sea surface wind retrieval from GNSS-R measurements[C]. Geoscience & Remote Sensing Symposium, 2011.

[15] VALENCIA E, ZAVOROTNY V U, AKOS D M, et al. Using DDM asymmetry metrics for wind direction retrieval from GPS ocean-scattered signals in airborne experiments[J]. IEEE Transactions on Geoence & Remote Sensing, 2014, 52(7): 3924-3936.

[16] MICAELA T G, GIANLUCA M, MARCO P, et al. Prototyping a GNSS-based passive radar for UAVs: an instrument to classify the water content feature of lands[J]. Sensors, 2015, 15 (11): 28287-28313.

[17] JUANG J C, MA S H, TSAI Y F, et al. Function and performance assessment of a GNSS-R receiver in airborne tests[C]. ION 2019 Pacific PNT Meeting, 2019.

[18] GAO H, YANG D, WANG F, et al. Retrieval of ocean wind speed using airborne reflected GNSS signals[J]. IEEE Access, 2019, PP(99): 1-1.

[19] LOWE S T, LABRECQUE J L, ZUFFADA C, et al. First spaceborne observation of an earth-reflected GPS signal[J]. Radio Science, 2002, 37(1): 1-28.

[20] UNWIN M, GLEASON S, BRENNAN M. The space GPS reflectometry experiment on the UK disaster monitoring constellation satellite BIOGRAPHY[J]. Proceedings of ION-GPS/

GNSS, 2003.

[21] FOTI G, GOMMENGINGER C, JALES P, et al. Spaceborne GNSS reflectometry for ocean winds: first results from the UK TechDemoSat-1 mission[J]. Geophysical Research Letters, 2015, 42.

[22] CARRENO-LUENGO H, CAMPS A, RAMOS-PEREZ I, et al. 3Cat-2: A P(Y) and C/A GNSS-R experimental nano-satellite mission[C]. Geoscience and Remote Sensing Symposium (IGARSS), 2013 IEEE International, 2014.

[23] RUF C S. Storm surge modeling with CYGNSS winds[C]. AGU Fall Meeting, 2016.

[24] RUF C S, BALASUBRAMANIAM R. Development of the CYGNSS geophysical model function for wind speed[J]. IEEE Journal of Selected Topics in Applied Earth Observations and Remote Sensing, 2018, 12(1): 66-77.

[25] RUF C S, GLEASON S, MCKAGUE D S. Assessment of CYGNSS wind speed retrieval uncertainty[J]. IEEE Journal of Selected Topics in Applied Earth Observations and Remote Sensing, 2018: 1-11.

[26] JING C, NIU X, DUAN C, et al. Sea surface wind speed retrieval from the first Chinese GNSS-R mission: technique and preliminary results[J]. Remote Sensing, 2019, 11(24): 3013.

[27] 张益强, 杨东凯, 张其善, 等. GPS 海面散射信号探测技术研究[J]. 电子与信息学报, 2006: 1091-1094.

[28] 杨东凯, 张其善. GNSS 反射信号处理基础与实践[M]. 北京: 电子工业出版社, 2012: 189-193.

[29] 符养, 周兆明. GNSS-R 海洋遥感方法研究[J]. 武汉大学学报（信息科学版）, 2006, 31(002): 128-131.

[30] 刘经南, 邵连军, 张训械. GNSS-R 研究进展及其关键技术[J]. 武汉大学学报（信息科学版）, 2007, 32(11): 955-960.

[31] 王迎强, 严卫, 符养, 等. 利用机载 GNSS 反射信号反演海面风速的研究[J]. 海洋学报, 2008, 30(6): 51-59.

[32] REYNOLDS J, CLARIZIA M P, SANTI E. Wind speed estimation from CYGNSS using artificial neural networks[J]. IEEE Journal of Selected Topics in Applied Earth Observations and Remote Sensing, 2020, PP(99): 1-1.

[33] ASGARIMEHR M, ZHELAVSKAYA I, FOTI G, et al. A GNSS-R geophysical model function: machine learning for wind speed retrievals[J]. IEEE Geoscience and Remote Sensing Letters, 2019, PP(99): 1-5.

[34] LIU Y, COLLETT I, MORTON Y J. Application of neural network to GNSS-R wind speed retrieval[J]. IEEE Transactions on Geoence and Remote Sensing, 2019, PP(99): 1-11.

[35] GAO H , BAI Z , FAN D, et al. GNSS-R sea surface wind speed inversion based on BP neural network[J]. Acta Aeronautica Et Astronautica Sinica, 2019.

[36] MARTIN-NEIRA M. A passive reflectometry and interferometry system (PARIS): application to ocean altimetry[J]. ESA Journal, 1993, 17(4): 331-355.

[37] LOWE S T, ZUFFADA C, LABRECQUE J L, et al. An ocean-altimetry measurement using reflected GPS signals observed from a low-altitude aircraft[C]//IEEE International Geoscience & Remote Sensing Symposium, IEEE, 2000.

[38] RUFFINI G, SOULAT F, CAPARRINI M, et al. The eddy experiment: accurate GNSS-R ocean altimetry from low altitude aircraft[J]. Geophysical Research Letters, 2004, 31(12): 261-268.

[39] LOWE S T, ZUFFADA C, CHAO Y, et al. 5-cm-Precision aircraft ocean altimetry using GPS reflections[J]. Geophysical Research Letters, 2002, 29(10): 1375.

[40] WILMHOFF B, LALEZARI F, ZAVOROTNY V, et al. GPS ocean altimetry from aircraft using the P (Y) code signal[C]. 2007 IEEE International Geoscience and Remote Sensing Symposium, 2007: 5093-5096.

[41] CLARIZIA M P, RUF C, CIPOLLINI P, et al. First spaceborne observation of sea surface height using GPS-reflectometry[J]. Geophysical Research Letters, 2016, 43(2): 767-774.

[42] LI W, RIUS A, FABRA F, et al. Revisiting the GNSS-R waveform statistics and its impact on altimetric retrievals[J]. IEEE Transactions on Geoscience and Remote Sensing, 2018, 56(5): 2854-2871.

[43] LI W, CARDELLACH E, FABRA F, et al. Assessment of spaceborne GNSS-R ocean altimetry performance using CYGNSS mission raw data[J]. IEEE Transactions on Geoscience and Remote Sensing, 2019, 58(1): 238-250.

[44] MASHBURN J, AXELRAD P, ZUFFADA C, et al. Improved GNSS-R ocean surface altimetry with CYGNSS in the seas of Indonesia[J]. IEEE Transactions on Geoscience and Remote Sensing, 2020.

[45] RIUS A, NOGUES-CORREIG O, SERNI R, et al. Altimetry with GNSS-R interferometry: first proof of concept experiment[J]. GPS Solutions, 2012, 16(2): 231-241.

[46] LI W, YANG D, ADDIO S, et al. Partial interferometric processing of reflected GNSS signals for ocean altimetry[J]. IEEE Geoscience and Remote Sensing Letters, 2014, 11(9): 1509-1513.

[47] ONRUBIA R, PASCUAL D, PARK H, et al. Satellite cross-talk impact analysis in airborne interferometric global navigation satellite system-reflectometry with the microwave interferometric reflectometer[J]. Remote Sensing, 2019, 11: 1120.

[48] WANG F, YANG D, ZHANG G, et al. Coastal observation of sea surface tide and wave height using opportunity signal from Beidou GEO satellites: analysis and evaluation[J]. Journal of Geodesy, 2022, 96(4): 1-18

[49] POWELL S J, AKOS D M, BACKEN S. Altimetry using GNSS reflectometry for L5[C]. Workshop on Satellite Navigation Technologies and European Workshop on GNSS Signals and Signal Processing, IEEE, 2015.

[50] MUNOZ-MARTIN J F, ONRUBIA R, PASCUAL D, et al. Experimental evidence of swell signatures in airborne L5/E5a GNSS-reflectometry[J]. Remote Sensing, 2020, 12: 1759.

[51] CARRENO-LUENGO H, CAMPS A, RAMOS-PERSZ I, et al. Experimental evaluation of GNSS-reflectometry altimetric precision using the P (Y) and C/A signals. IEEE Journal of Selected Topics in Applied Earth Observation and Remote Sensing, 2014, 7: 1493-1500.

[52] RIBO S, ARCO J C, OLIVERAS S, et al. Experimental results of an X-band PARIS receiver using digital satellite TV opportunity signals scattered on the sea surface[J]. IEEE Transactions on Geoscience and Remote Sensing, 2014, 52(9): 5704-5711.

[53] SHAH RH, GARRISON J L, EGIDO A, et al. Bistatic radar measurements of significant wave height using signals of opportunity in L-, S-, and Ku-bands[J]. IEEE Transactions on Geoscience and Remote Sensing, 2016, 54(2): 826-841.

[54] WU J, CHEN Y, GAO F, et.al. Sea surface height estimation by ground-based BDS GEO satellite reflectometry. IEEE Journal of Selected Topics in Applied Earth Observation and Remote Sensing, 2020, 13: 5550－5559.

[55] 王艺燃, 洪学宝, 张波, 等. 基于 DDMR 辅助的 GNSS-R 载波相位差测高方法[J]. 北京航空航天大学学报, 2014, 40(2): 257.

[56] ZHANG Y, LI B, LUMAN T, et al. Phase altimetry using reflected signals from BeiDou GEO satellites[J]. IEEE Geoscience and Remote Sensing Letters, 2016, 13(10): 1410-1414.

[57] LÖFGREN J S, HAAS R. Sea level measurements using multi-frequency GPS and GLONASS observations[J]. Eurasip Journal on Advances in Signal Processing, 2014(1): 1-13.

[58] LARSON K M, RAY R D, WILLIAMS S D P. A 10-year comparison of water levels measured with a geodetic GPS receiver versus a conventional tide gauge[J]. Journal of Atmospheric & Oceanic Technology, 2017, 34(2).

[59] STRANDERG J, HOBIGER T, HASS R. Real-time sea-level monitoring using Kalman filtering of GNSS data[J]. GPS Solutions, 2019, 23: 61.

[60] 何秀凤, 王杰, 王笑蕾, 等. 利用多模多频 GNSS-IR 信号反演沿海台风风暴潮[J]. 测绘学报, 2020, 49(9): 1168-1178.

[61] Kim S K, Park J. Monitoring a storm surge during hurricane Harvey using multi-constellation GNSS-Reflectometry[J]. GPS Solutions, 2021, 25(2): 63.

[62] YAMAWAKI M K, GEREMIA-NIEVINSKI F, GALERA M J F. High-rate altimetry in SNR-based GNSS-R proof-of-concept of a synthetic vertical array[J]. IEEE Geoscience and Remote Sensing Letters, 2021.

[63] FAGUNDES M R, TMENDOCA-TINTI I, IESCHECK A K, et al. An open-source low-cost sensor for SNR-based GNS reflectometry: design and long-term validation towards sea-level altimetry[J]. GPS Solutions, 2021, 25: 73.

[64] PURNELL D J, GOMES N, MINARIK W, et al. Precise water level measurements using low-cost GNSS antenna arrays[J]. Earth Surface Dynamics, 2021, 9: 673-685.

[65] ALTUNTA C, TUNALIOGLU N. Feasibility of retrieving effective reflector height using GNSS-IR from a single-frequency android smartphone SNR data[J]. Digital Signal Processing, 2021, 112(1): 103011.

[66] ZAVOROTNY V U, VORONOVICH A G. Bistatic GPS signal reflections at various polarizations from rough land surface with moisture content[C]. IEEE International Geoscience & Remote Sensing Symposium "Taking the Pulse of the Planet: The Role of Remote Sensing in Managing the Environment", IEEE, 2000: 2852-2854.

[67] ZAVOROTNY V, MASTERS D, GASIEWSKI A, et al. Seasonal polarimetric measurements of soil moisture using tower-based GPS bistatic radar[C]. Geoscience and Remote Sensing Symposium, 2003. IGARSS '03. Proceedings. 2003 IEEE International, IEEE, 2003, 2: 781-783.

[68] NASA. SMEX02 Experiment Plan[R]. ARS-USDA, 2002.

[69] MASTERS D, KATZBERG S, AXELRAD P. Airborne GPS bistatic radar soil moisture measurements during SMEX02[C]. Geoscience and Remote Sensing Symposium, 2003. Proceedings. 2003 IEEE International. IEEE, 2003, 2: 896-898.

[70] MASTERS D, AXELRAD P, KATZBERG S. Initial results of land-reflected GPS bistatic radar measurements in SMEX02[J]. Remote Sensing of Environment, 2004, 92(4): 507-520.

[71] KATZBERG S J, TORRES O, GRANT M S, et al. Utilizing calibrated GPS reflected signals to estimate soil reflectivity and dielectric constant: results from SMEX02[J]. Remote Sensing of Environment, 2006, 100(1): 17-28.

[72] TICCONI F, PIERDICCA N, PULVIRENTI L, et al. A theoretical study of the sensitivity of spaceborne bistatic microwave systems to geophysical parameters of land surfaces[C]. IEEE International Symposium on Geoscience & Remote Sensing. IEEE, 2006.

[73] EGIDO A. GNSS reflectometry for land remote sensing applications[D]. Barcelona, Starlab, 2013: 112.

[74] GUERRIERO L, PIERDICCA N, EGIDO A, et al. Modeling of the GNSS-R signal as a function of soil moisture and vegetation biomass[C]. Geoscience and Remote Sensing Symposium, IEEE, 2014: 4050-4053.

[75] ALONSO-ARROYO A, FORTE G, CAMPS A, et al. Soil moisture mapping using forward scattered GPS L1 signals[C]. IEEE International Geoscience & Remote Sensing Symposium, 2014.

[76] EGIDO A, PALOSCIA S, MOTTE E, et al. Airborne GNSS-R polarimetric measurements for soil moisture and above-ground biomass estimation[J]. IEEE Journal of Selected Topics in Applied Earth Observations & Remote Sensing, 2017, 7(5): 1522-1532.

[77] CAMPS A, PARK H, PABLOS M, et al. Sensitivity of GNSS-R spaceborne observations to soil moisture and vegetation[J]. IEEE Journal of Selected Topics in Applied Earth Observations & Remote Sensing, 2016, 9(10): 4730-4742.

[78] CAMPS A, PARK H, PABLOS M, et al. Soil moisture and vegetation impact in GNSS-R TechDemosat-1 observations[C]. Geoscience and Remote Sensing Symposium, IEEE, 2016: 1982-1984.

[79] HUGO C L, STEPHEN L, CINZIA Z, et al. Spaceborne GNSS-R from the SMAP mission: first assessment of polarimetric scatterometry over land and cryosphere[J]. Remote Sensing, 2017, 9(4): 362.

[80] CARRENO-LUENGO H, LUZI G, CROSETTO M. Geophysical relationship between CYGNSS GNSS-R bistatic reflectivity and SMAP microwave radiometry brightness temperature over land surfaces[C]. IEEE International Geoscience and Remote Sensing Symposium, IEEE, 2018.

[81] CARRENO-LUENGO H, LUZI G, CROSETTO M. Impact of the elevation angle on CYGNSS GNSS-R bistatic reflectivity as a function of effective surface roughness over land surfaces[J]. Remote Sensing, 2018, 10(11).

[82] EROGLU O, KURUM M, BOYD D, et al. High spatio-temporal resolution CYGNSS soil moisture estimates using artificial neural networks[J]. Remote Sensing, 2019, 11(19): 2272.

[83] GLEASON S, O'BRIEN A, RUSSEL A, et al. Geolocation, calibration and surface resolution of CYGNSS GNSS-R land observations[J]. Remote Sensing, 2020, 12(8): 1317.

[84] SENYUREK V, LEI F, D BOYD, et al. Evaluations of machine learning-based CYGNSS soil moisture estimates against SMAP observations[J]. Remote Sensing, 2020, 12 (Applications of GNSS Reflectometry for Earth Observation).

[85] 关止, 赵凯, 宋冬生. 利用反射 GPS 信号遥感土壤湿度[J]. 地球科学进展, 2006, 21(7): 747-750.

[86] 宋冬生, 赵凯, 关止. 机载平台基于全球卫星定位系统的土壤湿度遥感[J]. 东北林业大学学报, 2007, 35(5): 94-96.

[87] MAO K, ZHANG M, WANG J, et al. The study of soil moisture retrieval algorithm from GNSS-R[C]. 2008 International Workshop on Education Technology and Training, and 2008 International Workshop on Geoscience and Remote Sensing, IEEE, 2008: 438-442.

[88] 毛克彪, 王建明, 张孟阳, 等. GNSS-R 信号反演土壤水分研究分析[J]. 遥感信息, 2009(3): 92-97.

[89] 毛克彪, 王建明, 张孟阳, 等. 基于 AIEM 和实地观测数据对 GNSS-R 反演土壤水分的研究[J]. 高技术通讯, 2009, 19(3): 295-301.

[90] 王迎强, 严卫, 符养, 等. 机载 GPS 反射信号土壤湿度测量技术[J]. 遥感学报, 2009, 13(4): 670-685.

[91] 王炎, 杨东凯, 胡国英, 等. 利用 GPS 反射信号遥感土地湿度变化趋势[J]. 全球定位系统, 2009, 34(5): 7-10.

[92] 严颂华, 张训械. GNSS-R 反射信号在土壤湿度测量中的应用研究[C]. 全国电波传播学术讨论年会. 2009.

[93] 张训械, 严颂华. 利用 GNSS-R 反射信号估计土壤湿度[J]. 全球定位系统, 2009, 34(3):1-6.

[94] 严颂华, 张训械. 基于 GNSS-R 信号的土壤湿度反演研究[J]. 电波科学学报, 2010, 25(1).

[95] 严颂华, 龚健雅, 张训械, 等. GNSS-R 测量地表土壤湿度的地基实验[J]. 地球物理学报, 2011, 54(11): 2735-2744.

[96] WAN W, CHEN X, ZHAO L, et al. Near-surface soil moisture content measurement by GNSS reflectometry: an estimation model using calibrated GNSS signals[J]. IEEE International Geoscience and Remote Sensing Symposium, 2012: 7523-7526.

[97] LIU W, YANG D, GAO C, et al. Soil moisture observation utilizing reflected global navigaiton satellite system signals[C]. International Conference on Electrical Engineering and Information & Communication Technology, IEEE, 2014: 1-5.

[98] BAI W, XIA J, WAN W, et al. A first comprehensive evaluation of China's GNSS-R airborne campaign: part II : river remote sensing[J]. 科学通报(英文版), 2015.

[99] PENG X, CHEN X, XIAO H, et al. Estimating soil moisture content using GNSS-R technique based on statistics[C]. Geoscience and Remote Sensing Symposium, IEEE, 2015: 2004-2007.

[100] 邹文博, 张波, 洪学宝, 等. 利用北斗 GEO 卫星反射信号反演土壤湿度[J]. 测绘学报, 2016, 45(2): 199-204.

[101] 杨磊, 吴秋兰, 张波, 等. SVRM 辅助的北斗 GEO 卫星反射信号土壤湿度反演方法[J]. 北京航空航天大学学报, 2016, 42(6): 1134-1141.

[102] 杨磊. GNSS-R 农田土壤湿度反演方法研究[D]. 泰安: 山东农业大学, 2017.

[103] 杨磊. GNSS-R 农田土壤湿度反演方法研究[J]. 测绘学报, 2018(1): 134-134.

[104] YIN C, LOPEZ-BAEZA E, MARTIN-NEIRA M, et al. Intercomparison of soil moisture retrieved from GNSS-R and passive L-band radiometry at the Valencia Anchor Station[C]. Geoscience and Remote Sensing Symposium, IEEE, 2016: 3137-3139.

[105] 李伟, 陈秀万, 彭学峰, 等. GNSS-R 土壤湿度估算体系架构研究与初步实现[J]. 国土资源遥感, 2017, 29(1): 213-220.

[106] 涂晋升, 张瑞, 洪学宝, 等. 利用星载 GNSS-R DDM 反演土壤湿度可行性分析[J]. 导航定位学报, 2019, 7(4): 109-113.

[107] 涂晋升, 张瑞, 洪学宝, 等. 面向陆表的星载 GNSS-R DDM 波形分类[J]. 测绘通报, 2019, 0(8): 44-47.

[108] 井成, 牛新亮, 段崇棣. GNSS-R 土壤湿度探测——以中国地区为例[C]. 第六届高分辨率对地观测学术年会, 2019.

[109] YAN Q, HUANG W, JIN S, et al. Pan-tropical soil moisture mapping based on a three-layer model from CYGNSS GNSS-R data[J]. Remote Sensing of Environment, 2020, 247: 111944.

[110] CHERNIAKOV M. Space-surface bistatic synthetic aperture radar - prospective and problems[C]. RADAR 2002, Edinburgh: IEEE, 2002: 22-25.

[111] CHERNIAKOV M, SAINI R, ZUO R, et al. Space surface bistatic SAR with space-borne non-cooperative transmitters[C]. European Radar Conference, 2005 EURAD 2005. La Defense: IEEE, 2005: 9-12.

[112] ANTONIOU M, CHERNIAKOV M, SAINI R, et al. Modified range-Doppler algorithm for space-surface BSAR imaging[C]. International Conference on Radar, Edinburgh: IET, 2007: 1-4.

[113] CHERNIAKOV M, SAINI R, ZUO R, et al. Space-surface bistatic synthetic aperture radar with global navigation satellite system transmitter of opportunity-experimental results[J]. IET Radar Sonar & Navigation, 2007, 1(6): 447-458.

[114] USMAN M, ARMITAGE D. A remote imaging system based on reflected GPS signals[J]. 2006 International Conference on Advances in Space Technologies, 2006: 173-178.

[115] USMAN M, ARMITAGE D W. Acquisition of reflected GPS signals for remote sensing applications[C]. 2008 2nd International Conference on Advances in Space Technologies, Islamabad: IEEE, 2008 :131-136

[116] USMAN M, ARMITAGE D. Details of an imaging system based on reflected GPS signals and utilizing SAR techniques[J]. Journal of Global Positioning Systems, 2009, 8: 87-99.

[117] CHERNIAKOV M, ZENG Z, et al. Experimental demonstration of passive BSAR imaging using navigation satellites and a fixed receiver[J]. IEEE Geoscience and Remote Sensing Letters, 2012, 9(3): 477-481.

[118] ANTONIOU M, CHERNIAKOV M. GNSS-based bistatic SAR: a signal processing view[J]. EURASIP Journal on Advances in Signal Processing, 2013(1):1-16.

[119] ZHANG Q, CHERNIAKOV M, ANTONIOU M, et al. Passive bistatic synthetic aperture radar imaging with Galileo transmitters and a moving receiver: experimental demonstration[J]. IET Radar Sonar & Navigation, 2013, 7(9): 985-993.

[120] SANTI F, ANTONIOU M, PASTINA D. Point spread function analysis for GNSS-based multistatic SAR[J]. IEEE Geoscience and Remote Sensing Letters, 2015, 12(2): 304-308.

[121] ZENG T, AO D, HU C, et al. Multi-angle BiSAR images enhancement and scatting characteristics analysis[C]. 2014 International Radar Conference, Lille: IEEE, 2014: 1-5.

[122] ZENG T, ZHANG T, TIAN W, et al. Permanent scatterers in space-surface bistatic SAR using Beidou-2/Compass-2 as illuminators: preliminary experiment results and analysis[C]. 2016 European Radar Conference (EuRAD), London: IEEE, 2016:169-172.

[123] KOCH V, WESTPHAL R. New approach to a multistatic passive radar sensor for air/space defense[J]. IEEE Aerospace and Electronic Systems Magazine, 1995, 10(11): 24-32.

[124] BEHAR V, KABAKCHIEV C, ROHLING H. Air target detection using navigation receivers based on GPS L5 signals[A]. 24th International Technical Meeting of the Satellite Division of the Institute of Navigation 2011, ION GNSS 2011[C]. Porland: ION, 2011: 333-337.

[125] BEHAR V, KABAKCHIEV C. Detectability of air targets using bistatic radar based on GPS L5 signals[C]. International Radar Symposium, IRS 2011-Proceedings, Leipzig: IRS, 2011: 212-217.

[126] KABAKCHIEV C, BEHAR V, GARVANOV I, et al. Detection, parametric imaging and classification of very small marine targets emerged in heavy sea clutter utilizing GPS-based forward scattering radar[C]. ICASSP, IEEE International Conference on Acoustics, Speech and Signal Processing-Proceedings. Florence: Institute of Electrical and Electronics Engineers Inc., 2014: 793-797.

[127] SUBERVIOLA I, MAYORDOMO I, MENDIZABAL J. Experimental results of air target detection with a GPS forward-scattering radar[J]. IEEE Geoscience and Remote Sensing Letters, 2012, 9(1): 47-51.

[128] CHOW Y P, TRINKLE M. GPS bistatic radar using phased-array technique for aircraft detection[C]. 2013 International Conference on Radar - Beyond Orthodoxy: New Paradigms in Radar, RADAR 2013, Adelaide, IEEE, 2013: 274-279.

[129] SANTI F, PIERALICE F, PASTINA D. Joint detection and localization of vessels at sea with a GNSS-based multistatic Radar[J]. IEEE Transactions on Geoscience and Remote Sensing, 2019, 57(8): 5894-5913.

[130] PASTINA D, SANTI F, PIERALICE F, et al. Passive radar imaging of ship targets with GNSS signals of opportunity[J]. IEEE Transactions on Geoscience and Remote Sensing, 2021, 59(3): 2627-2642.

[131] 杨进佩. 基于 GPS 的无源雷达技术研究[D]. 南京: 南京理工大学, 2006.

[132] 杨进佩, 刘中, 朱晓华. 用于无源雷达的 GPS 卫星信号性能分析[J]. 电子与信息学报, 2007(05): 1083-1086.

[133] 范梅梅, 廖东平, 丁小峰. 基于北斗卫星信号的无源雷达可行性研究[J]. 信号处理, 2010, 26(04): 631-636.

[134] 胡程, 刘长江, 曾涛. 双基地前向散射雷达探测与成像[J]. 雷达学报, 2016, 5(03): 229-243.

[135] LIU C, HU C, WANG R, et al. GNSS forward scatter radar detection: signal processing and experiment[C]. Proceedings International Radar Symposium, Prague: IEEE Computer Society, 2017: 1-9.

[136] 何振宇, 陈武, 杨扬. GPS 天-地无源双基地雷达探测海面移动目标[J]. 测绘学报, 2020, 49(12): 1523-1534.

[137] HE Z Y, YANG Y, CHEN W, et al. Moving target imaging using GNSS-based passive bistatic synthetic aperture radar[J]. Remote Sensing, 2020, 12(20): 1-21.

[138] ZENG H C, ZHANG H J, CHEN J, et al. UAV target detection algorithm using GNSS-based bistatic radar[C]. International Geoscience and Remote Sensing Symposium (IGARSS), Yokohama: Institute of Electrical and Electronics Engineers Inc., 2019: 2167-2170.

第2章 GNSS 卫星导航信号概述

2.1 扩频通信原理

2.1.1 扩频的基本概念

扩展频谱（简称扩频）通信系统基于香农信息论的基本理论，将基带信号的频谱扩展到很宽的频带上再进行传输。扩频是解决无线通信中的多址、抗干扰、抗截获、抗多径、保密性、定位测距和识别能力等问题的有效途径之一。

一种典型的扩频系统框图如图 2-1 所示。该系统主要由信源/信息输出、信源编译码、信道编译码（差错控制）、载波调制/符号解调、扩频调制/解扩及信道六部分组成。信源编码的目的是去掉信息的冗余度，压缩信源的数据率，提高信道的传输效率。差错控制用来增加信息在信道传输中的冗余度，目的是使其具有检错或纠错能力，提高信道传输质量。载波调制是为了使经信道编码后的符号能在适当的频段（如微波频段、短波频段等）中传输。扩频调制和解扩是为了特定目的而分别进行的信号频谱展宽和还原。与传统通信系统不同的是，扩频系统的信道中所传输的是一个宽带的低谱密度的信号。

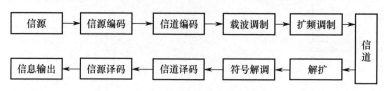

图 2-1 典型扩频系统框图

信息论的奠基人香农指出"实现有效通信的最佳信号是白噪声形式的信号传递"，并提出了著名的香农定理，其中作为扩频理论基础的是式（2.1）。

$$C = W \log_2(1 + S/N) \qquad (2.1)$$

其中，C 是信道容量，相当于信道的信息传输速率（或称数据率）（bps 或 bit/s）；W 为信道带宽；S 为信号功率；N 为噪声功率。式（2.1）指出：在信道容量不变的情况下，可以以增大信道带宽为代价，降低对信噪比的要求，即带宽和信噪比在一定条件下可以互换[1]。在信噪比较低的情况下，甚至在信号完全淹没在噪声之中的情况下，只要信号带宽足够大，用相同的信息传输速率也可以保证可靠的通信。因此，通过用其带宽比信息带宽大得多的宽带信号来传输信息，可以增强通信系统的抗干扰能力，这就是扩频通信的理论基础，也是其突出的优点。一般扩频通信的抗干扰特性由系统的扩频增益 G，即频谱扩展后的信号带宽 B_s 与频谱扩展前的带宽 B_d 之比来表示，它在数值上等于解扩后与扩频前的信噪比之比，也等于信息比特内所包含的伪随机码数 N，如式（2.2）所示。

$$G = \frac{B_s}{B_d} = \frac{(S/N)_o}{(S/N)_i} = N \qquad (2.2)$$

其中，$(S/N)_i$ 和 $(S/N)_o$ 分别为解扩后和扩频前的信噪比。扩频增益反映了扩频通信中扩频解扩处理对信噪比改善的程度，是衡量抗干扰性能的主要因子。

如图 2-2（a）所示，扩频后信号功率密度降低，在信道中传输时可完全淹没在噪声之中，从而提高了信号传输的保密性。解扩后，与发射信号扩频码匹配的信号功率密度增大，越过噪声线，如图 2-2（b）所示。同时，信号频段中的窄波干扰可在信号解扩过程中实现扩频，其强度变弱，从而提高信号传输的抗干扰性。

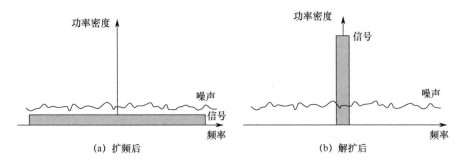

图 2-2　信号的扩频与解扩

扩频技术在改善信噪比、实现抗干扰的同时，还可以在相同的频带上利用不同的码型承载不同用户的信息，从而实现码分多址，提高频带的复用率。

GNSS 普遍采用了扩频技术中的直接序列扩频（DSSS）技术，各颗卫星的导航电文通过自相关和互相关特性优良的伪随机噪声码（PRN 码）（简称伪随机码或伪码）进行扩频，再通过二进制相移键控或者其他方式调制在卫星载频上。用于调制的伪随机码和载波同时也携带着导航定位和授时所需的测距、测速信息和时间信息。

2.1.2 伪随机码（PRN 码）

GNSS 卫星导航信号主要由载波、扩频码和导航数据三部分组成，而伪随机码是其核心，用于信号扩频、跟踪、锁定和距离测量。本节以 GPS 发射的 L1 C/A 码（Coarse/Acquisition Code，中文称粗捕获码，简称粗码）为例，介绍伪随机码的产生方法与相关特性。

1. C/A 码的产生

伪随机码是一种能预先确定的、有周期性的二进制数据序列，它具有接近于二进制随机序列的良好自相关特性，可由多级反馈移位寄存器产生。由 n 级反馈移位寄存器产生的、其周期等于最大可能值［即 2^n-1 码片（chip）］的序列称为 m 序列。由一对级数相同的 m 序列线性组合而成的一种组合码称为 Gold 码[2]。C/A 码就是由 m 序列优选对组合而成的 Gold 码，它由两个长度相等且互相关极大值最小的 m 序列逐位进行模 2 加构成。改变产生它的两个 m 序列的相对相位，就可以得到不同的码。对于长度为 $N=2^m-1$ 的 m 序列，每两个码可以用这种方法产生 N 个 Gold 码，其中任何两个码的互相关最大值等于构成它们的两个 m 序列的互相关最大值。互相关函数的旁瓣（又称副瓣）有起伏，但它的峰值不超过自相关的最大值，这是 Gold 码广泛应用于多址通信的原因，也是 GPS 采用 Gold 码作为 C/A 码的主要考虑因素。

C/A 码是由两个 10 级反馈移位寄存器产生的。每星期日子夜零时，两个移位寄存器在置+1 脉冲作用下全处于 1 状态，同时在 1.023 MHz 的码片速率驱动下，两个移位寄存器分别产生码长为 $N=2^{10}-1=1\,023$（码元）、周期为 1 ms 的两个 m 序列 G1(t) 和 G2(t)。其中，G2(t) 序列经过相位选择器，输出一个与 G2(t) 平移等价的 m 序列，然后与 G1(t) 进行模 2 加，便得到 C/A 码。C/A 码发生器如图 2-3 所示。

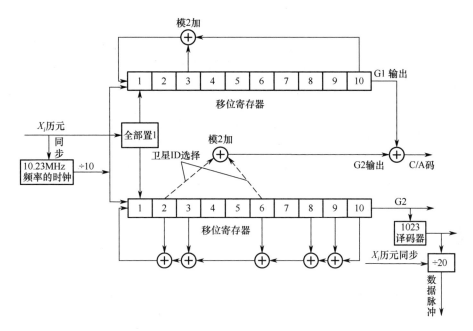

图 2-3　C/A 码发生器

在实际生成 C/A 码时，采用的 G2 不是直接由移位寄存器的末级输出的，而是根据平移可加性，选择其中两级进行模 2 加运算后输出。这样做的效果是产生一个与原 G2 序列平移等价的序列，其平移量取决于选用哪两级进行模 2 加运算。该 C/A 码发生器可得到 $C_{10}^2 + 10 = 55$ 种不同的 C/A 码。从这些 G(t) 码中选择 32 个码以 PRN1，…，PRN32 命名，用于各 GPS 卫星；PRN33，…，PRN37 则被保留给地面信号发射器。由于 C/A 码较短，可在 1 s 时间内搜索 1 000 次，所以 C/A 码除了用于捕获卫星信号和提供伪距观测量外，还可以用于辅助捕获 P 码（GPS 中的另一种伪随机码——Precision 码，简称 P 码，中文称精码）。

2．C/A 码的相关特性

C/A 码最重要的特性之一是相关特性，高的自相关峰值和低的互相关峰值可为信号捕获提供很宽的动态范围。为了在强噪声背景下探测到弱信号，弱信号的自相关峰值必须大于强信号的互相关峰值。如果码是正交的，互相关结果理论值应为 0。然而，Gold 码不是完全正交的，只是准正交的，其互相关结果并不是 0，而是一个较小的数值。Gold 码的互相关值如表 2-1 所示。对于 C/A 码，$n = 10$，因此 $P = 1023$。使用表 2-1 中的关系式，可得出互相关值为 $-65/1023$

（概率为 12.5%时）、-1/1023（概率为 75%时）以及 63/1023（概率为 12.5%时）。

表 2-1　Gold 码的互相关值

码　周　期	移位寄存器阶数 n	标准化互相关值	发　生　概　率
$P = 2^n - 1$	$n = $ 奇数	$-\dfrac{2^{(n+1)/2}+1}{P}$	0.25
		$-\dfrac{1}{P}$	0.5
		$\dfrac{2^{(n+1)/2}+1}{P}$	0.25
$P = 2^n - 1$	$n = $ 偶数， 但不是 4 的倍数	$-\dfrac{2^{(n+2)/2}+1}{P}$	0.125
		$-\dfrac{1}{P}$	0.75
		$\dfrac{2^{(n+2)/2}+1}{P}$	0.125

设 $\mathrm{PRN}_j(t)$ 为由 $\{+1,-1\}$ 组成的卫星 j 的 C/A 码序列，其自相关函数如式（2.3）所示。

$$R_j(\delta\tau) = \frac{1}{T}\int_0^T \mathrm{PRN}_j(t)\,\mathrm{PRN}_j(t+\delta\tau)\mathrm{d}t \qquad (2.3)$$

其中，T 为码周期，$\delta\tau$ 为码延迟。图 2-4 所示为 GPS 1 号卫星的 C/A 码序列（PRN 序列），其码周期 T 为 1 ms。

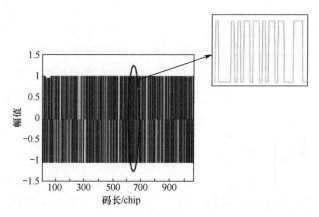

图 2-4　GPS 1 号卫星 PRN 序列

根据式（2.3），可以计算该卫星 PRN 序列的自相关函数值。图 2-5 所示为 GPS 1 号卫星 C/A 码自相关函数曲线示意图，其中仅画出了码延迟（$\delta\tau$）在 ±1 000 码片（chip）范围内的结果。

— 32 —

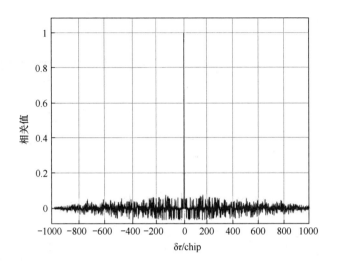

图 2-5　GPS 1 号卫星 C/A 码自相关函数曲线示意图

对于两颗卫星 i 和 j，其 C/A 码的互相关函数如式（2.4）所示。

$$R_{i,j}(\delta\tau) = \frac{1}{T}\int_0^T \mathrm{PRN}_i(t)\,\mathrm{PRN}_j(t+\delta\tau)\mathrm{d}t \qquad (2.4)$$

图 2-6 示出了 GPS 1 号和 4 号卫星的 C/A 码互相关函数曲线，其中码延迟范围同图 2-5，也为 $\pm 1\,000$ chip。比较图 2-5 和图 2-6 可以看出，GPS 卫星所使用的 Gold 码自相关函数旁瓣与互相关函数类似，均不全为零。

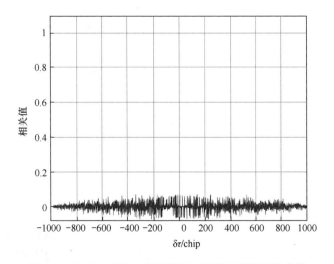

图 2-6　GPS 1 号和 4 号卫星 C/A 码的互相关函数曲线

为了清晰地表示自相关函数旁瓣，图 2-7 以 GPS 7 号卫星（PRN7）和 4 号卫星（PRN4）为例，仅画出了码延迟在±10 chip 范围内的自相关函数曲线。注：PRN4 的旁瓣位置为±2/4/9（虚线），PRN7 的旁瓣位置为±1/7/9/10（实线）。

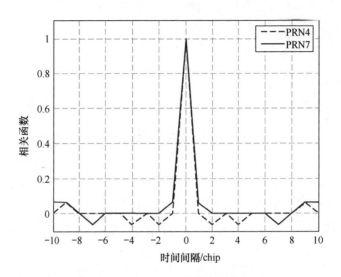

图 2-7　GPS C/A 码自相关函数曲线

设当 $\delta\tau/\tau_c$ 为整数 $i=[0,1,\cdots,1\,022]$ 时相关函数值表示为 $R_j(i)$，其取值对 GPS C/A 码来说为 $\{1,\ -\tau_c/T,\ 63\tau_c/T,\ -65\tau_c/T\}$（$\tau_c/T=1/1\,023$），则任意时刻的自相关函数值计算方法如式（2.5）所示。

$$\Lambda_j(\delta\tau)=[R_j(i)-R_j(i+1)](1-\Delta t)+R_j(i+1) \tag{2.5}$$

其中，$i=\mathrm{INT}(|\delta\tau/\tau_c|)$，$\mathrm{INT}(\cdot)$ 表示取整函数；$\Delta t=|\delta\tau/\tau_c|-i$。

通常，简化的自相关函数假定为

$$R_j(i)=\begin{cases}1 & i=0\\ -\tau_c/T & i\neq0\end{cases} \tag{2.6}$$

此时式（2.5）表示为

$$\Lambda_j(\delta\tau)=\begin{cases}1-|\delta\tau|/\tau_c-|\delta\tau|/T & |\delta\tau|/\tau_c\leqslant1\\ -\tau_c/T & |\delta\tau|/\tau_c>1\end{cases} \tag{2.7}$$

由于 $\tau_c\ll T$，一般认为 $-\tau_c/T\approx0$，因此式（2.7）可进一步简化为

$$\Lambda_j(\delta\tau)=\begin{cases}1-|\delta\tau|/\tau_c & |\delta\tau|/\tau_c \leqslant 1\\ 0 & |\delta\tau|/\tau_c > 1\end{cases} \tag{2.8}$$

式（2.8）为一个理想的三角形，宽度为两个码片宽度。在普通的 GPS 接收机中，此简化的自相关函数表达式常用于信号捕获与跟踪。而在处理和应用反射信号时，考虑到自相关函数旁瓣的影响，可使用式（2.5）给出的自相关函数值。

2.1.3　扩频测距原理及性能

C/A 码在解扩过程中可根据自相关函数主峰的位置来求解接收到的 C/A 码信号的相位，该码相位体现了信号从卫星到接收机的传播时间，进而可将其转化为卫星到接收机的距离测量值，实现测距功能。

1．伪距基本概念

某卫星到接收机之间的距离应为信号传播时间与电磁波传播速度（光速）的乘积。如图 2-8 所示，由于卫星时钟与接收机时钟产生的时间不同步，以及各项测量误差的存在，常将计算得到的距离值称为"伪距"，而不是真正的几何距离。

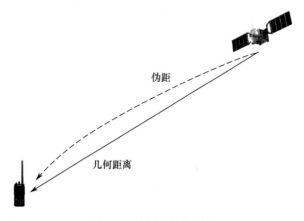

图 2-8　伪距和几何距离

基本的伪距观测方程如式（2.9）[2]所示。

$$\rho = r + c(\delta_{t接} - \delta_{t卫}) + cT + cI + \varepsilon_\rho \tag{2.9}$$

其中，ρ 表示伪距，r 表示几何距离，c 表示光速，$\delta_{t接}$ 表示接收机时钟钟差，

$\delta_{t\Sigma}$ 表示卫星时钟钟差，T 表示对流层延迟，I 表示电离层延迟，ε_ρ 表示伪距测量噪声量。时钟钟差是指该时钟与 GPS 时（GPST，又称 GPS 时间）之间的差异。

2. 伪距与扩频码相位关系

伪距由信号接收时间与发射时间的差异乘以真空中的光速得到。接收时间可直接从接收机时钟读取，而卫星发射时间的获得由接收机对接收信号的分析来实现。

如图 2-9 所示，GPS 信号中包含许多与时间相关的信息。码相位作为最小的时间计量部分，通过接收机中的 C/A 码相关处理得到，为最新接收时刻在一个整周的 C/A 码中的位置，取值在 0～1 023 之间。已知 C/A 码的码片长度对应的距离为 $\dfrac{1}{1.023\times10^6\,\text{Hz}}\times3\times10^8\,\text{m/s}\approx293\,\text{m}$。假设码元测量误差为码元宽度的 1/10,1/20,$\cdots$,1/100，则相应的测距误差为 29.3～2.93 m。

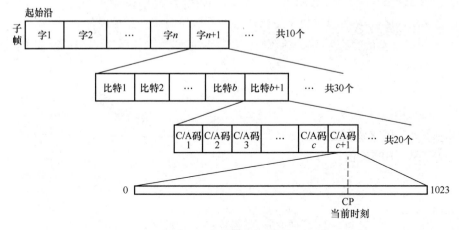

图 2-9　码相位与发射时间

当对信号实现相关处理和载波剥离后，将剩下的数据码进行位同步与帧同步处理。首先，通过对该子帧进行导航电文译码可得到对应于上一子帧的周内时（TOW），该 TOW 减 1 再乘以 6 后得到当前子帧起始沿时刻。其次，找出当前片刻所在子帧的字数及所在字的比特（bit）数（GPS 导航电文一个字包含 30 bit，1 bit 长为 20 ms）。最后，由 C/A 码的整周数和相位值即可得到最终的信号发射时间，从而得到伪距。

发射时间计算公式如式（2.10）[3]所示。

$$t_{发} = (\text{TOW} - 1) \times 6 + (30n + b) \times 0.020 + \left(c + \frac{\text{CP}}{1023}\right) \times 0.001 \text{ (s)} \qquad (2.10)$$

3. 扩频测距性能分析

扩频码对于测距十分重要，利用导航电文格式、信息以及码相位来最终确定对应的信号发射时间和伪距，不存在模糊度问题。同时，扩频码测距以 C/A 码的码片长度（293 m）为基础，能够达到测距的米级精度。

除了扩频码测距以外，还有载波相位测距法。该方法以载波波长为基础（GPS L1 载波频率为 1 575.42 MHz，波长约为 $\frac{3 \times 10^8 \text{ m/s}}{1\,575.42\text{ MHz}} \approx 0.19\text{ m} = 19\text{ cm}$），能够达到毫米级精度，并且受多径影响更小；但由于存在未知整周模糊度，使用该方法时通常需要扩频码测距法来辅助。

2.2 调制方式

2.2.1 BPSK

起初 GNSS 信号采用二进制相移键控（Binary Phase-Shift Keying，BPSK）调制方式，在载波振幅与频率保持不变的情况下，通过载波相位的变化来传递数字信息。BPSK 信号的时域表达式如式（2.11）所示。

$$e_{\text{BPSK}}(t) = A\cos(2\pi f_c t + \varphi) \qquad (2.11)$$

其中，f_c 为载波频率；φ 为信号的绝对相位；φ 值的选择如式（2.12）所示。

$$\varphi = \begin{cases} 0 & \text{发送 "0"} \\ \pi & \text{发送 "1"} \end{cases} \qquad (2.12)$$

结合式（2.11）和式（2.12），可得

$$e_{\text{BPSK}}(t) = \begin{cases} A\cos(2\pi f_c t) & \text{发送 "0"} \\ -A\cos(2\pi f_c t) & \text{发送 "1"} \end{cases} \qquad (2.13)$$

由式（2.13）可知，表示两种码元的信号波形相同、极性相反，因而可将

信号的 BPSK 调制等价于双极性不归零矩形脉冲序列与正弦载波的乘积[4]，其数学表达式如式（2.14）所示。

$$e_{\text{BPSK}}(t) = s(t)\cos(2\pi f_c t) \tag{2.14}$$

2.2.2 QPSK

正交相移键控（Quadrature Phase-Shift Keying，QPSK）是一种四进制相位调制，每个码元代表 2 bit 信息，有四种排列方式：00、01、10、11。QPSK 信号的时域表达式如式（2.15）所示。

$$e_{\text{QPSK}}(t) = A\cos(2\pi f_c t + \theta_i) \quad i=1,2,3,4 \tag{2.15}$$

其中，f_c 为载波频率；θ_i 有四种可能取值，分别为 $\dfrac{\pi}{4}$、$\dfrac{3\pi}{4}$、$\dfrac{5\pi}{4}$ 和 $\dfrac{7\pi}{4}$。

QPSK 信号用一个相干载波进行相干解调会导致解调存在模糊现象，故解调需要两个正交的相干载波，将式（2.15）展开为

$$e_{\text{QPSK}}(t) = I\cos(2\pi f_c t) - Q\sin(2\pi f_c t) \tag{2.16}$$

为方便表示，使输出信号 $e_{\text{QPSK}}(t)$ 的幅值为 1，调整输入信号的幅值为 $1/\sqrt{2}$。将（$+1/\sqrt{2}$，$+1/\sqrt{2}$）（$-1/\sqrt{2}$，$+1/\sqrt{2}$）（$-1/\sqrt{2}$，$-1/\sqrt{2}$）（$+1/\sqrt{2}$，$-1/\sqrt{2}$）作为（I，Q）分别代入式（2.15）和式（2.16），可得输入信号与输出信号的相位对应关系，如表 2-2 所示。

表 2-2　QPSK 输入与输出信号相位对应关系

输 入 信 号	I 路信号（I）	Q 路信号（Q）	输出信号相位 θ_i
00	$+\dfrac{1}{\sqrt{2}}$	$+\dfrac{1}{\sqrt{2}}$	$\dfrac{\pi}{4}$
01	$-\dfrac{1}{\sqrt{2}}$	$+\dfrac{1}{\sqrt{2}}$	$\dfrac{3\pi}{4}$
11	$-\dfrac{1}{\sqrt{2}}$	$-\dfrac{1}{\sqrt{2}}$	$\dfrac{5\pi}{4}$
10	$+\dfrac{1}{\sqrt{2}}$	$-\dfrac{1}{\sqrt{2}}$	$\dfrac{7\pi}{4}$

2.2.3 BOC

BOC（二进制偏移载波，Binary Offset Carrier）调制最早由参与 Galileo 信

号设计的领军人物 John W. Betz 提出[5]，其根本目的是解决频谱拥挤问题。目前，北斗、GPS 和 Galileo 系统新体制下的信号都采用了 BOC 调制方式或其变形方式。

1. BOC 信号及其特点

一般来说，在 GNSS 信号处理中都将 BOC 看作一种副载波调制，相当于正弦或余弦函数的符号。正弦相位的 BOC 信号可以表示为码序列与频率为 f_s 的副载波的乘积，即

$$x(t) = c(t) \cdot \text{sign}[\sin(2\pi f_s t)] \tag{2.17}$$

$$c(t) = \sum_k c_k h(t - kT_c) \tag{2.18}$$

其中，$h(t)$ 是码序列，相当于在区间 $[0, T_c]$ 为 -1 或 1 的反向不归零码。

BOC 信号通常可表示为 BOC(p, q)，其中第一个参数 p 指副载波频率，第二个参数 q 指码片速率，即 $f_s = p \times 1.023\,\text{MHz}$，$f_c = q \times 1.023\,\text{MHz}$；比率 $n = 2\dfrac{f_s}{f_c} = 2\dfrac{p}{q}$ 为一个码片中半个副载波的周期数，可以是偶数也可以是奇数。

如果 BOC 信号为正弦信号，则其归一化的功率谱密度可表示为

$$G_{\text{BOC}}(f) = \frac{1}{T_c} \left[\frac{\sin\left(\dfrac{\pi f T_c}{n}\right) \sin(\pi f T_c)}{\pi f \cos\left(\dfrac{\pi f T_c}{n}\right)} \right]^2 \quad n \text{ 是偶数} \tag{2.19}$$

$$G_{\text{BOC}}(f) = \frac{1}{T_c} \left[\frac{\sin\left(\dfrac{\pi f T_c}{n}\right) \cos(\pi f T_c)}{\pi f \cos\left(\dfrac{\pi f T_c}{n}\right)} \right]^2 \quad n \text{ 是奇数} \tag{2.20}$$

如果 BOC 信号为余弦信号，则其归一化的功率谱密度可表示为

$$G_{\text{BOC}}(f) = \frac{1}{T_c} \left[\frac{\sin\left(\dfrac{\pi f T_c}{n}\right)\left(\cos\left(\pi f \dfrac{T_c}{n}\right) - 1\right)}{\pi f \cos\left(\dfrac{\pi f T_c}{n}\right)} \right]^2 \quad n \text{ 是偶数} \tag{2.21}$$

$$G_{\mathrm{BOC}}(f) = \frac{1}{T_{\mathrm{c}}} \left(\frac{\cos\left(\dfrac{\pi f T_{\mathrm{c}}}{n}\right)\left(\cos\left(\pi f \dfrac{T_{\mathrm{c}}}{n}\right) - 1\right)}{\pi f \cos\left(\dfrac{\pi f T_{\mathrm{c}}}{n}\right)} \right)^2 \qquad n \text{ 是奇数} \qquad (2.22)$$

图 2-10 所示为几种典型 BOC 信号的功率谱密度曲线。可以看出，BOC 信号的功率谱具有以下特点：

（1）BOC 信号的功率谱左右对称，功率谱主瓣分布在载波频率的两边；

（2）副载波与码片速率的比值越大，BOC 信号的主瓣离中心频率越远，主瓣数与主瓣之间的旁瓣数之和为 n；

（3）在偏离中心频率的高频率上能提供更多的功率，使系统的抗单频干扰性能和抗多径性能提高。

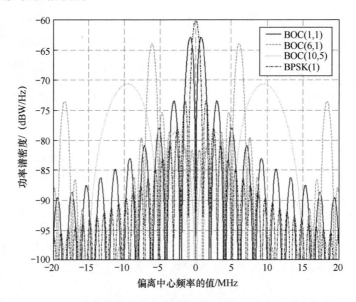

图 2-10 BOC 信号的功率谱密度曲线

与功率谱密度相对应，BOC 信号的自相关函数与 BPSK 信号也有所不同，图 2-11 所示为几种典型 BOC 信号的自相关函数曲线。可以看出，由于副载波的影响，$\mathrm{BOC}(p,q)$ 信号的自相关函数具有如下特点：

（1）具有多个峰值，p/q 值越大，边峰个数就越多，且与主峰相邻的边峰值也越大，主峰宽度越小。

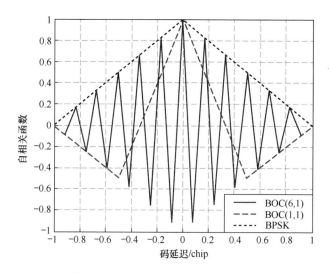

图 2-11 BOC 信号的自相关函数曲线

（2）主峰较窄，有可能产生高精度的码跟踪和良好的多径分辨能力，因而具有提供更好导航性能的潜力。

BOC 信号的自相关函数曲线所呈现出的多峰值特点，将可能使接收机锁定在错误的峰值上，导致定位偏差。

一方面，BOC 信号自相关函数中的过零点会造成信号的漏捕，自相关函数的多峰值特点也可能导致信号无法正确捕获，使其后的跟踪和解算产生错误。

另一方面，BOC 信号的自相关函数具有波动性的特点，这与常规直接序列扩频通信中的扩频码相关函数有很大的区别。BOC 信号相关函数的多个峰值中只有中心（最大）峰值与码相位误差为 0 相对应。在信号跟踪过程中，跟踪环路本身误差将有可能导致跟踪到接近中心峰值的边峰，引起错误锁定。

因此，如何处理或避免由于多峰值造成的 BOC 信号捕获和跟踪上的模糊，是研究 BOC 信号接收处理的重点。

2. MBOC 信号及其特点

MBOC 是 Multiplexed Binary Offset Carrier 的缩写，中文名称为多元二进制偏移载波，MBOC 调制是在 BOC 调制基础上的扩展和改进。例如，MBOC(6,1,1/11)功率谱密度是 BOC(1,1)频谱和 BOC(6,1)频谱的混合[6]，定义为

$$G_{\text{MBOC}}(f) = \frac{10}{11} G_{\text{BOC}(1,1)}(f) + \frac{1}{11} G_{\text{BOC}(6,1)}(f) \qquad (2.23)$$

在新体制导航信号中，GPS、北斗、Galileo 基于 MBOC 采用不同类型混合调制的方式，主要有时分多副载波调制（TMBOC 调制）、混合多副载波调制（CBOC 调制）和正交复用二进制偏移载波调制（QMBOC 调制）三种。

GPS L1C 信号采用 TMBOC 调制，在占总功率 1/4 的数据通道上使用 BOC(1,1)调制，而在导频通道使用时分复用将 BOC(6,1)与 BOC(1,1)进行混合调制，在每 33 个伪随机码码片中对第 1、5、7、30 个码片使用 BOC(6,1)调制，而对其余码片使用 BOC(1,1)调制，且 BOC(6,1)占导频通道信号总功率的 4/33，从而使整个混合调制信号呈现 TMBOC(6,1,4/33)调制形式。GPS L1C 信号频谱可表示为

$$
\begin{aligned}
G_{\text{L1C}}(f) &= \frac{1}{4} G_{\text{data}}(f) + \frac{3}{4} G_{\text{pilot}}(f) \\
&= \frac{1}{4} G_{\text{BOC}(1,1)}(f) + \frac{3}{4}\left[\frac{29}{33} G_{\text{BOC}(1,1)}(f) + \frac{4}{33} G_{\text{BOC}(6,1)}(f) \right] \quad (2.24) \\
&= \frac{10}{11} G_{\text{BOC}(1,1)}(f) + \frac{1}{11} G_{\text{BOC}(6,1)}(f)
\end{aligned}
$$

Galileo E1 OS 信号采用的 CBOC 是在 BOC(1,1)信号幅度上调制 BOC(6,1)，数据通道分量采用 CBOC(+)调制方式，即 BOC(1,1)信号与 BOC(6,1)信号相加；导频通道分量采用 CBOC(−)调制方式，即 BOC(1,1)信号与 BOC(6,1)信号相减；两个分量功率谱相加，满足 MBOC 定义的功率谱要求。

北斗 B1C 信号采用的 QMBOC 调制是将 BOC(1,1)和 BOC(6,1)分量分别调制在载波的两个正交相位上。其数据通道和导频通道功率占比分别为 1/4 和 3/4，QBOC 信号的功率谱密度与 TMBOC 相同。

3. AltBOC 信号及其特点

Galileo E5 信号采用的交替二进制偏移载波（Alternate Binary Offset Carrier，AltBOC）调制技术，继承了传统 BOC 信号抗干扰、抗多径的能力，具有频谱兼容性与测距性能更加优秀的特点，同时提高了频谱的利用率。BOC 调制信号的副载波频谱为对称的双边带频谱，而 AltBOC 调制信号的副载波频谱为单边带频谱；因此，扩频调制后的 BOC 信号为对称的双边带谱，AltBOC 信号则是单边带谱。若使用传统 BOC 调制信号，其两个主瓣携带相同的信息；

若使用 AltBOC 调制信号，不同主瓣可以携带不同的信息。与传统 BOC 一样，AltBOC 调制也使用 AltBOC(m,n) 表示。

以 Galileo E5 信号为例，它包含上下两个边带且调制两路信号，即 E5a 信号和 E5b 信号，其载波频率分别为 1 176.45 MHz 和 1 207.14 MHz。E5a 信号和 E5b 信号各自包含了两个正交的通道，即数据通道和导频通道。数据通道调制导航数据码和伪随机码，而导频通道反调制伪随机码。Galileo E5 信号通过 AltBOC(15,10) 调制方式产生，其副载波的频率为 f_s=15×1.023 MHz，伪随机码的码片速率为 f_c=10×1.023 MHz。Galileo E5 信号可以表示为

$$s_{\text{AltBOC}}(t) = c_{a_I}(t)d_{a_I}(t)sc_{\text{BOC}}(t) - c_{b_I}(t)d_{b_I}(t)sc_{\text{BOC}}(t) + $$
$$c_{a_Q}(t)sc_{\text{BOC}}\left(t + \frac{\pi}{2}\right) - c_{a_Q}(t)sc_{\text{BOC}}\left(t - \frac{\pi}{2}\right) \tag{2.25}$$

为了使信号幅度保持恒定不变，水平方向、垂直方向和角平分线方向信号的幅值均相同，而且消除零相位点，对信号进行恒包络变换，获得恒定幅度的 AltBOC 信号为

$$s_{\text{AltBOC}}(t) = \frac{1}{2\sqrt{2}}\{[s_{a_I}(t) + js_{a_Q}(t)][sc_s(t) - jsc_s(t - T_s/4)] + $$
$$[s_{b_I}(t) + js_{b_Q}(t)][sc_s(t) + jsc_s(t - T_s/4)] + $$
$$[\overline{s_{a_I}(t)} + j\overline{s_{a_Q}(t)}][sc_p(t) - jsc_p(t - T_s/4)] + $$
$$[\overline{s_{b_I}(t)} + j\overline{s_{b_Q}(t)}][sc_p(t) + jsc_p(t - T_s/4)]\} \tag{2.26}$$

其中，

$$\begin{cases} s_{a_I}(t) = c_{a_I}(t) \cdot d_{a_I}(t) \\ s_{a_Q}(t) = c_{a_Q}(t) \\ s_{b_I}(t) = c_{b_I}(t) \cdot d_{b_I}(t) \\ s_{b_Q}(t) = c_{b_Q}(t) \end{cases} \tag{2.27}$$

$$\begin{cases} \overline{s_{a_I}(t)} = s_{a_Q}(t) \cdot s_{b_I}(t) \cdot s_{b_Q}(t) \\ \overline{s_{a_Q}(t)} = s_{a_I}(t) \cdot s_{b_I}(t) \cdot s_{b_Q}(t) \\ \overline{s_{b_I}(t)} = s_{a_I}(t) \cdot s_{a_Q}(t) \cdot s_{b_Q}(t) \\ \overline{s_{b_Q}(t)} = s_{a_I}(t) \cdot s_{a_Q}(t) \cdot s_{b_I}(t) \end{cases} \tag{2.28}$$

新引入的加权因子定义如下：

$$\begin{cases} sc_s(t) = \sum_{i=-\infty}^{+\infty} \text{AS}_{|i|_8} \, \text{rect}_{T_s/4}(t - i \cdot T_s / 4) \\ sc_p(t) = \sum_{i=-\infty}^{+\infty} \text{AP}_{|i|_8} \, \text{rect}_{T_s/4}(t - i \cdot T_s / 4) \end{cases} \quad (2.29)$$

其中，系数 AS_i 和 AP_i 为 AltBOC 信号星座图上的 4 种状态，如表 2-3 所示。

表 2-3　Galileo E5 信号 AltBOC 的子载波调制系数

i	0	1	2	3	4	5	6	7
AS_i	$\frac{\sqrt{2}+1}{2}$	$\frac{1}{2}$	$-\frac{1}{2}$	$-\frac{\sqrt{2}+1}{2}$	$-\frac{\sqrt{2}+1}{2}$	$-\frac{1}{2}$	$\frac{1}{2}$	$\frac{\sqrt{2}+1}{2}$
AP_i	$-\frac{\sqrt{2}-1}{2}$	$\frac{1}{2}$	$-\frac{1}{2}$	$\frac{\sqrt{2}-1}{2}$	$\frac{\sqrt{2}-1}{2}$	$-\frac{1}{2}$	$\frac{1}{2}$	$-\frac{\sqrt{2}-1}{2}$

经过 AltBOC 调制后，E5a 和 E5b 信号可以看作两个独立的 QPSK 信号，AltBOC 信号功率谱密度函数可以表示为

$$G_{\text{AltBOC}}(f) = \frac{4f_c}{\pi^2 f^2} \frac{\sin^2\left(\dfrac{\pi f}{f_c}\right)}{\cos^2\left(\dfrac{\pi f}{2f_s}\right)} \cdot \left[\begin{array}{c} \cos^2\left(\dfrac{\pi f}{2f_s}\right) - \cos\left(\dfrac{\pi f}{2f_s}\right) \\ -2\cos\left(\dfrac{\pi f}{2f_s}\right)\cos\left(\dfrac{\pi f}{4f_s}\right) + 2 \end{array} \right], \quad 2m/n \text{为奇数}$$

$$(2.30)$$

$$G_{\text{AltBOC}}(f) = \frac{4f_c}{\pi^2 f^2} \frac{\cos^2\left(\dfrac{\pi f}{f_c}\right)}{\cos^2\left(\dfrac{\pi f}{2f_s}\right)} \cdot \left[\begin{array}{c} \cos^2\left(\dfrac{\pi f}{2f_s}\right) - \cos\left(\dfrac{\pi f}{2f_s}\right) \\ -2\cos\left(\dfrac{\pi f}{2f_s}\right)\cos\left(\dfrac{\pi f}{4f_s}\right) + 2 \end{array} \right], \quad 2m/n \text{为偶数}$$

$$(2.31)$$

如图 2-12（a）所示，经过 AltBOC(15,10)调制的 Galileo E5 信号的频谱呈现双边带特点，但其中包含两个独立的通道 E5a 和 E5b，可看作两个独立的 QPSK 信号，其自相关函数曲线仍是三角波。如图 2-12（b）所示，全通道 E5 信号（E5aQ+E5bQ 或 E5aI+E5aI）的自相关函数曲线同样为三角函数调制的三角波。

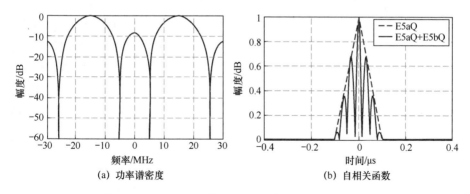

（a）功率谱密度　　　　　　　　　（b）自相关函数

图 2-12　Galileo E5 信号的功率谱密度及自相关函数

2.3　卫星导航信号

2.3.1　北斗信号

1. 信号体制

目前的北斗三号系统能提供定位导航服务的空间信号有 5 个，分别是 B1C、B2a、B2b、B1I 和 B3I，根据 2021 年 5 月 26 日公开的《北斗卫星导航系统公开服务性能规范 3.0 版》，这 5 个信号的中心频率分别为 1 575.42 MHz、1 176.25 MHz、1 207.14 MHz、1 561.098 MHz 和 1 268.52 MHz，其带宽、符号速率和调制方式、极化方式等如表 2-4 所示。

表 2-4　北斗卫星导航系统信号体制

信　号　名　称		载波频率/MHz	带宽/MHz	符号速率/sps	调 制 方 式	极化方式
B1C	B1C_data	1 575.42	32.736	100	BOC(1,1)	RHCP
	B1C_pilot			0	QMBOC(6,1,4/33)	
B2a	B2a_data	1 176.45	20.46	200	BPSK(10)	RHCP
	B2a_pilot			0		
B2b	I 支路	1 207.14	20.46	1000	BPSK(10)	RHCP
	Q 支路	—	—		—	—
B1I		1 561.098	4.092	D1 导航电文 50 D2 导航电文 500	BPSK	RHCP
B3I		1 268.52	20.46	D1 导航电文 50 D2 导航电文 500	BPSK	RHCP

注：sps——符号每秒。

根据北斗系统 ICD 的规定，当卫星仰角大于 5°，在地球表面附近的接收机右旋圆极化（RHCP）天线为 0 dBi 增益（或线性极化天线为 3 dBi 增益）时，卫星发射的各导航信号到达接收机天线输出端的最小功率电平如表 2-5 所示。

表 2-5　地面最小接收功率电平

信 号 名 称	用户最小接收功率（仰角大于 5°）/dBW
B1C	−159（MEO 卫星）
	−161（IGSO 卫星）
B2a	−156（MEO 卫星）
	−158（IGSO 卫星）
B2b	−160（MEO 卫星）
	−162（IGSO 卫星）
B1I	−163
B3I	−163

2. 信号结构

B1I、B3I 信号都由"测距码+导航电文"正交调制在载波上构成，其信号表达式如下：

$$S_{B1I}^{j}(t) = A_{B1I}C_{B1I}^{j}(t)D_{B1I}^{j}(t)\cos(2\pi f_1 t + \varphi_{B1I}^{j}) \tag{2.32}$$

$$S_{B3I}^{j}(t) = A_{B3I}C_{B3I}^{j}(t)D_{B3I}^{j}(t)\cos(2\pi f_3 t + \varphi_{B3I}^{j}) \tag{2.33}$$

其中，上标"j"表示卫星编号；A_{B1I} 和 A_{B3I} 分别表示 B1I、B3I 信号振幅；C_{B1I}^{j} 和 C_{B3I}^{j} 分别表示 B1I、B3I 信号的测距码；D_{B1I}^{j} 和 D_{B3I}^{j} 分别表示调制在 B1I、B3I 信号测距码上的数据码；f_1 和 f_3 分别表示 B1I、B3I 信号载波频率；φ_{B1I}^{j} 和 φ_{B3I}^{j} 分别表示 B1I、B3I 信号载波的初始相位。B1I 和 B3I 信号的测距码均由两个线性序列 G1、G2 模 2 加产生平衡 Gold 码后截短 1 码片而生成。B1I 信号测距码的符号速率为 2.046 Msps，码长为 2 046 码元；B3I 信号测距码的符号速率为 10.23 Msps，码长为 10 230 码元。

B1I 信号测距码的两个线性序列 G1 和 G2 由 11 级线性移位寄存器生成，其生成多项式分别为

$$G_1(X) = 1 + X + X^7 + X^8 + X^9 + X^{10} + X^{11} \tag{2.34}$$

$$G_2(X) = 1 + X + X^2 + X^3 + X^4 + X^5 + X^8 + X^9 + X^{11} \tag{2.35}$$

G1 序列的初始相位为 01010101010；G2 序列的初始相位为 01010101010。

B1I 信号测距码发生器如图 2-13 所示[7]。

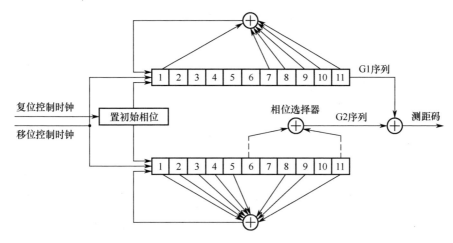

图 2-13　B1I 信号测距码发生器

通过对产生 G2 序列的移位寄存器不同抽头的模 2 加，可以实现 G2 序列相位的不同偏移，再与 G1 序列模 2 加后可生成不同卫星的测距码。G2 序列的相位分配情况参见文献[7]。

B3I 信号测距码的 G1 和 G2 序列是由 13 级线性移位寄存器生成的，其周期为 8191 码片，其生成多项式分别为

$$G_1(X) = X^{13} + X^4 + X^3 + X + 1 \qquad (2.36)$$

$$G_2(X) = X^{13} + X^{12} + X^{10} + X^9 + X^7 + X^6 + X^5 + X + 1 \qquad (2.37)$$

B3I 信号测距码发生器如图 2-14 所示[8]。

周期为 10 230 码片的测距码是由周期分别为 8190、8191 码片的 CA 序列与 CB 序列模 2 加得到的，其中，CA 序列由 G1 序列截短 1 码片后得到，CB 序列由 G2 序列得到。G1 序列在每个测距码周期（1 ms）起始时刻或 G1 序列寄存器相位为 "1111111111100" 时置初始相位，G2 序列在每个测距码周期（1 ms）起始时刻置初始相位。G1 序列的初始相位为 "1111111111111"；G2 序列的初始相位由 "1111111111111" 经过不同的移位次数形成，不同初始相位对应不同卫星。G2 序列相位分配参见文献[8]。

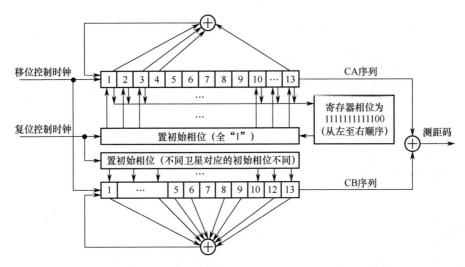

图 2-14　B3I 信号测距码发生器

B2b 信号 I 支路分量由导航电文数据和测距码调制产生，可表示为

$$S_{\text{B2b\_I}}(t) = \frac{1}{\sqrt{2}} D_{\text{B2b\_I}}(t) C_{\text{B2b\_I}}(t) \qquad (2.38)$$

$$D_{\text{B2b\_I}}(t) = \sum_{k=-\infty}^{\infty} d_{\text{B2b\_I}}(k) p_{T_{\text{B2b\_I}}}(t - kT_{\text{B2b\_I}}) \qquad (2.39)$$

其中，$d_{\text{B2b\_I}}$ 为 B2b 信号 I 支路的导航电文数据码，$T_{\text{B2b\_I}}$ 为数据码的码片宽度，$p_{T_{\text{B2b\_I}}}$ 为宽度为 $T_{\text{B2b\_I}}$ 的矩形脉冲。

B2b 信号 I 支路测距码的符号速率为 10.23 Msps，码长为 10 230 码元，由两个 13 级线性反馈移位寄存器通过移位及模 2 加而生成的 Gold 码扩展得到，其生成多项式为

$$G_1(X) = 1 + X + X^9 + X^{10} + X^{13} \qquad (2.40)$$

$$G_2(X) = 1 + X^3 + X^4 + X^6 + X^9 + X^{12} + X^{13} \qquad (2.41)$$

B2b 信号 I 支路测距码发生器结构及 G1 和 G2 序列的初始值等的详细信息参见文献[9]。

B1C 信号和 B2a 信号的复包络都可以表示为

$$s(t) = s_{\text{data}}(t) + js_{\text{pilot}}(t) \qquad (2.42)$$

其中，$s_{\text{data}}(t)$ 为数据分量，$s_{\text{pilot}}(t)$ 为导航分量。B2a 信号的数据分量由导航电

文数据和测距码调制产生，导频分量仅包括测距码；B1C 信号的数据分量由导航电文数据和测距码经子载波调制产生，导频分量由测距码经子载波调制产生。表 2-6 和表 2-7 分别示出了 B1C 和 B2a 信号的调制特性，包括分量组成以及各分量的调制方式、相位关系和功率比。

表 2-6　B1C 信号调制特性

分量组成	调制方式		相位关系	功率比
$s_{B1C\_data}(t)$	正弦 BOC(1,1)		0°	1/4
$s_{B1C\_pilot\_a}(t)$	QMBOC(6,1,4/33)	正弦 BOC(1,1)	90°	29/44
$s_{B1C\_pilot\_b}(t)$		正弦 BOC(6,1)	0°	1/11

表 2-7　B2a 信号调制特性

分量组成	调制方式	相位关系	功率比
$s_{B1C\_data}(t)$	BPSK(10)	0°	1/2
$s_{B1C\_pilot\_a}(t)$	BPSK(10)	90°	1/2

B1C 信号和 B2a 信号的测距码都采用分层码结构，由主码和子码相异或而构成。子码的码片宽度与主码的周期相同，子码码片起始时刻与主码第一个码片的起始时刻严格对齐。表 2-8、表 2-9 分别示出了 B1C、B2a 信号的测距码参数，其中 B1C 数据分量不含子码。对于 MEO 和 IGSO 卫星，每颗卫星对应唯一的测距码编号（PRN 号），同一颗卫星播发的 B1C 和 B2a 信号采用相同的 PRN 号[10-11]。

表 2-8　B1C 信号测距码参数

信号分量	主码码型	主码码长/码元	主码周期	子码码型	子码码长/码元	子码周期
B1C 数据分量	Weil 码截短	10 230	10 ms	—	—	—
B1C 导频分量	Weil 码截短	10 230	10 ms	Weil 码截短	1 800	18 s

表 2-9　B2a 信号测距码参数

信号分量	主码码型	主码码长/码元	主码周期	子码码型	子码码长/码元	子码周期
B2a 数据分量	Gold 码	10 230	1 ms	固定码	5	5 ms
B2a 导频分量	Gold 码	10 230	1 ms	Weil 码截短	100	100 ms

3. 导航电文

由前述内容可以知道，目前北斗卫星导航系统有 5 个不同频率的空间信号，它们的导航电文也不同。不同类型的卫星播发信号与导航电文类型的对应关系如表 2-10 所示。

表 2-10　卫星播发信号类型与导航电文类型的对应关系

信 号 类 型	导航电文类型	卫 星 类 型
B1C	B-CNAV1	BDS-3I
B2a	B-CNAV2	BDS-3M
B2b	B-CNAV3	
B1I B3I	D1	BDS-2I
		BDS-2M
		BDS-3I
		BDS-3M
	D2	BDS-2G
		BDS-3G

1）D1 导航电文和 D2 导航电文

对于 B1I 和 B3I 信号，由于速率和结构的不同，导航电文分为 D1 导航电文（由 MEO 卫星和 IGSO 卫星播发）和 D2 导航电文（由 GEO 卫星播发）。D1 导航电文包含基本导航信息（本卫星基本导航信息、全部卫星历书信息、与其他系统时间同步信息）。D2 导航电文包含基本导航信息和广域差分信息（北斗系统的差分及完好性信息和格网点电离层信息）。

D1 导航电文的数据率为 50 bps，并调制有数据率为 1 kbps 的二次编码——Neumann-Hoffman 码（以下简称 NH 码）。该 NH 码的码长为 20 bit（0，0，0，0，0，1，0，0，1，1，0，1，0，1，0，0，1，1，1，1，0），其周期与 1 个导航信息位的宽度相同，每比特宽度与扩频码周期相同，以模 2 加的形式与扩频码和导航信息码同步调制。

D1 导航电文由超帧、主帧和子帧组成。每个超帧长度为 36 000 bit，由 24 个主帧组成（24 个页面），共需时 12 min。每个主帧由 5 个子帧组成，每个子帧为 10 个字，每个字包括 30 bit。每个字都由导航电文数据及校验码两部分组成。每个子帧第 1 个字的前 15 bit 信息不进行纠错编码，后 11 bit 信息采用 BCH(15,11,1) 方式进行纠错编码，信息位共有 26 bit；其他 9 个字均采用 BCH(15,11,1) 加交织方式进行纠错编码，信息位共有 22 bit。D1 导航电文帧的简化结构如图 2-15 所示[7]。

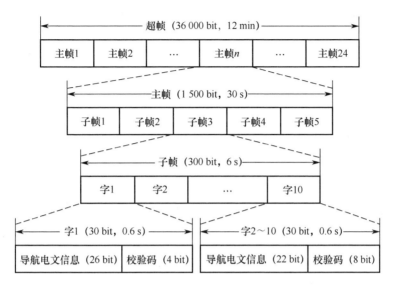

图 2-15 D1 导航电文帧简化结构

D2 导航电文也由超帧、主帧和子帧组成。每个超帧长度为 180 000 bit，由 120 个主帧组成，主帧结构和 D1 电文相同，共需时 6 min。D2 导航电文帧的简化结构如图 2-16 所示[7]。

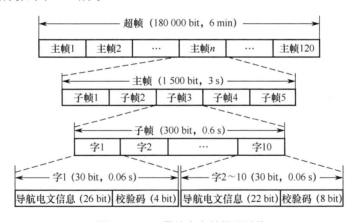

图 2-16 D2 导航电文帧简化结构

2）B-CNAV1 导航电文

B-CNAV1 导航电文在 B1C 信号中播发，每帧电文长度为 1 800 符号（symbol），符号速率为 100 sps（符号每秒），周期为 18 s，由 3 个子帧组成，其纠错编码前、后的帧结构如图 2-17 所示[10]。

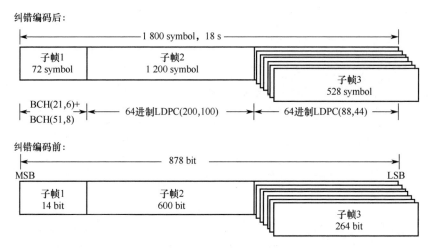

图 2-17   B-CNAV1 导航电文帧结构

子帧 1 播发 PRN 号和小时内秒计数（SOH），在纠错编码前的长度为 14 bit，经过 BCH(21,6)+BCH(51,8)编码后，长度为 72 symbol。子帧 2 播发系统时间参数、电文数据版本号、星历参数、钟差参数、群延迟修正参数及其他系统信息，在纠错编码前的长度为 600 bit，经 LDPC(200,100)编码后长度为 1 200 symbol。子帧 3 播发电离层延迟改正模型参数、地球定向参数、BDT-UTC 时间同步参数、BDT-GNSS 时间同步参数、中等精度历书、简约历书、卫星健康状态、卫星完好性状态标识、空间信号精度指数、空间信号监测精度指数等信息，分为多个页面，在纠错编码前的长度为 264 bit，经 LDPC(88,44)编码后长度为 528 symbol。子帧 2 与子帧 3 各自经 LDPC 编码后，再进行交织编码。

3）B-CNAV2 导航电文

B-CNAV2 导航电文在 B2a 信号中播发，每帧电文长度为 600 symbol，符号速率为 200 sps，周期为 3 s，其纠错编码前、后的帧结构如图 2-18 所示[11]。

每帧电文的前 24 symbol 为帧同步头（固定值：0xE24DE8），采用高位先发方式。每帧电文信息包括 PRN 号、信息类型（MesType）、周内秒计数（SOW）、电文数据和循环冗余校验（CRC）位，在纠错编码前长度为 288 bit，经过 64 进制 LDPC(96,48)编码后长度为 576 symbol。

4）B-CNAV3 导航电文

B-CNAV3 导航电文在 B2b 信号中播发，包括基本导航信息和基本完好性信息。每帧电文长度为 1 000 symbol，符号速率为 1 000 sps，周期为 1 s；其纠错编码前、后的帧结构如图 2-19 所示[9]。

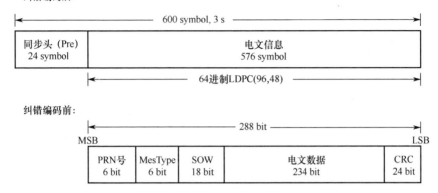

图 2-18 B-CNAV2 导航电文帧结构

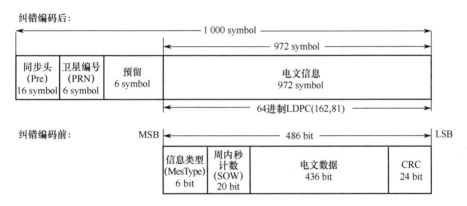

图 2-19 B-CNAV3 导航电文帧结构

每帧电文的前 16 symbol 为帧同步头（固定值：0xEB90），采用高位先发方式。每帧电文信息包括信息类型（MesType）、周内秒计数（SOW）、电文数据和循环冗余校验（CRC）位，在纠错编码前长度为 486 bit，经过 64 进制 LDPC(162,81)编码后长度为 972 symbol。

2.3.2 GPS 信号

1. GPS 信号的生成

GPS 采用码分多址（Code Division Multiple Access，CDMA）技术，使用相同频率的载波进行调制，不同卫星发射的信号采取不同的伪随机码进行区分，每颗卫星信号均采用伪随机码直接序列扩频的调制方式，其信号产生原理框图如图 2-20 所示[12]。

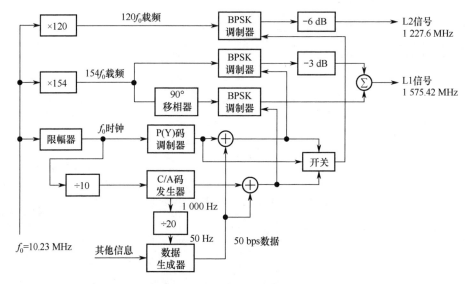

图 2-20 GPS 信号产生框图

由图 2-20 可知，GPS 卫星向用户发送的信号由两个频率分量 f_{L1} 和 f_{L2} 组成，它们的共同频率源一致，由基本频率 f_0 分别乘以 154 和 120 后产生。

$$f_0 = 10.23 \ \text{MHz}$$
$$f_{L1} = 154 f_0 = 1575.42 \ \text{MHz}$$
$$f_{L2} = 120 f_0 = 1227.6 \ \text{MHz}$$

（2.43）

其中，f_{L1} 和 f_{L2} 为 GPS 信号的中心频率。

卫星导航电文 D 码、伪随机码 P(Y)码、C/A 码均采用 BPSK 调制信号载波 L1 和 L2。P(Y)码和 C/A 码均为取值 0、1 的伪随机序列。P(Y)码的数据率为 10.23 Mbps，码长为 235 469 592 765×10^3 码元，周期约为 266 d 9 h；C/A 码的数据率为 1.023 Mbps，码长为 1023 码元，周期为 1 ms；D 码为导航电文编码，其数据率为 50 bps。载波信号 L1 的同相载波分量用 P(Y)⊕D 复合码进行 BPSK 调制，而正交载波分量用 C/A⊕D 复合码进行 BPSK 调制。载波信号 L2 上可以用 P(Y)⊕D 复合码，也可以使用 C/A⊕D 复合码，某些情况下仅有 P(Y)码。具体用哪一种由控制区段来选择，通常情况下选择 P(Y)⊕D 复合码。

第 i 颗 GPS 卫星发射的 L1 信号可表示为

$$S_{L1i}(t) = A_{ci}C_i(t)D_i(t)\cos(2\pi f_{L1}t + \varphi_i) + \\ A_{pi}P_i(t)D_i(t)\sin(2\pi f_{L1}t + \varphi_i)$$

（2.44）

其中，A_{ci} 和 A_{pi} 为信号幅度，$P_i(t)$ 和 $C_i(t)$ 分别为 P 码和 C/A 码，$D_i(t)$ 为导航电文，φ_i 为主要由相位噪声和频率漂移导致的初始相位。

第 i 颗 GPS 卫星发射的 L2 信号可表示为

$$S_{L2i}(t) = A_{L2i}P_i(t)D_i(t)\cos(2\pi f_{L2}t + \varphi_i)$$

（2.45）

其中，A_{L2i} 为信号幅度，φ_i 为相应的初始相位。

精密定位服务（Precise Positioning Service，PPS）主要用于军事，用户能接入 L1 和 L2 上所有的信号，并获得完全的 GPS 精度。标准定位服务（Standard Positioning Service，SPS）主要用于民用领域，由于 L2 上一般没有 C/A 码，因此用户无法进行双频工作。单频用户不能准确测量出电离层延迟，定位精度比双频用户低。由于 P(Y)码的接收需要专门的辅助芯片和密钥，SPS 用户一般情况下仅用 L1 上的 C/A 码，反射信号的接收处理及应用也多用 C/A 码，因此本书内容以介绍 L1 上的 C/A 码信号为主。C/A 码除用于捕获卫星信号和提供伪距观测量外，还可以用于辅助捕获 P 码。

GPS 卫星发射的 L1 频率 C/A 码信号在到达地面时其强度最大不超过 −150 dBW，最小不低于−158.5 dBW，根据 ICD IS-GPS-200M 规定，L1 频率 C/A 码的用户最小接收功率曲线如图 2-21 所示[13]。

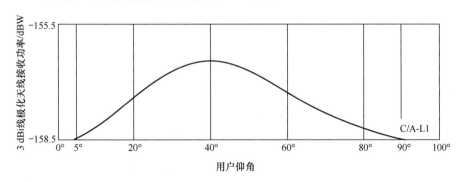

图 2-21　GPS 卫星 L1 频率 C/A 码的用户最小接收功率曲线[13]

2. GPS 卫星信号的导航电文结构

GPS 卫星的导航电文是接收机用来测定用户位置、速度和时间的数据基础，主要包括：卫星星历、时钟修正、电离层时延修正、GPS 星座内其他卫星的历书和工作状态信息以及 C/A 码转换为 P 码的信息。这些信息以二进制码的形式，按规定格式成帧发送，传输速率为 50 bps。

每帧导航电文由 5 个子帧组成，共 1 500 bit（称为长帧），需时 30 s；每个子帧长 300 bit，需时 6 s，包括 10 个 30 bit 的字，每比特（bit）需时 20 ms，对应 20 个 C/A 码周期。其中，子帧 4 和 5 的数据需要传输 25 个完整帧周期，所以 25 个主帧组成一个超级帧。在 25 帧数据中，每个主帧的子帧 4 和 5 又称为页。子帧 1、2、3 播放卫星的时钟修正参数和广播星历，子帧 4 和 5 播放全部卫星的历书数据、电离层修正参数及其他系统信息，25 页为一组完整的系统信息。每个子帧/页应包含 1 个遥测字 TLM 和 1 个转换字 HOW，遥测字应首先发送，然后发送 HOW，后跟 8 个数据字。每帧中的每个字都包含 6 bit 的奇偶校验码和 24 bit 的信息位。GPS 导航电文结构如图 2-22 所示[2]，详细的导航电文帧结构及内容参见文献[13]。

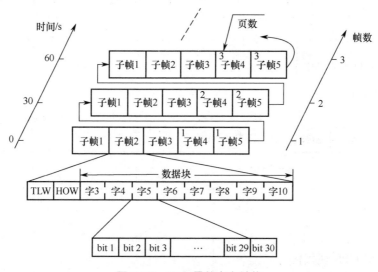

图 2-22　GPS 导航电文结构

遥测码位于各子帧的开头，每 6 s 出现一次，前 8 bit 是确定子帧起始位置的同步头，便于用户识别各子帧，固定为 10001011。第 9 比特至第 22 比特仅对特许用户才有意义，后 6 bit 为奇偶校验码。GPS 卫星系统内有一个 29 bit 的计数器，记录从 GPS 时零点（1980 年 1 月 6 日午夜零时）开始 X1 历元（周期为 1.5 s）的数目，其高 10 bit 表示从 GPS 时零点开始的星期数（模 1024），低 19 bit 为周内时间（TOW）计数，表示从上周末开始 X1 历元的数目。TOW 计数器的高 17 bit 为转换字 HOW 的前 17 bit，计数范围为 0～100 799，每 6 s （1.5 s×4）加 1，指示下一子帧的周内起始时间，给每个子帧添加 GPS 时标记，消除了 C/A 码 1 ms 历元周期多值所带来的时间模糊性。第一子帧的电文中还包括从 GPS 时零点起算的星期数（模 1024，用 10 bit 表示）。

图 2-23 描述了 C/A 码和 GPS 时的关系。C/A 码接收机利用这种关系能够确定所接收到的卫星信号的 GPS 信号发射时间，将其限定在一个 C/A 码的基码时间（977.5 ns）内，基码时间的细分通过码跟踪环中的码 NCO（数控振荡器）相位来实现。

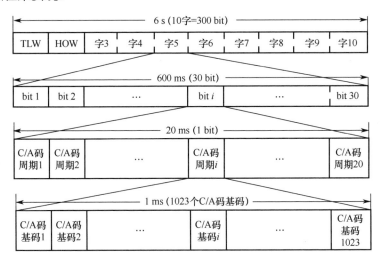

图 2-23　GPS 的 C/A 码和 GPS 时的关系

3. 现代化后的 GPS 信号

为了保持 GPS 的技术领先和维持相应产业的发展势头，美国于 1999 年 1 月首次提出 GPS 现代化计划。其目的主要包括：增强 GPS 在全球导航卫星系统中的竞争能力，更好地保护美方的利益；加强抗干扰能力；等等[14]。

GPS 现代化的具体内容主要包括以下三个阶段：

（1）发射 12 颗改进型的 GPS Block ⅡR 型卫星。

在 L2 频率上增加播发 C/A 码，与之前的民用码相比，具有较强的数据恢复和信号跟踪能力，能进一步提高导航定位精度。在 L1 和 L2 频率上播发 P(Y)

码并测试新的军码（M 码）信号，使美军在战时有权对某一地区的其他信号进行干扰或暂时将其关闭，剥夺对方使用 GPS 信号的权力。M 码信号是一种二进制偏置载波信号，其副载波频率为 10.23 MHz，传输速率为 5.115 Mbps。

（2）发射 6 颗 GPS Block ⅡF 型卫星。

在 GPS Block ⅡR 型卫星基础上进一步强化发射 M 码的功率，并增加新的民用信号 L5，频率为 1 176.45 MHz。为保证 M 码的全球覆盖，截至 2008 年至少有 18 颗 GPS Block ⅡF 型卫星在空间运行，至 2016 年 GPS 卫星系统全部以该型卫星运行，共计 24+3 颗。

（3）发射 GPS Block Ⅲ 型卫星。

截至 2022 年 1 月，可供使用的 GPS Block Ⅲ 型卫星尚未全部发射，现已发射 5 颗计划中的 GPS Block Ⅲ 型卫星，另外 3 颗即将发射，剩余 2 颗仍在接受测试。GPS Block Ⅲ 型卫星是对现有星座的重大升级，可以提供比先前卫星高 3 倍的精度和 8 倍的抗干扰能力。除新的民用信号外，在轨的 5 颗 GPS Block Ⅲ 型卫星已完成 M 码的空间测试并进一步增强其抗干扰能力。

P 码和 M 码仅供美国军方和特殊用户使用，民用 GPS 信号资源包括 3 种载波（L1/L2/L5）和 5 种信号（L1 C/A、L1C、L2 C/A、L2C、L5C）。

L2C 信号调制有两种伪随机码：CM 码和 CL 码。CM 码的码长为 10 230 码元，数据率为 511.5 kbps，码周期为 20 ms；CL 码是一种测距码，其码长为 767 250 码元，数据率为 511.5 kbps，码周期为 1.5 s[13]。L2C 上所调制信息的数据率为 25 bps，采用编码效率为 1/2 的卷积码，GPS 民用导航电文 CNAV 允许控制部分对数据序列进行规定，为每一信息内容分配时间。

载波 L5 的频率 $f_{L5} = 115 f_0 = 1\ 176.45$ MHz，仅在 GPS Block ⅡF 型、Ⅲ型、ⅢF 型卫星和后续卫星上使用，由伪随机噪声（PRN）测距码、同步序列和下行系统数据（称为 L5 CNAV 数据）生成的复合序列及其正交相位序列进行调制。L5 上传输两个 PRN 测距码：I5 码和 Q5 码。Ⅰ路调制导航数据，其伪随机码的码片速率为 10.23 MHz，导航数据的数据率为 50 bps，采用编码效率为 1/2 的卷积码，后变为 100 bps 的数据流；Q 路不调制导航数据。GPS Block ⅡF 型和Ⅲ/ⅢF 型卫星的 L5C 信号功率分别为 −157.9 dBW 和 −157.0 dBW[15]。

L1C 信号主要由没有任何数据调制的导频信号 L1C$_P$ 和有数据调制的 L1C$_D$ 两部分组成。L1C$_D$ 上的数据表示为 $D_{L1C}(t)$，包括卫星星历、系统时间、系统时间偏移量、卫星时钟行为、状态信息和其他数据信息，调制方式为 BOC(1,1)。L1C$_P$ 信号的调制方式为 TMBOC，由 BOC(1,1) 和 BOC(6,1) 组成[16]。L1C 的标称频率为 1 575.42 MHz，L1C 的码片速率为 1.022 999 999 543 26 MHz。

根据 GPS 现代化计划，各型号卫星发射的 GPS 信号如表 2-11 所示。

表 2-11　各型号卫星发射的 GPS 信号

卫 星 型 号		ⅡA	ⅡR	ⅡR-M	ⅡF	GPS Ⅲ	GPS ⅢF
GPS 信号	L1 C/A	√	√	√	√	√	√
	L1 P(Y)	√	√	√	√	√	√
	L1 M			√	√	√	√
	L1 C					√	√
	L2 C	√	√	√	√	√	√
	L2 P(Y)	√	√	√	√	√	√
	L2 M			√	√	√	√
	L2 C/A	√	√	√	√	√	√
	L5 C				√	√	√

现代化后的 L1 信号包括 C/A 码、P(Y) 码、L1C 码和 L1M 码，L2 信号包括 C/A 码、P(Y) 码、L2C 码和 L2M 码，L5 信号包括 L5C 码。以 L1 为例，其信号功率谱如图 2-24 所示。

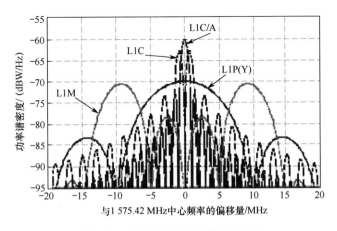

图 2-24　现代化后的 L1 信号功率谱

M 码和 P 码用于军事方面，民事用户无法使用其信号特点提升导航定位服务性能。但是，在反射信号遥感应用中，可以无须知道其码结构而利用其带宽优势实现高性能遥感探测。

2.3.3 其他卫星导航信号

1. GLONASS 系统

GLONASS 系统使用频分多址技术来区分每颗卫星，L1 信号中心频率为 1 602 MHz，相邻通道频率间距为 562.5 kHz（1 597～1 606 MHz）；L2 信号中心频率为 1 246 MHz，相邻通道频率间距为 437.5 kHz，各载波频率值为

$$f_{L1} = 1\,602\,\text{MHz} + K \times 0.562\,5\,\text{MHz}$$
$$f_{L2} = 1\,246\,\text{MHz} + K \times 0.437\,5\,\text{MHz}$$

（2.46）

其中，$K = -7, -6, \cdots, 5, 6$ 为频段号。

GLONASS 系统 L1 和 L2 两个载波上都调制了高精度的 P 码，低精度的 C/A 码只出现在 L1 上。其中 C/A 码的数据率为 511 kbps，码长为 511 码元，码周期为 1 ms，码元宽度约为 2 μs（等效距离约为 586 m），调制数据的数据率为 50 bps。P 码的数据率为 5.11 Mbps，供军方使用且加密。图 2-25 显示了 GLONASS 信号的生成过程[17]。

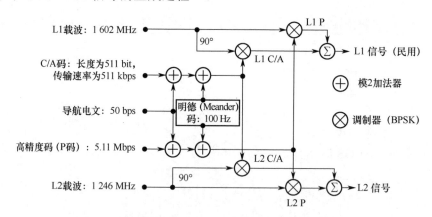

图 2-25 GLONASS 信号的生成过程

2. Galileo 系统

如图 2-26 所示，Galileo 导航信号占用 E5a、E5b、E6 和 E1 四个频段，其

中心频率分别为 1 176.45 MHz、1 207.14 MHz、1 278.75 MHz 和 1 575.42 MHz[18]，E5a、E5b 和 E1 频段与 GPS 的 L2 和 L1 频段部分重合，有利于两系统的兼容。Galileo 系统建议的信号通量密度既能保护航空导航服务，也允许低 L 频段上的卫星无线电导航服务（RNSS）。

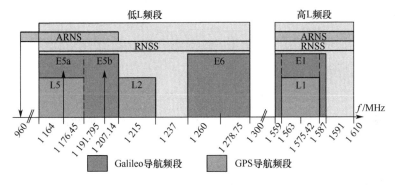

图 2-26　Galileo 频率设计

Galileo 卫星在 1.1～1.6 GHz 频带内的 4 个不同载波频率上传输信号，图 2-27 给出了各频段信号的频谱结构及调制方式[19]。

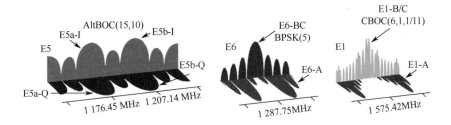

图 2-27　Galileo 信号频谱结构及调制方式

（1）E1 以 1575.42 MHz 为中心。E1 OS 信号调制方式为 CBOC(6,1,1/11)，包含携带数据分量（纠错编码后符号速率为 250 sps）的 E1-B 和无数据分量的 E1-C 信号。E1 OS 信号的数据率为 125 bps。

（2）E5a 和 E5b 分别以 1 176.45 MHz 和 1 207.14 MHz 为中心频率，通过 AltBOC 复用后以中心频率 1 191.795 MHz 传输。E5 信号由 AltBOC(15,10)调制的四部分组成，分别是携带 F/NAV 导航数据（数据率为 25 bps，符号速率为 50 sps）的 E5a-I 和无数据的导频 E5a-Q，携带 I/NAV 导航数据（数据率为 125 bps，符号速率为 250 sps）的 E5b-I 和无数据的导频 E5b-Q。

（3）E6 以 1278.75 MHz 为中心频率。E6 信号包含 BOC(10,5)（待定）信号通道 A，BPSK(5)信号通道 E6-B（携带数据的数据率为 500 bps），以及 BPSK(5)信号通道 E6-C（不携带数据）。

Galileo 系统用户在地面上的最大和最小接收功率分别为[19] $-155.25\sim$ $-150\,\text{dBW}$ (E5a/b, E6) 和 $-157.25\sim-152\,\text{dBW}$ (E1)。

2.4 本章小结

本章介绍了 GNSS 导航卫星信号的扩频原理及其各种调制方式。由于目前应用最为广泛的是 GPS 信号以及北斗信号，因此本章对其进行了详细的介绍。随着卫星导航系统的建设与升级，其他导航系统的应用也将越来越广泛，读者可以参考相关资料了解更多。

参 考 文 献

[1] 朱近康. 扩展频谱通信及其应用[M]. 合肥: 中国科技大学出版社, 1993.

[2] 谢钢. GPS 原理与接收机设计[M]. 北京: 电子工业出版社, 2014.

[3] KAPLAN E D, HEGARTY C. Understanding GPS: Principles and Applications. 2nd Ed. Artech House, 2006.

[4] 樊昌信, 曹丽娜. 通信原理[M]. 7 版. 北京: 国防工业出版社, 2013.

[5] BETZ J W . Binary offset carrier modulations for radio navigation[J]. Navigation, 2001, 48(4): 227-246.

[6] HEIN G W. MBOC: The new optimized spreading modulation recommended for Galileo L1 OS and GPS L1C[C]. IEEE/ION Position, Location, &Navigation Symposium, IEEE, 2006, pp. 883-892.

[7] 中国卫星导航系统管理办公室. 北斗卫星导航系统空间信号接口控制文件公开服务信号 B1I（3.0 版）[EB/OL]. (2019-02) 详见 "北斗卫星导航系统" 官网.

[8] 中国卫星导航系统管理办公室. 北斗卫星导航系统空间信号接口控制文件公开服务信号 B3I（1.0 版）[EB/OL]. (2018-02) 详见 "北斗卫星导航系统" 官网.

[9] 中国卫星导航系统管理办公室. 北斗卫星导航系统空间信号接口控制文件公开服务信号 B2b（1.0 版）[EB/OL]. (2020-08) 详见 "北斗卫星导航系统" 官网.

[10] 中国卫星导航系统管理办公室. 北斗卫星导航系统空间信号接口控制文件公开服务信号 B1C（1.0 版）[EB/OL]. （2020-08）详见"北斗卫星导航系统"官网.

[11] 中国卫星导航系统管理办公室. 北斗卫星导航系统空间信号接口控制文件公开服务信号 B2a（1.0 版）[EB/OL]. （2017-12）详见"北斗卫星导航系统"官网.

[12] 卡普兰. GPS 原理与应用[M]. 邱致和, 王万义, 译. 北京: 电子工业出版社, 2002.

[13] RE Tony Anthony. Interface Control Document IS-GPS-200M [EB/OL]. (2022-08-22)详见 GPS 官网.

[14] 周其焕. GPS 现代化和航空应用上的突破[J]. 民航经济与技术, 1999(05): 54-55.

[15] RE Tony Anthony. Interface Control Document IS-GPS-705H[EB/OL]. (2022-08-01)详见 GPS 官网.

[16] RE Tony Anthony. Interface Control Document IS-GPS-800H [EB/OL]. (2022-08-22)详见 GPS 官网.

[17] 佩洛夫, 哈里索夫. 格洛纳斯卫星导航系统原理[M]. 4 版. 刘忆宁, 焦文海, 张晓磊, 译. 北京: 国防工业出版社, 2016.

[18] Galileo Open Service Signal In Space Interface Control Document (OS SIS ICD) [S]. European Space Agency, 2021, Issue 2.0.

[19] Galileo Open Service Service Definition Document (OS SDD) [S]. European Space Agency, 2019, Issue 1.1.

第 3 章　GNSS 信号的接收与处理

　　导航卫星发射的信号经传播路径后到达接收机天线，由射频前端放大、下变频和 A/D 变换（模数变换）后进入相关器进行相关处理，生成原始观测数据，由此可计算出最终定位结果。本章以 GPS 系统的 L1 C/A 码信号为例，从接收机各参考点的信号模型出发，介绍 GNSS 信号的接收与处理方法。

3.1　信号模型

　　正确的信号模型是进行深入细致的理论分析及合理高效的工程设计的基础和前提。本节从 GPS 接收机天线接收的射频（RF）信号、射频前端输出的数字信号、数字相关器输出的相关运算结果等几方面建立 GPS 接收机各关键参考点的信号模型。

3.1.1　数学描述

　　本节着重介绍对直射信号的数学描述，对反射信号的描述将在第 4 章介绍。

　　由于 GNSS 信号可看作准单色、相位调制的球面波信号，在接收点 R 处的直射信号可以表示为

$$E_{\mathrm{d}}(R,t) = A_{\mathrm{RF}}(R_{\mathrm{d}})a\left(t - \frac{R_{\mathrm{d}}}{c}\right)\exp(\mathrm{i}kR_{\mathrm{d}} - 2\pi\mathrm{i}\,f_{\mathrm{L}}t) \tag{3.1}$$

　　其中，$A_{\mathrm{RF}}(R_{\mathrm{d}})$ 为接收到的卫星射频信号的幅度电平；R_{d} 表示发射点 T 到接收点 R 的距离，是随时间变化的函数；$a(t)$ 是 GNSS 调制信号；c 是光速；$\mathrm{i}^2 = -1$；$k = k(f_{\mathrm{L}}) = 2\pi f_{\mathrm{L}}/c$ 表示发射机（即卫星）和接收机之间的载波数，f_{L}

为 GNSS L 波段载波频率。

式（3.1）中的信号幅度为 $A_{RF}(R_d) = \sqrt{P(R_d)}$，而 $P(R_d)$ 为距离卫星 R_d 处的信号功率，表示为

$$P(R_d) = \frac{G_r \lambda^2}{(4\pi)^2} \frac{P_t G_t}{L_f R_d^2} \tag{3.2}$$

其中，$P_t G_t$ 为卫星发射功率，即有效全向辐射功率（Effective Isotropic Radiated Power，EIRP）；G_r 为接收天线增益；L_f 为大气损失等；λ 为载波波长。于是，式（3.1）可重新表示为

$$E_d(R,t) = A \frac{1}{R_d} a\left(t - \frac{R_d}{c}\right)\exp(\mathrm{i}kR_d - 2\pi \mathrm{i}f_L t) \tag{3.3}$$

其中，A 为幅度因子，有

$$A = \sqrt{\frac{P_t G_t G_r \lambda^2}{L_f (4\pi)^2}} \tag{3.4}$$

3.1.2　接收与数字化

卫星信号接收与数字化的过程如图 3-1 所示。

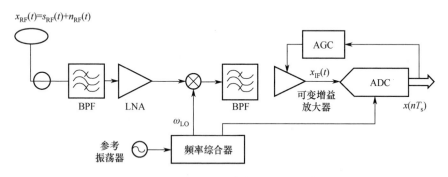

图 3-1　卫星信号的接收与数字化过程

首先考虑单颗卫星所发射的调制有 C/A 码的 L1 射频信号，在 GPS 时 t 时刻到达接收机天线相位中心的 LOS（Line of Sight，视线线路）信号可表示为[1]

$$S_{RF}(t) = A_{RF}(t)D[t - \tau(t)]C[t - \tau(t)]\cos[\phi(t)] \tag{3.5}$$

其中，$A_{RF}(t)$ 表示接收到的该卫星射频信号幅度；$D[\cdot]$ 表示该卫星广播的导航电文数据；$C[\cdot]$ 表示该卫星的民用伪随机码（GPS C/A 码）信号；$\phi(t)$ 表示接收到的载波相位；$\tau(t)$ 表示调制在 GPS L1 载波上的伪随机码信号从卫星天线相位中心发射出去到达接收机天线相位中心的路径传播群延迟，即码相位的空间传播延迟。

根据 ICD-GPS-200C 的规定，在 GPS 卫星发播的信号中，导航电文中的时间信息以及已调信号相位状态是由各卫星时钟决定的，卫星时钟与 GPS 时的差别（地面监控系统的估计值）在卫星导航电文第一子帧中发布[2]。在按照 GPS 卫星时钟所确定的每个 GPS 星期历元开始时，卫星信号复位到初始相位状态，即处于导航电文的第一页，第一帧，第一子帧，第一字，第一比特，第一个伪随机码周期，第一个码片的起始。由此可以确定卫星信号中 $D[\cdot]$ 和 $C[\cdot]$ 所对应的时刻。接收机正是通过对所接收信号中 $\phi(t)$ 和 $\tau(t)$ 的跟踪和估计，并借助解调后 $D[\cdot]$ 中的时间信息来计算码伪距和载波相位观测量，从而解算用户位置信息的。

LOS 信号空间传播群延迟 $\tau(t)$ 由真空传播延迟 $\tau_{vacc}(t)$ 和大气层附加的群延迟 [主要由电离层附加群延迟 $\tau_{iono}(t)$ 和对流层附加群延迟 $\tau_{trop}(t)$ 组成]，即

$$\tau(t) = \tau_{vacc}(t) + \tau_{iono}(t) + \tau_{trop}(t) \tag{3.6}$$

实际应用中，GPS 接收机天线所接收的电磁波还应包括热噪声和各种 RF 干扰，如同一卫星 P 码信号干扰、同一星座/系统其他卫星的多址干扰、同一星座/系统不同频段信号的干扰、其他卫星导航系统的干扰、其他无线系统的干扰、宇宙辐射和各种人为干扰等。通常，将天线所接收的有用信号之外的射频噪声和干扰建模为加性高斯白噪声（Additive White Gaussian Noise，AWGN），选择无源天线输出端、接收机低噪声放大器（Low Noise Amplifier，LNA）输入端（或有源天线中的 LNA 输入端）为参考点，表示为天线所接收的某颗 GPS 卫星发射的 L1 C/A 码信号与加性高斯白噪声之和，即

$$x_{RF}(t) = S_{RF}(t) + n_{RF}(t) \tag{3.7}$$

其中，$n_{RF}(t)$ 表示双边功率谱密度为 $N_0 / 2$ 的加性高斯白噪声。

LNA 输入端载噪比为

$$\mathrm{CNR}_{\mathrm{RF}} = \frac{\overline{A_{\mathrm{RF}}^2(t)}}{2N_0} \tag{3.8}$$

式（3.8）所表示的信号经 RF 前端下变频、滤波、放大之后的模拟中频（Intermediate Frequency，IF）信号为

$$x_{\mathrm{IF}}(t) = A_{\mathrm{IF}}(t)D[t-\tau(t)]C[t-\tau(t)]\cos[\phi_{\mathrm{IF}}(t)] + n_{\mathrm{IF}}(t) \tag{3.9}$$

其中，$A_{\mathrm{IF}}(t)$ 表示模拟中频信号的幅度，$\phi_{\mathrm{IF}}(t)$ 表示模拟中频信号的载波相位；$n_{\mathrm{IF}}(t)$ 为噪声项。相位项 $\phi_{\mathrm{IF}}(t)$ 可表示为

$$\phi_{\mathrm{IF}}(t) = \int_0^t [\omega_{\mathrm{IF}} + \omega_{\mathrm{d}}(t)]\mathrm{d}t + \phi_0 + \phi_{\mathrm{rhw}} \tag{3.10}$$

其中，$\omega_{\mathrm{IF}} = |\omega_{\mathrm{L}} - \omega_{\mathrm{LO}}|$ 表示下变频后的模拟中频，ω_{d} 为因卫星和接收机之间的相对运动引起的多普勒频移，ϕ_{rhw} 表示接收机振荡源、滤波器等引起的相位偏差，ϕ_0 为初始相位。

噪声项为窄带高斯噪声，可表示为同相分量和正交分量之和，即

$$n_{\mathrm{IF}}(t) = n_{\mathrm{cIF}}(t)\cos(\omega_{\mathrm{IF}}t) + n_{\mathrm{sIF}}(t)\sin(\omega_{\mathrm{IF}}t) \tag{3.11}$$

式（3.9）经 A/D 变换器采样之后为

$$\begin{aligned}
x_{\mathrm{IF}}(nT_{\mathrm{s}}) &= S_{\mathrm{IF}}(nT_{\mathrm{s}}) + n_{\mathrm{IF}}(nT_{\mathrm{s}}) \\
&= A_{\mathrm{IF}}(nT_{\mathrm{s}})D[nT_{\mathrm{s}} - \tau(nT_{\mathrm{s}})]C[nT_{\mathrm{s}} - \tau(nT_{\mathrm{s}})]\cos[\phi_{\mathrm{IF}}(nT_{\mathrm{s}})] + \\
&\quad n_{\mathrm{cIF}}(nT_{\mathrm{s}})\cos(\omega_{\mathrm{IF}}nT_{\mathrm{s}}) + n_{\mathrm{sIF}}(nT_{\mathrm{s}})\sin(\omega_{\mathrm{IF}}nT_{\mathrm{s}})
\end{aligned} \tag{3.12}$$

其中，$T_{\mathrm{s}} = 1/f_{\mathrm{s}}$ 表示采样周期，f_{s} 为采样频率；n 表示采样时刻的序号。将第 n 个采样周期的参考历元取为它的中点，即

$$t_{0n} = \left(n + \frac{1}{2}\right)T_{\mathrm{s}} \tag{3.13}$$

则相位项可表示为

$$\phi_{\mathrm{IF}}(nT_{\mathrm{s}}) = [\omega_{\mathrm{IF}} + \omega_{\mathrm{d}}(nT_{\mathrm{s}})](nT_{\mathrm{s}} - t_{0n}) + \phi_{\mathrm{IF}}(t_{0n}) \tag{3.14}$$

在不考虑量化误差的情况下，令

$$\begin{aligned}
A_n &= C_{\mathrm{D}}A_{\mathrm{IF}}(nT_{\mathrm{s}}) \\
\tau_n &= \tau(nT_{\mathrm{s}}) \\
\omega_{\mathrm{d}n} &= \omega_{\mathrm{d}}(nT_{\mathrm{s}}) \\
\phi_n &= \phi_{\mathrm{IF}}(t_{0n})
\end{aligned} \tag{3.15}$$

其中 C_D 表示模拟信号采样值（幅度电平取值，单位为 V）经量化编码过程之后形成的数字中频信号幅度值的放大倍数，则 A/D 变换器输出的经采样和量化的数字中频信号可表示为

$$
\begin{aligned}
S_{IF}(n) &= C_D S_{IF}(nT_s) \\
&= A_n D[nT_s - \tau_n] C[nT_s - \tau_n] \cos[(\omega_{IF} + \omega_{dn})(nT_s - t_{0n}) + \phi_n]
\end{aligned}
\tag{3.16}
$$

由于采样过程本身的变频作用，接收机基带处理部分所跟踪的载波中心频率不一定是 f_{IF}，而是采样形成的某一镜像频谱的中心频率 f_a。若此镜像是原 $S_{IF}(t)$ 双边频谱的正频部分的平移，则可以将 A/D 变换器输出的数字中频信号表示为

$$
s(n) = A_n D[nT_s - \tau_n] C[nT_s - \tau_n] \cos[(\omega_a + \omega_{dn})(nT_s - t_{0n}) + \phi_n]
\tag{3.17}
$$

若所要跟踪的镜像是原 $S_{IF}(t)$ 双边频谱的负频部分的平移，则会发生多普勒频移和相位的反折，即

$$
s(n) = A_n D[nT_s - \tau_n] C[nT_s - \tau_n] \cos[(\omega_a - \omega_{dn})(nT_s - t_{0n}) - \phi_n]
\tag{3.18}
$$

同理，A/D 变换器输出的有用镜频处的噪声可表示为

$$
n(n) = n_{cn} \cos(\omega_a nT_s) + n_{sn} \sin(\omega_a nT_s)
\tag{3.19}
$$

其中， $n_{cn} = C_D n_{cIF}(nT_s)$， $n_{sn} = C_D n_{sIF}(nT_s)$。

设 $n(n)$ 的双边功率谱密度为 $n_0/2$，则射频前端输出的数字中频 $x(n) = s(n) + n(n)$ 的载噪比（CNR）为

$$
\mathrm{CNR}_{IF} = \frac{\overline{A_n^2}}{2n_0}
\tag{3.20}
$$

3.1.3 相关运算

由于 GPS 信号淹没在噪声之中，为了正确提取出信号，需要进行相关运算。在数字接收通道中，接收机通过相关器将输入的数字信号与本地生成的信号进行相关运算；既可采用由乘法器与积分/累加器组成的主动式时域相关器（称为 MAC 相关器），也可采用等效的频域相乘或匹配滤波器结构的相关器。本节基于 MAC 相关器推导相关运算输出，其结果的信号表示式也同样适用于其他结构的相关器。图 3-2 示出了 MAC 相关器的原理结构。

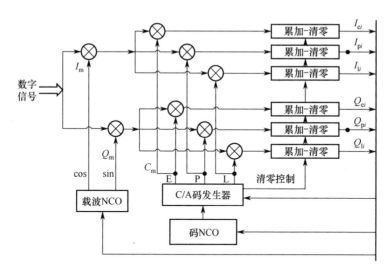

图 3-2　MAC 相关器原理结构

由图 3-2 可见，输入相关器的数字信号可以是实信号，也可以是同相（I）、正交（Q）形式的复信号。该信号先在载波混频器中与载波数控振荡器（Numerically Controlled Oscillator，NCO）产生的本地载波相乘（实现载波剥离），所产生的基带 I、Q 采样值再与本地复现的超前码、即时码和滞后码发生相关（实现码剥离，即解扩）。此处所采用的本地复现码是由码 NCO 控制下的码发生器和三位移位寄存器产生的。当载波环和码环进入跟踪状态时，累加器的输出保持在最大值附近，接收机解调器输出信噪比为输入信噪比与伪随机码解扩增益的乘积，此状态下相关器的本地伪随机码相位和载波相位（或相位差）构成接收机定位观测量的基础。

首先考虑 I 支路的信号，I 支路本地产生的载波乘以伪随机码信号，得

$$s_1(n) = A_1 C(nT_s - \hat{\tau} + \delta)\cos[(\omega_0 + \hat{\omega}_d) + nT_s + \hat{\phi}_n] \tag{3.21}$$

其中，A_1 为本地信号幅值；对于超前、即时、滞后的本地码支路，分别有 $\delta = \dfrac{d}{2} \cdot T_c$，$\delta = 0$ 和 $\delta = -\dfrac{d}{2} \cdot T_c$［$d$ 为相关间距，也是本地超前码和滞后码之间的相位差，单位为码片（T_c）］；$\hat{\tau}$ 为本地码延迟估计值；$\hat{\omega}_d$ 为本地多普勒角频率偏移估计值；$\hat{\phi}_n$ 为载波相位，一般取初始值为零。

接收信号与本地信号的相乘结果为

$$I(n) = s(n)s_1(n)$$
$$= A_n A_1 D(nT_s - \tau_n)C(nT_s - \tau_n)C(nT_s - \hat{\tau} + \delta) \cdot \qquad (3.22)$$
$$\cos[(\omega_0 + \omega_d)nT_s + \phi_n]\cos[(\omega_0 + \hat{\omega}_d)nT_s + \hat{\phi}_n]$$

采样频率 f_s 在一个积分周期内是固定的,而用于积分末尾的清除控制信号由码 NCO 控制。由于多普勒效应的影响,各积分周期的值可能有所不同,实际积分周期为

$$T = \frac{T_0}{1 + \hat{f}_d / f_{L1}} \qquad (3.23)$$

其中,T_0 为标准 C/A 码周期。为完成相关运算,需要对式（3.22）进行积分,设接收码和本地码基本对齐,即 $|\hat{\tau} - \tau_n| < T_c$,则略去高频项可得

$$I(k) = \frac{A_n A_1}{2} \sum_{n=(k-1)T}^{kT} D(nT_s - \tau)C(nT_s - \tau)C(nT_s - \hat{\tau} + \delta)\cos(\Delta\omega_d nT_s + \Delta\phi_k) \quad (3.24)$$

其中,$\Delta\omega_d = \hat{\omega}_d - \omega_d$ 为载波多普勒角频率偏移估计误差,$\Delta\phi_k = \hat{\phi}_k - \phi_k$ 为载波相位估计误差。设在积分周期内数据位不发生变化,并将累加形式化为积分形式,得

$$I(k) \approx \frac{A_n A_1 D(k)}{2T_s} \int_{(k-1)T}^{kT} C(t - \tau)C(t - \hat{\tau} + \delta)\cos(\Delta\omega_d t + \Delta\phi_k)\mathrm{d}t \quad (3.25)$$

进一步整理,可得

$$I(k) \approx \frac{A_n A_1 D(k)}{2T_s} R(\varepsilon) \cdot \int_{(k-1)T}^{kT} \cos(\Delta\omega_d t + \Delta\phi_k)\mathrm{d}t$$
$$= \frac{A_n A_1 D(k)}{2T_s} \cdot R(\varepsilon) \cdot \frac{\sin(\Delta\omega_d t + \Delta\phi_k)\big|_{(k-1)T}^{kT}}{\Delta\omega_d} \qquad (3.26)$$
$$= A \cdot D(k) \cdot R(\varepsilon) \cdot \mathrm{Sa}(\Delta f_d \pi T) \cdot \cos\theta_k$$

其中,$A = \dfrac{A_n A_1 T}{2T_s}$；$D(k)$ 为数据位；$R(\cdot)$ 为伪随机码自相关函数；$\mathrm{Sa}(\cdot)$ 为 Sa 函数,$\mathrm{Sa}(x) = \dfrac{\sin x}{x}$；$\varepsilon = \Delta\tau - \delta$ 为码相位估计误差,$\Delta\tau = \hat{\tau} - \tau$ 为与即时支路相对应的码延迟估计误差；$\theta_k = \Delta\omega_d\left(k - \dfrac{1}{2}\right)T + \Delta\phi_k$。

同理可得

$$Q(k) \approx A \cdot D(k) \cdot R(\varepsilon) \cdot \mathrm{Sa}(\Delta f_{\mathrm{d}} \pi T) \cdot \sin \theta_k \qquad (3.27)$$

对于噪声项，主要通过其统计特性及相对于信号功率的大小（即信噪比或载噪比）对其进行分析。由图 3-2 可知，送入累加器的噪声采样值 I_{Nn} 是中频噪声采样值与本地载波和本地码相乘的结果。已知中频噪声的双边功率谱密度为 $n_0 / 2$，而预相关带宽 $2B$ 和采样率 f_s 相对于码片速率而言足够大，则经过采样、载波剥离和码相关处理之后的等效噪声带宽可取为 f_s。根据文献[3-4]，有

$$E(I_{Ni}^2) = \frac{A_n^2}{4} n_0 f_s \qquad (3.28)$$

假定各噪声采样值互不相关，将其累加之后仍服从高斯分布，均值为

$$E(I_{Ni}) = E\left[\sum_{n=n_{0i}}^{n_{0i}+N_i-1} I_{Nn} \right] = 0 \qquad (3.29)$$

方差为

$$D(I_{Ni}^2) = D\left[\left(\sum_{n=n_{0i}}^{n_{0i}+N_i-1} I_{Nn} \right)^2 \right] = \frac{A_n^2}{4} n_0 f_s \frac{T_i}{T_s} \qquad (3.30)$$

同理，Q 支路输出第 i 个累加值中的噪声功率为

$$E(Q_{Ni}^2) = E(I_{Ni}^2) = \frac{A_n^2}{4} n_0 f_s \qquad (3.31)$$

3.2 捕获与跟踪

扩频接收机一般在解调之前首先完成解扩，以获得一定的信噪比增益，而完成解扩的必要条件是接收信号与本地码信号和载波信号的同步[5]。同步的第一个过程是信号捕获，它是指接收机搜索发现 GPS 卫星信号并将其牵引至跟踪范围内的过程。接收机通过一个搜索过程识别所接收信号的卫星号，对信号中卫星伪随机码（PRN 码）的相位和载波多普勒频移做出粗略的估计，然后利用这些估计量对跟踪模式进行初始化。

3.2.1 捕获

捕获系统通常包括相关器、信号检测器和搜索控制逻辑三部分，这三部分各自可选的多种实现方式确定了不同的信号捕获/检测方法及其特性。

GPS 接收机本地要复现或产生所捕获的卫星伪随机码，以某一特定间隔移动此复现码的相位，直到与卫星的伪随机码对齐为止。卫星发射的伪随机码和接收机本地码之间的相关过程，与伪随机码的自相关过程有相同的特性。当由接收机在本地所复现或产生的码与输入的卫星码相位对齐时，有最大的相关值。当复现码的相位与输入的卫星码相位在任何一边的偏移超过 1 码片（chip）时，有最小的相关值。这就是 GPS 接收机捕获卫星信号时在码相位域内检测卫星信号的判别准则。由于接收信号的载波频率中包含多普勒频移，因此在检测卫星信号时，也要在载波相位域内搜索。所以，某一 GPS 卫星信号捕获过程可视为二维信号搜索过程。

在接收机按照一定的选星逻辑确定了每个通道需搜寻的卫星之后，可将同步捕获过程视为检验/判断该星信号是否出现的一个二元假设检验问题（或称双择检测问题）。按照随机信号的统计检测理论来分析，双择检测的最佳准则，如贝叶斯（Bayes）准则、最小错误概率准则（包括最大后验概率准则）、极大极小化准则、奈曼–皮尔逊准则等，均可用来形成信号检测器的判决逻辑[6]。用 H_0 和 H_1 分别表示信号"未出现"和"出现"，在对信号进行 n 次观测得到观测矢量 $y = (y_1, y_2, \cdots y_n)$ 之后，贝叶斯判决要求"代价"和平均风险（又称贝叶斯风险）极小化，因此需要同时知道 H_0 和 H_1 的先验概率和两种错误（将 H_0 错判为 H_1 的虚警和将 H_1 错判为 H_0 的漏报）的代价因子。最小错误概率判决和极大极小化判决则需要知道先验概率。奈曼-皮尔逊判决则不要求这些条件，它是在给定虚警概率 $P_F = P(H_1|H_0)$ 后设法使检测概率 $P_D = P(H_1|H_1)$ 达到最大。在 GPS 接收机中，由于虚警会造成假锁，必须限制 P_F，使其足够小；同时希望 P_D 尽可能大，以便在信号到来时及早发现，减少捕获时间。上述准则均可以归结为以下的似然比准则：

$$\Lambda(y) = \frac{p(y|H_1)}{p(y|H_0)} = \frac{p_1(y)}{p_0(y)} \overset{H_1}{\underset{H_0}{\gtrless}} \psi \qquad (3.32)$$

不同的判决准则只影响对应的判决门限 ψ 的大小。

由 3.1 节的分析可知，GPS 接收机所接收的信号为随机参量信号（其幅度、相位、到达时间及多普勒频移都是随机量或未知的非随机量），根据信号检测与估计理论，通过对似然比的计算可以推知其最佳检测系统的结构为正交接收机，或等效为匹配滤波器串接包络检波器的非相干匹配滤波器，其中的包络检波器也可以替换为功率检波器（或称平方律检波器、能量检波器）。最佳检测接收机的检验统计量（或称检测量或判决变量）是似然比的单调函数，在正交接收机中通过 I、Q 两路输入信号与本地信号的相关（即相乘和积分）运算和平方（或包络）运算得到。检测量峰值（即相关值）处的本地信号对应参量值代表了接收机对待估参量的估计值。

在 GPS 接收机中，以相关运算结果 $I(k)$ 和 $Q(k)$ 构造检测量，例如在不考虑噪声的情况下检测量为

$$I^2(k) + Q^2(k) = A^2 R^2(\varepsilon) \mathrm{Sa}^2(\Delta f_d \pi T) \tag{3.33}$$

GPS 卫星相对于地球表面静止接收机的最大多普勒频移约为 ±5 kHz，考虑接收机的动态性，多普勒频移的动态范围可达 ±10 kHz。最大的多普勒频移数值（10 kHz）远远小于码片速率（C/A 码为 1.023 MHz），当时延差在 1 码片的时间之内时，$\mathrm{Sa}\left[\dfrac{\omega_d(1-\xi)T_c}{2}\right]$ 近似为 1，时延和多普勒频移的耦合可以忽略不计。时延（码延迟）和多普勒频移对相关值幅度的影响如图 3-3 所示。

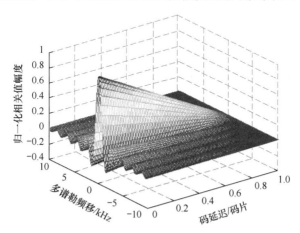

图 3-3　码延迟、多普勒频移对相关值幅度的影响

当无多普勒频移时，码延迟对相关功率的影响如图 3-4 所示；当伪随机码完全对准时，多普勒频移对相关功率的影响如图 3-5 所示。

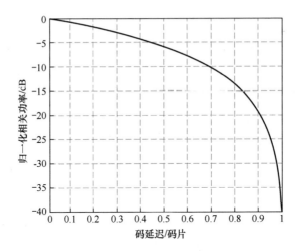

图 3-4　无多普勒频移时码延迟对相关功率的影响

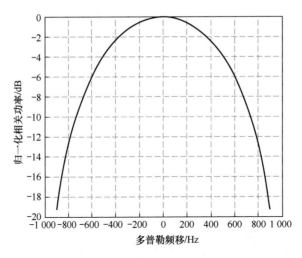

图 3-5　伪随机码完全对准时多普勒频移对相关功率的影响

由图 3-3～图 3-5 可以看出：

（1）当多普勒频移一定时，在码延迟方向，信号相关值的幅度呈现伪随机码序列的自相关函数规律；当时延一定时，在多普勒频移方向，信号相关值的幅度呈现抽样函数规律。

（2）当无多普勒频移，且接收的伪随机码信号和本地伪随机码信号的相位偏移为 1/2 码片时，相关功率的下降达到 6 dB；而当伪随机码完全对准，且多普勒频移为±500 Hz 时，相关功率的下降达到 4 dB。也就是说，只有在一个较小的多普勒频移和码延迟范围内才能有效地检测到信号相关峰。

（3）时延和多普勒频移对相关值的耦合影响非常小，且码片速率多普勒效应也可忽略，所以 C/A 码信号的捕获可以分别对时延和载波多普勒频移单独考虑。

GPS 信号捕获作为二维搜索过程，其搜索控制逻辑采用某种特定的算法遍历所有可能的伪随机码相位单元（对应于距离维）和载波多普勒单元（对应于速度维），由相关峰是否超过预设的门限来确定信号是否出现。这种遍历搜索策略可以是串行的序贯搜索，也可以采用多个相关器并行搜索，或者串并结合。

对于 GPS 应用来说，由单次判决产生的虚警概率和检测概率一般是不满足性能要求的，因此通常采用带有验证逻辑的多驻留时间方法（如 N 中取 M 搜索检测器）或者可变驻留时间方法（如唐搜索检测器）来提高性能[7]。

根据在时域和频域上捕获方法的不同，可将 GNSS 信号的捕获方法分为以下四种。

1. 码串行载波串行的搜索方法

该方法采用单个相关器，对码相位及载波多普勒频移进行串行搜索，其过程如下：先预置一个粗略估计的载波多普勒频移，在该多普勒频移上将本地码每次移动一个码相位单元（通常为 1/2 码片）。移位后的信号与输入的信号做相关运算，若运算结果超过设定的捕获门限，则捕获成功，记录相应的码相位及载波频率，用于后续的信号跟踪。若未超过门限，本地多普勒频移预置值不变，继续将本地码移动 1/2 码片重复上述过程。如果本地码移动一个码周期后，仍未捕获到信号，则将本地多普勒频移预置值变换到下一个单元值，并移动码相位单元重复执行以上过程，直至捕获成功。

图 3-6 所示为码串行载波串行的搜索原理框图。

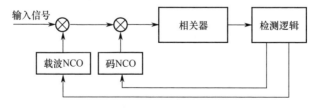

图 3-6 码串行载波串行搜索原理框图

该方法的优点是硬件电路简单且容易实现，缺点是捕获时间长，在码相位单元为 1/2 码片（以下几种搜索方法均设定码相位为 1/2 码片）的情况下，搜索完成整个伪随机码及载波多普勒频移范围所需的时间为 $(T_p \times N \times 2) \times (F/\Delta f)$，其中 T_p 为伪随机码周期，N 为码长，F 为载波频率范围，Δf 为搜索过程中的多普勒频移单元。

该方法适用于硬件资源紧张而对捕获时间要求不高的场合。另外，对于能提供准确先验信息的场合，该方法的使用也较普遍。

2. 码串行载波并行的搜索方法

该方法采用单个码发生器，对码进行串行搜索，而采用 N_f 个载波相关器，对载波多普勒频移范围进行并行搜索。N_f 个载波相关器分别产生不同频率的载波，其个数与捕获范围有关。码的移动过程同码串行载波串行方法相同，在各个码相位上同时检查 N_f 个频率点对应的相关值。若超过门限，则以当前码相位及此相关值所对应的多普勒频移值为伪随机码相位和载波多普勒频移估计值；否则，码相位移动 1/2 码片后重复此过程。

码串行载波并行搜索的原理框图如图 3-7 所示。

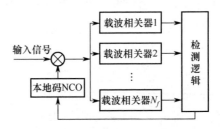

图 3-7　码串行载波并行搜索原理框图

该方法的优点是捕获速度快，可以不需要任何先验信息，通常情况下捕获时间为 $T_p \times N \times 2$，与码长成正比；但是其电路规模与码长关系不大，可以在相同硬件环境下兼容多种码长。

3. 码并行载波串行的搜索方法

该方法采用 N_c 个独立的码相关器，通常情况下码相关器之间的码相位依次相差 1/2 码片。N_c 个码相关器共用一个载波 NCO，载波多普勒频移采取串行扫描方式进行搜索。假定搜索过程中多普勒频移单元为 $\Delta f = 1/T_c$，则 $\pm 10 \text{ kHz}$ 的多普勒频移范围需要划分 $20 \text{ kHz}/\Delta f$ 个区间。对每一个区间扫描结束后，取 N_c 个相关器中的最大值与捕获门限进行比较。若小于门限，则转入下一个区间；若超过门限，则判为捕获成功，根据载波区间和相关峰位置获取载波多普勒频移和码相位估计值。

码并行载波串行搜索的原理框图如图 3-8 所示。

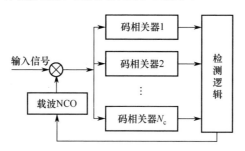

图 3-8　码并行载波串行搜索原理框图

该方法的优点是捕获速度快，每个载波区间只要一个码长周期便可分析完毕。在无先验信息的条件下，最多只需扫描 $20\,\text{kHz}/\Delta f$ 个区间便可完成捕获；在有多普勒频移先验信息的条件下，只需扫描一个区间即可。该方法的缺点是处理量会成倍增加，消耗的硬件资源也比较多。

4．码并行载波并行的搜索方法

该方法同样也采用 N_c 个独立的码相关器，码相关器之间码相位依次相差 1/2 码片，同时采用 N_f 个载波 NCO。每个码相关器对应 N_f 个可能的载波频率，每个载波相关器对应 N_c 个可能的码相位。对于码和载波的并行捕获，取 N_c 个码相关器、N_f 个载波相关器对应的最大相关值与捕获门限进行比较。若超过门限，则判为捕获成功；否则，重新搜索。

码并行载波并行搜索的原理框图如图 3-9 所示。

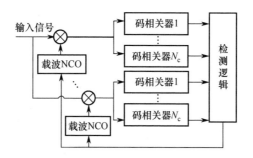

图 3-9　码并行载波并行搜索原理框图

该方法捕获速度快，在无先验信息的条件下，一个码长周期内即可以实现信号的捕获；但其处理量成倍增加，消耗的硬件资源非常多。

3.2.2　码跟踪

图 3-10 所示是 C/A 码跟踪环路（简称码跟踪环）的一般框图。码跟踪环主要由相关器、鉴别器和环路滤波器组成，它通过对码相位进行逐一延迟而实现跟踪，也常称为延迟锁定环（Delay-Locked Loop，DLL）。

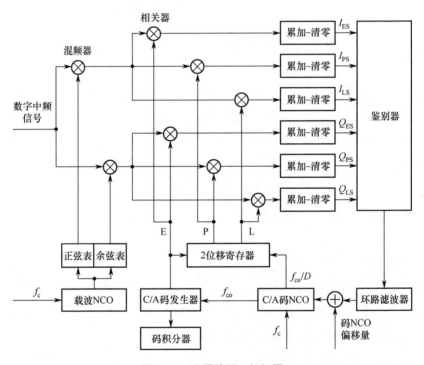

图 3-10　码跟踪环一般框图

在码跟踪环中，首先复制一个与接收信号中的 C/A 码相位一致的码，接收的数字中频信号经混频（载波剥离）后，与本地复制码做相关运算，从而剥离出接收信号中的 C/A 码。

表 3-1 列出了 GPS 接收机常用的几种码跟踪环鉴别器及其特性。其中，第 4 种鉴别器是第 3 种鉴别器的归一化形式，它们可消除一般鉴别器的幅度敏感性，适用于不同信噪比和不同信号强度的信号，从而改善抗脉冲型射频干扰的性能。另外两种鉴别器也可用类似的方法进行归一化。

表 3-1 码跟踪环常用鉴别器及其特性

序　号	鉴　别　器	特　　性
1	点积功率： $-\sum(I_E - I_L)Q_P - \sum(Q_E - Q_L)Q_P$	使用 3 个相关器，运算量最小。对于 1/2 码片的相关间距，在±1/2 码片输入误差范围内产生近真实的误差输出
2	超前功率减去滞后功率： $\sum(I_L^2 + Q_L^2) - \sum(I_E^2 + Q_E^2)$	运算量中等。在±1/2 码片输入误差范围内与超前减去滞后包络本质上有相同的误差性能
3	超前包络减去滞后包络： $\sum\sqrt{I_L^2 + Q_L^2} - \sum\sqrt{I_E^2 + Q_E^2}$	运算量较大。对于 1/2 码片的相关间距，在±1/2 码片输入误差范围内具有较小的跟踪误差
4	归一化包络： $\dfrac{\sum\sqrt{I_L^2 + Q_L^2} - \sum\sqrt{I_E^2 + Q_E^2}}{\sum\sqrt{I_L^2 + Q_L^2} + \sum\sqrt{I_E^2 + Q_E^2}}$	对于 1/2 码片的相关间距，在±1.5 码片输入误差范围内具有较小的跟踪误差。当输入误差为±1.5 码片时会因为除以 0 而变得不稳定

图 3-11 给出了 4 种鉴别器的输出波形，其中超前、即时和滞后相关器的间距均为 1/2 码片。

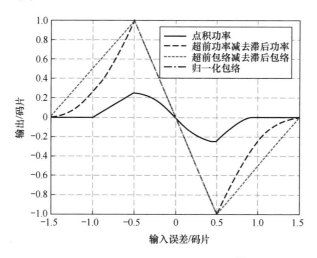

图 3-11　4 种鉴别器的输出波形[8]

3.2.3　载波跟踪

载体的动态变化会引入载波多普勒频移的变化，其对码跟踪环的影响可通过载波辅助消除，因此接收机的动态性能主要取决于载波跟踪技术。通常有两种跟踪环用于载波跟踪：一种是相干的锁相环（Phase Locked Loop，PLL），接收机需要产生与输入载波同频同相的相干载波；另一种是非相干的锁频环（Frequency Locked Loop，FLL），接收机需要产生与输入载波同频的但不要求同相的载波。

图 3-12 所示为 GPS 接收机载波跟踪环的框图，其中的鉴别器类型直接决定了跟踪环的类型和性能[9]。

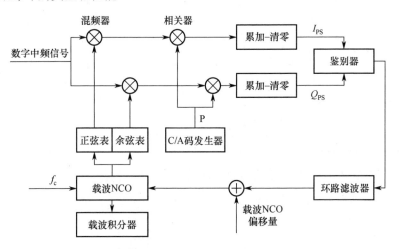

图 3-12　载波跟踪环框图

1. 锁相环

一般情况下，GPS 接收机所用的锁相环为 20 世纪 50 年代美国工程师 John P. Costas 发明的，也称为 Costas 环（科斯塔斯环）。这种锁相环的特点是其鉴相器使用同相和正交两条支路相乘的方法得到相位误差信号，"相乘"运算使得鉴相过程对数据位"+1""−1"不敏感。因为 Costas 环使用同相和正交两条支路，所以又称之为同相正交环[10]。

当相位锁定（即相位误差为零）后，同相支路中将给出数据位；而正交支路则不含信号分量，仅有噪声分量。同时，当相位误差经环路滤波器滤除高频分量后，调整载波 NCO，使得在相位锁定的同时载波频率也得以锁定。

表 3-2 给出了几种 Costas 环鉴别器的输出相位误差和特性。

表 3-2　Costas 环鉴别器输出相位误差和特性

鉴　别　器	输出相位误差	特　性
$\text{sgn}(I_{PS}) \cdot Q_{PS}$	$\sin\phi$	在高信噪比时接近最佳。斜率与信号幅度成正比，运算量较小
$I_{PS} \cdot Q_{PS}$	$\sin(2\phi)$	在低信噪比时接近最佳。斜率与信号幅度的平方成正比，运算量中等

（续表）

鉴 别 器	输出相位误差	特 性
Q_{PS}/I_{PS}	$\tan\phi$	次最佳，但在高信噪比和低信噪比时仅为良好。斜率与信号幅度无关，运算量较大，而且必须通过核查来区分在 $\pm 90°$ 附近时的零误差
$\text{ATAN}(Q_{PS}, I_{PS})$	ϕ	二象限反正切。在高信噪比和低信噪比时均为最佳，斜率与信号幅度无关，运算量最大

2．锁频环

锁相环复现输入卫星信号的准确频率，以实现载波剥离功能；而锁频环则只复现近似的频率来完成载波剥离过程。GPS 接收机的锁频环要求在一次鉴频过程中不能有数据位的跳变，即鉴别器算法中的 t_1 和 t_2 同在一个数据位时间区间内。表 3-3 给出了 GPS 接收机中常用的几种锁频环鉴别器的输出频率误差和特性。

表 3-3 锁频环常用鉴别器输出频率误差和特性

鉴 别 器	输出频率误差	特 性
$\dfrac{\text{sgn(dot)}\cdot\text{cross}}{t_2-t_1}$， 其中 $\text{dot}=I_{PS1}\cdot I_{PS2}+Q_{PS1}\cdot Q_{PS2}$， $\text{cross}=I_{PS1}\cdot Q_{PS2}-I_{PS2}\cdot Q_{PS1}$	$\dfrac{\sin[2(\phi_2-\phi_1)]}{t_2-t_1}$	在高信噪比时接近最佳。斜率正比于信号幅度 A，运算量适中
$\dfrac{\text{cross}}{t_2-t_1}$	$\dfrac{\sin[(\phi_2-\phi_1)]}{t_2-t_1}$	在低信噪比时接近最佳。斜率正比于信号幅度的平方，运算量较低
$\dfrac{\text{ATAN2(cross,dot)}}{360\times(t_2-t_1)}$	$\dfrac{\phi_2-\phi_1}{(t_2-t_1)\times 360}$	四象限反正切。是最大似然估计器，在高信噪比和低信噪比时均为最佳，斜率与信号幅度无关，运算量较大

3.3 定位解算

3.3.1 数据同步

载波和码的跟踪为数据解调提供了基础。为了能够从接收到的数据流中正确地提取导航电文，首先要恢复位同步时钟和帧同步时钟。一般信号处理模块在每个通道内都设有两个历元计数器——1 ms 历元计数器（计数范围为 0～19）和 20 ms 历元计数器（计数范围为 0～49），记录 1 s 内 0～999 ms 的时间历元，产生两个时钟信号。

1. 位同步

位同步过程时序图如图 3-13 所示。当接收机本地产生的位同步时钟没有与接收数据同步时，接收机的 1 ms 历元计数器的零时刻与数据的起始时刻存在误差，称之为位同步时钟误差。只要消除此误差，就可以实现位同步。

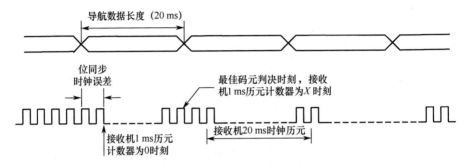

图 3-13　位同步过程时序图

在数字通信中，位同步多采用超前–滞后锁相环实现：当位同步时钟超前时，扣除 1 个脉冲；当位同步时钟滞后时，增加 1 个脉冲……直至位同步时钟误差为零。采用超前–滞后锁相环的系统具有较强的抗干扰性，但是其校正误差所需的时间较长，特别是在数据率较低时[11]。

GPS 导航数据的长度为 20 ms，相关器每 1 ms 输出的数据是对导航数据的采样值。在每一历元时刻，对 20 ms（1 个数据位）的采样值进行累加平均，并将该时刻的值与前一时刻的值进行比较；如果它大于前一时刻的值，则认为该时刻为码元的最佳判决时刻。

2. 帧同步

帧同步是建立在位同步基础上的，图 3-14 所示为帧同步过程的时序图。

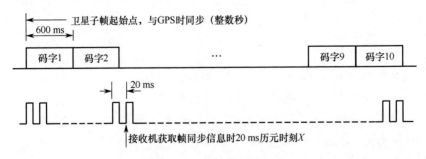

图 3-14　帧同步过程时序图

GPS 卫星在 GPS 时的整数秒时刻发送导航电文，导航电文的各个子帧也是从整数秒开始的，因此接收机的帧同步时间也要与整数秒同步，即接收机获得导航电文子帧的第一个码字时刻 20 ms 历元计数器的值应为 0。通常，在判决接收信号是否达到帧同步时，首先获得导航电文子帧的第一、二个码字的内容，其中包含帧同步遥测字等同步信息，如果第一个码字起始时刻 20 ms 历元计数器的值为 0，则第二个码字结束时刻 20 ms 历元计数器的值为 10（两个码字时间为 1.2 s）。若在帧同步提取时刻，20 ms 历元计数器的值不为 10，则说明帧同步时间没有恢复，这时从 20 ms 历元计数器中读取的 X 值误差为 [50−(40+X)mod50]，用此误差去改变 20 ms 历元计数器的初值就可实现帧同步时间的恢复。

需要说明的是，帧同步的过程包括同步码、子帧号，零数据位提取验证以及奇偶校验。在数据解调过程中，使用锁相环时存在相位模糊问题，数据位出现 180° 翻转时解调结果无效。为此，将导航电文每个码字的前一码字中的第 30 位设定为标志位，以确定是否存在相位 180° 模糊问题。当出现相位 180° 模糊时，将数据位取反就可以恢复正确数据。遥测字的第 1～8 位为固定的同步码，子帧号和零数据位由转换字给出，对遥测字与转换字进行奇偶校验，其方法可参照 ICD-GPS-200[2]。

3.3.2　定位原理与方法

GPS 系统采用高轨测距体制，以观测站至 GPS 卫星之间的距离作为基本观测量。为获得距离观测量，主要采用两种观测方法：一种是测距码观测，即测量 GPS 卫星发射的测距码（C/A 码或 P 码）信号到达用户接收机的传播时间；另一种是载波相位观测，即测量接收机接收到的具有多普勒频移的载波信号与接收机产生的参考载波信号之间的相位差。载波相位观测是目前最精确的观测方法，它对精密定位工作具有极为重要的意义；但由于载波相位观测存在整周不确定、周跳和半周跳等现象，因此其数据处理比较复杂[12-14]。

在导航和动态定位中，主要有两种定位方式：单点定位和差分定位。所谓单点定位，就是独立确定待定点在地心坐标中的绝对位置。该方法的优点是只需一台接收机即可；但由于单点定位的结果受卫星星历误差和卫星信号传播过程中的大气延迟误差的影响比较显著，定位精度较低。所谓差分定位，就是将一台接收机安置在地面已知点上作为基准点，并与所有待测点的接收机进行同步观测。基准点根据其精确已知的坐标可以先求出定位结果的坐标改正数（位置差分法）或伪距观测量的改正数（伪距差分法），然后通过数据链把这些改正数实时传送给相关用户。用户利用这些改正数对自己的定位结果或者伪距观测量进行改正，从而提高定位结果的精度[15]。虽然基本观测量有测距码和载波相位之分，定位方式有单点定位和差分定位之分，但不论使用何种观测量与何种定位方式，其基本原理都是一致的。本节仅以测距码观测方法的单点定位方式为例，说明 GPS 定位的基本原理。

假定 t_G^j 和 t^j 分别表示卫星 j 号时的理想 GPS 时时刻和卫星钟时刻，T_G 和 T 分别表示接收机收到该卫星信号时的 GPS 时时刻和接收机钟时刻，则卫星信号传播时间为

$$\tau^j = T_G - t_G^j \tag{3.34}$$

但是，观测到的量为 t^j 和 T，因此实际测得的卫星信号传播时间为

$$\tau^j = T - t^j \tag{3.35}$$

以 Δt^j 和 Δt 分别表示卫星钟和接收机钟的偏差，即

$$\Delta t^j = t^j - t_G^j \tag{3.36}$$

$$\Delta t = T - T_G \tag{3.37}$$

则有

$$\tau^j = (T_G - t_G^j) + \Delta t - \Delta t^j \tag{3.38}$$

再计入信号传播过程中经历的电离层、对流层和多径延迟等引起的误差（分别为 Δt_{ion}^j、Δt_{tro}^j 和 Δt_{mp}^j），得

$$\tau^j = (T_G - t_G^j) + \Delta t - \Delta t^j + \Delta t_{ion}^j + \Delta t_{tro}^j + \Delta t_{mp}^j \tag{3.39}$$

将上式两边同乘以电磁波传播速度（即光速 c），得

$$\rho^j = R^j + c\Delta t - c\Delta t^j + c\Delta t_{ion}^j + c\Delta t_{tro}^j + c\Delta t_{mp}^j \tag{3.40}$$

其中，$R^j = \sqrt{(x-x^j)^2 + (y-y^j)^2 + (z-z^j)^2}$ 为接收机至卫星的几何距离；(x, y, z) 和 (x^j, y^j, z^j) 分别为接收机和卫星 j 在地心空间直角坐标系中的三维坐标；ρ^j 是实际上可得到的距离观测量，由于它不同于真实距离 R^j，所以常

称为"伪距"。式（3.40）便是 GPS 定位的基本观测方程。由于卫星钟差 Δt^j 可由地面监控系统测定并通过卫星发播的导航电文提供给用户，电离层传播延迟 $c\Delta t_{\mathrm{ion}}^j$ 和对流层传播延迟 $c\Delta t_{\mathrm{tro}}^j$ 可分别用导航电文提供的电离层和对流层参数模型进行校正（当然校正后仍存在残差），多径延迟误差 Δt_{mp}^j 可通过天线、选址等方法进行校正，因此式（3.40）中有 4 个未知量 x、y、z、Δt 需要求解。为了求这 4 个未知量，至少需要对 4 颗卫星进行观测。这就是 20 世纪 70 年代提出的四星定位体制的基本原理。假设某一时刻观测到的卫星数为 N（$N \geqslant 4$），则可得到观测方程组

$$\rho^j = R^j + c\Delta t - c\Delta t^j + c\Delta t_{\mathrm{ion}}^j + c\Delta t_{\mathrm{tro}}^j + c\Delta t_{\mathrm{mp}}^j \quad (j=1,2,\cdots,N) \quad （3.41）$$

给定接收机的概略位置 $r_0 = (x_0, y_0, z_0)$，对上面方程组中的每个方程应用泰勒公式展开并略去高次项，得

$$\begin{aligned}
&\frac{\partial R^j}{\partial x}(r_0)\Delta x + \frac{\partial R^j}{\partial y}(r_0)\Delta y + \frac{\partial R^j}{\partial z}(r_0)\Delta z + b \\
&= \rho^j + c\Delta t^j - c\Delta t_{\mathrm{ion}}^j - c\Delta t_{\mathrm{tro}}^j - c\Delta t_{\mathrm{mp}}^j - R^j(r_0) \quad (j=1,2,\cdots,N)
\end{aligned} \quad （3.42）$$

其中，$b = c\Delta t$，$\Delta x = x_u - x_0$，$\Delta y = y_u - y_0$，$\Delta z = z_u - z_0$。求出其中 R^j 的偏导数后，式（3.42）可写为

$$\begin{aligned}
&e_1^j \Delta x + e_2^j \Delta y + e_3^j \Delta z - b \\
&= R^j(r_0) - \rho^j - c\Delta t^j + c\Delta t_{\mathrm{ion}}^j + c\Delta t_{\mathrm{tro}}^j + c\Delta t_{\mathrm{mp}}^j \quad (j=1,2,\cdots,N)
\end{aligned} \quad （3.43）$$

其中，e_1^j、e_2^j、e_3^j 为从接收机到第 j 颗卫星的方向余弦。

将上述方程组写成矩阵形式，得

$$\boldsymbol{GX} = \boldsymbol{L} \quad （3.44）$$

其中，

$$\boldsymbol{G} = \begin{bmatrix} e_1^1 & e_2^1 & e_3^1 & -1 \\ e_1^2 & e_2^2 & e_3^2 & -1 \\ \vdots & \vdots & \vdots & \vdots \\ e_1^N & e_2^N & e_3^N & -1 \end{bmatrix} \quad （3.45）$$

$$\boldsymbol{X} = \begin{bmatrix} \Delta x & \Delta y & \Delta z & b \end{bmatrix}^{\mathrm{T}} \quad （3.46）$$

$$L = [l^1 \ l^2 \ \cdots \ l^N]^T \tag{3.47}$$

$$l^j = R^j(r_0) - \rho^j - c\Delta t^j + c\Delta t_{\text{ion}}^j + c\Delta t_{\text{tro}}^j + c\Delta t_{\text{mp}}^j \quad (j=1,2,\cdots,N) \tag{3.48}$$

用最小二乘法求解，得法方程

$$G^T G X = G^T L \tag{3.49}$$

当 $G^T G$ 为非奇异矩阵时，该法方程的解为

$$X = (G^T G)^{-1} G^T L \tag{3.50}$$

由于式（3.42）的线性化过程必然引入线性化误差，因此通常对式（3.50）进行迭代运算，以实现接收机位置解算。由实际算例分析经验可知，在真值附近 15 km 范围内的初值设置条件下，不用迭代即可获得较好的定位精度；只有当初值设置得距离真值较远（如大于 150 km）时，迭代求解所获得的精度提升才较为明显[16]。

用 δX 表示 X 的误差，δL 表示 L 的误差，则有

$$\text{cov}(\delta X) = (G^T G)^{-1} G^T \text{cov}(\delta L)[(G^T G)^{-1} G^T]^T \tag{3.51}$$

假设各伪距测量是独立的等误差测量，误差的方差均为 σ_0^2，测距误差序列是正态（高斯）白噪声序列，则

$$\text{cov}(\delta L) = \sigma_0^2 I \tag{3.52}$$

其中，I 为 $N \times N$ 单位阵。于是

$$\text{cov}(\delta X) = \sigma_0^2 (G^T G)^{-1} = \sigma_0^2 Q \tag{3.53}$$

假设

$$Q = (G^T G)^{-1} = \begin{bmatrix} q_{11} & q_{12} & q_{13} & q_{14} \\ q_{21} & q_{22} & q_{23} & q_{24} \\ q_{31} & q_{32} & q_{33} & q_{34} \\ q_{41} & q_{42} & q_{43} & q_{44} \end{bmatrix} \tag{3.54}$$

则用户位置和钟差解的误差估计为

$$\sigma_x^2 = q_{11}\sigma_0^2 \tag{3.55}$$

$$\sigma_y^2 = q_{22}\sigma_0^2 \tag{3.56}$$

$$\sigma_z^2 = q_{33}\sigma_0^2 \tag{3.57}$$

$$\sigma_t^2 = q_{44}\sigma_0^2 \tag{3.58}$$

由于 $\boldsymbol{Q}$ 只与卫星和接收机的相对几何位置有关，因此，用户三维位置和接收机钟差的误差只与两个因素有关，即卫星与接收机的相对几何位置和伪距观测量的误差。把卫星与接收机的相对几何位置定义成各种精度因子（Dilution of Precision，DOP）的形式，可得用户位置误差、钟差误差与伪距观测量误差的关系为

$$
\begin{aligned}
\sigma_g &= \sqrt{\sigma_x^2 + \sigma_y^2 + \sigma_z^2 + \sigma_t^2} = \mathrm{DDOP} \times \sigma_0 \\
\sigma_p &= \sqrt{\sigma_x^2 + \sigma_y^2 + \sigma_z^2} = \mathrm{PDOP} \times \sigma_0 \\
\sigma_h &= \sqrt{\sigma_x^2 + \sigma_y^2} = \mathrm{HDOP} \times \sigma_0 \\
\sigma_v &= \sigma_z = \mathrm{VDOP} \times \sigma_0 \\
\sigma_t &= \mathrm{TDOP} \times \sigma_0
\end{aligned}
\tag{3.59}
$$

其中，GDOP、PDOP、HDOP、VDOP 和 TDOP 分别称为几何精度因子（Geometric Dilution of Precision）、位置精度因子（Position Dilution of Precision）、水平精度因子（Horizontal Dilution of Precision）、垂直（高程）精度因子（Vertical Dilution of Precision）和时间精度因子（Time Dilution of Precision），它们均仅与卫星和接收机的相对几何位置有关，且有

$$
\begin{aligned}
\mathrm{GDOP} &= \sqrt{q_{11} + q_{22} + q_{33} + q_{44}} = \{\mathrm{tr}\,[(\boldsymbol{G}^{\mathrm{T}}\boldsymbol{G})^{-1}]\}^{1/2} \\
\mathrm{PDOP} &= \sqrt{q_{11} + q_{22} + q_{33}} \\
\mathrm{HDOP} &= \sqrt{q_{11} + q_{22}} \\
\mathrm{VDOP} &= \sqrt{q_{33}} \\
\mathrm{TDOP} &= \sqrt{q_{44}}
\end{aligned}
\tag{3.60}
$$

几何精度因子 GDOP 也可视为伪距观测量误差的放大因子，其值越大，定位精度就越差，因此 GDOP 也常称为几何精度衰减因子。要减小用户的定位误差，第一要减小几何精度因子（或位置精度因子），第二要减小各卫星的伪距观测量误差。

当接收机能同时观测的卫星数多于 4 颗时，选择适当的四星组合，减小几何精度因子是很重要的。这就是所谓的选星问题[17]。一般有两种选星方法，即

最佳选星法和准最佳选星法。当卫星仰角过低时，会使大气传播误差加大而明显降低观测量精度，故在选星时应规定一个最低仰角，通常为 5°。所谓最佳选星法，就是在所有仰角大于 5° 的可测卫星中，选择各种可能的四星组合来计算相应的 GDOP（或 PDOP），并选取其中 GDOP 最小的 组卫星作为最佳选择结果。由于需要进行 C_N^4 次 GDOP 运算，而每一次 GDOP 运算都要涉及矩阵的乘法与求逆，因此该方法的计算量较大，占用的时间较长。而且，由于卫星的位置在不断变化，通常每 15 min 就要重新进行一次选星。为减小选星的计算量，可利用准最佳选星方法。准最佳选星方法以使接收机与 4 颗观测卫星所构成的六面体体积最大为准则[18]。假设接收机与 4 颗观测卫星所构成的六面体体积为 V，则分析表明，几何精度因子 GDOP 与该六面体的体积 V 成反比，即

$$\text{GDOP} \sim 1/V \tag{3.61}$$

一般来说，六面体体积越大，GDOP 值越小。

随着接收机跟踪卫星信号的通道数增多，选星问题已变得不那么重要了，人们越来越倾向于使用全部可见卫星进行定位。几何精度因子随卫星数目的增多而减小。通常情况下，使用全部可见卫星定位比从中选择 4 颗卫星定位具有更高的精度。

在求解上述伪距定位方程时，GPS 卫星在空间的瞬时位置由导航电文所提供的轨道参数计算得到。卫星在轨道平面直角坐标系（x 轴指向升交点）中的坐标为

$$\begin{cases} x_k = r_k \cos u_k \\ y_k = r_k \sin u_k \end{cases} \tag{3.62}$$

其中，r_k 为卫星矢径，u_k 为经过卫星摄动改正的升交距角。把卫星在轨道平面直角坐标系中进行坐标旋转变换，可得到卫星在地心固定坐标系中的三维坐标为

$$\begin{bmatrix} X_k \\ Y_k \\ Z_k \end{bmatrix} = \begin{bmatrix} x_k \cos \Omega_k - y_k \cos i_k \sin \Omega_k \\ x_k \sin \Omega_k - y_k \cos i_k \cos \Omega_k \\ y_k \sin i_k \end{bmatrix} \tag{3.63}$$

其中，i_k 为卫星轨道倾角，Ω_k 为观测时刻升交点经度。考虑极移的影响，卫星在协议坐标系中的坐标为

$$\begin{bmatrix} X \\ Y \\ Z \end{bmatrix}_{\text{CTS}} = \begin{bmatrix} 1 & 0 & X_p \\ 0 & 1 & -Y_p \\ -X_p & Y_p & 1 \end{bmatrix} \begin{bmatrix} X_k \\ Y_k \\ Z_k \end{bmatrix} \qquad (3.64)$$

其中，X_p、Y_p 为坐标转换因子。

上述各式中，r_k、u_k、Ω_k 均由导航电文提供的卫星参数计算。

3.4　本章小结

本章根据 GPS 接收机的体系结构总结出 L1 C/A 码接收机中各个关键参考点信号的一般模型，并基于对接收机工作原理的深入分析，给出了较为详细的推导过程；以此为基础，介绍了 GNSS 信号的处理方法，包括信号的捕获、跟踪以及定位解算过程。

参 考 文 献

[1] MISRA P, ENGE P. Global positioning system: signals, measurements and performance [M]. revised 2nd ed. Ganga-Jamuna Press, 2008.

[2] Interface Control Document ICD-GPS-200. Navstar GPS spacesegment/navigation user interfaces (public release version C). ARINC Research Corporation, 10 October, 1993.

[3] VAN DIERENDONCK A J, FENTON, P, FORD T. Theory and performance of narrow correlator spacing in a gps receiver[J]. Navigation, 1992, V39(3): 265-283

[4] PARKINSON B W, AND SPILKER J J. Global Positioning System: theory and applications, vol I[M]. Washington DC: American Institute of Aeronautics and Astronautics Inc, 1996: 329-407.

[5] 周炯磐. 通信原理[M]. 3 版. 北京: 北京邮电大学出版社, 2008.

[6] VAN TREES H L. 检测、估计和调制理论[M]. 毛士艺, 周荫清, 张其善, 译. 北京: 国防工业出版社, 1983.

[7] WARD P W. GPS receiver search techniques[C]. Proceedings of Position, Location and Navigation Symposium, Atlanta, 1996: 604-611.

[8] KAPLAN E D. Understanding GPS: principles and applications[M]. Artech House, 1996.

[9] 谢刚. GPS 原理与接收机设计[M]. 北京: 电子工业出版社, 2017.

[10] 鲁郁. 北斗/GPS 双模软件接收机原理与实现技术[M]. 北京: 电子工业出版社, 2016.

[11] 欧阳长月. 数字通信[M]. 北京: 北京航空航天大学出版社, 1990.

[12] TEUNISSEN P J G. The least-squares AmBiguity decorrelation adjustment: a method for fast GPS integer ambiguity estimation[J]. Journal of Geodesy, 1995, 70(1): 65-82.

[13] MELBOURNE W G. The case for ranging in GPS-based geodetic systems[C]. Proceedings of the First International Symposium on Precise Positioning with the Global Positioning System, Rockville,1985: 373-386.

[14] WUBBENA G. Software developments for geodetic positioning with GPS using TI-4100 code and carrier measurements[C]. Proceedings of the First International Symposium on Precise Positioning with the Global Positioning System, Rockville,1985: 403-412.

[15] 王广运, 郭秉义, 李洪涛. 差分 GPS 定位技术与应用[M]. 北京: 电子工业出版社, 1996.

[16] 张其善, 吴今培, 杨东凯. 智能车辆定位导航系统及应用[M]. 北京: 科学出版社, 2002.

[17] 常青. GPS 定位方法及其应用研究[D]. 北京: 北京航空航天大学, 1998.

[18] NOE P S, MAYER K A, WU T K. A navigation algorithm for the low-cost GPS receiver[J]. Navigation, 1978, 25: 258-264.

第 4 章　GNSS 反射信号基础

本章重点介绍 GNSS 反射信号（GNSS-R）的几何关系、极化特性、散射模型、信号模型及相关函数模型等基础理论。

4.1　GNSS-R 几何关系

4.1.1　宏观几何关系

在讨论直射与反射信号的几何关系时，引入镜面反射点，即反射区域中反射路径和直射路径之间延迟最短的点。根据发射机、接收机和镜面反射点的几何关系，建立如下的本地坐标系：镜面反射点为坐标原点，z 轴为地球切面的法线方向，发射机、镜面反射点和接收机处于 yOz 平面内，且 y 轴正向在发射机方向，x 轴按右手定则确定，xOy 为本地切平面。GNSS-R 几何关系如图 4-1 所示[1]。

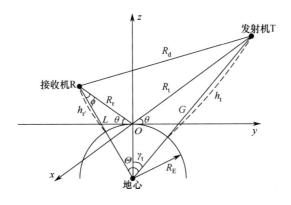

图 4-1　GNSS-R 几何关系

在图 4-1 中，h_r、h_t 分别为接收机、发射机到参考椭球面的高度；R_E 为地球半径；G 和 L 分别为 GNSS 卫星（图中发射机 T）和接收平台（图中接收机 R）到地心的距离；γ_t 是 GNSS 卫星、镜面反射点与地心连线之间的夹角；Θ 是 GNSS 卫星、接收平台与地心连线之间的夹角；ϕ 为接收机视角（接收机–镜面反射点连线与接收平台天底方向的夹角）；θ 为反射信号相对于本地切平面的仰角，其值和卫星高度角相等；R_r、R_t 分别为接收机和发射机到镜面反射点的距离；$\boldsymbol{T}$ 和 $\boldsymbol{R}$ 分别为发射机和接收机的位置矢量。当给定接收机高度 h_r、发射机高度 h_t 以及卫星高度角 θ 时，可按如下顺序得到 R_t、γ_t、R_r、ϕ 和 Θ：

$$L = R_E + h_r\ ; \quad G = R_E + h_t \tag{4.1}$$

$$R_t^2 + R_E^2 + 2R_t R_E \sin\theta = G^2 \Rightarrow R_t = -R_E \sin\theta + \sqrt{G^2 - R_E^2 \cos^2\theta} \tag{4.2}$$

$$R_E^2 + G^2 - 2R_E G \cos\gamma_t = R_t^2 \Rightarrow \gamma_t = \arccos\left(\frac{R_t^2 - G^2 - R_E^2}{-2R_E G}\right) \tag{4.3}$$

$$R_r^2 + R_E^2 + 2R_r R_E \sin\theta = L^2 \Rightarrow R_r = -R_E \sin\theta + \sqrt{L^2 - R_E^2 \cos^2\theta} \tag{4.4}$$

$$R_r^2 + L^2 - 2R_r L \cos\phi = R_E^2 \Rightarrow \phi = \arccos\left(\frac{R_E^2 - R_r^2 - L^2}{-2R_r L}\right) \tag{4.5}$$

$$\Theta = \frac{\pi}{2} + \gamma_t - \phi - \theta \tag{4.6}$$

R、T 在本地坐标系中的位置分别 $(0, -R_r\cos\theta, R_r\sin\theta), (0, R_t\cos\theta, R_t\sin\theta)$，有

$$R_d = |\boldsymbol{R}_d| = |\boldsymbol{R} - \boldsymbol{T}| = \sqrt{(R_t\cos\theta + R_r\cos\theta)^2 + (R_t\sin\theta - R_r\sin\theta)^2} \tag{4.7}$$

4.1.2 天线覆盖区

天线波束的大小及接收平台高度和几何关系决定了天线足印的大小和形状。图 4-2 所示为天线足印和天线增益、视场角关系的示意图。低增益天线体积小，重量轻，增益小；但覆盖范围宽。高增益天线体积较大，重量较重；但增益大，覆盖范围小。天线视场角不同时，天线足印的大小和形状也不同。针对不同的接收平台，天线配置和视场角的设定方式也有所不同[2]。

对于低增益天线而言，可假定天线各个方向的增益相同；但对于高增益天线而言，这种假定会带来一定的误差，故在 GNSS-R 遥感应用中，需对天线精确建模。对于实际天线，一般用天线的方向系数 D 和增益 G 来表示，二者之间的关系为

$$G = KD \tag{4.8}$$

其中，k（$0 \leqslant k \leqslant 1$）为无量纲的效率因子。对于设计良好的天线，其 k 值接近 1，因而有 $G \approx D$。

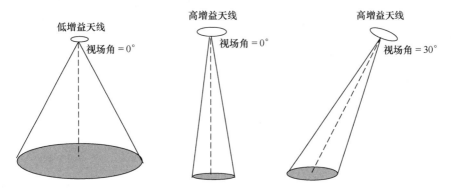

图 4-2　天线足印和天线增益、视场角关系示意图

假定 $P(\mathrm{W \cdot m^{-2}})$ 表示天线在三维球坐标系下的功率方向性波瓣图，它是子午角 α 和方位角 φ 的函数，则天线的方向系数 D 是指在远场区某一球面上的最大辐射功率密度与平均功率密度之比，是大于等于 1 的无量纲比值，记为

$$D = \frac{P_{\max}}{P_{\mathrm{av}}} \tag{4.9}$$

用 $\mathrm{d}\Omega = \sin\alpha\mathrm{d}\alpha\mathrm{d}\varphi$ 表示立体角，单位为立体弧度（sr）或平方度，则球面上的平均功率密度为

$$
\begin{aligned}
P_{\mathrm{av}} &= \frac{1}{4\pi}\int_0^{2\pi}\int_0^{2\pi} P\sin\alpha\mathrm{d}\alpha\mathrm{d}\varphi \\
&= \frac{1}{4\pi}\iint_{4\pi} P\mathrm{d}\Omega \quad (\mathrm{W \cdot sr^{-1}})
\end{aligned}
\tag{4.10}
$$

因此，方向系数又可写成如下表达式：

$$D = \frac{P_{max}}{\dfrac{1}{4\pi}\iint\limits_{4\pi} P\mathrm{d}\Omega} = \frac{1}{\dfrac{1}{4\pi}\iint\limits_{4\pi}[P/P_{max}]\mathrm{d}\Omega}$$

$$= \frac{4\pi}{\iint\limits_{4\pi} P_n\mathrm{d}\Omega} = \frac{4\pi}{\Omega_A} \tag{4.11}$$

其中，Ω_A 表示波束立体角范围；P_n 表示归一化功率波瓣图，表示为

$$P_n = P/P_{max} \tag{4.12}$$

天线的波束立体角范围通常可近似表示成天线两个主平面内主瓣半功率波束宽度 α_{HP} 和 φ_{HP} 之积，即

$$\Omega_A \approx \alpha_{HP}\varphi_{HP} \quad (\mathrm{sr}) \tag{4.13}$$

半功率波束宽度（Half-Power Beam Width，HPBW）表示按照半功率电平点定义的波束宽度（或–3 dB 波束宽度）。另外，根据式（4.11），若已知某天线的半功率宽度，则其方向系数还可表示为

$$D = \frac{41253}{\overset{\circ}{\alpha}_{HP}\overset{\circ}{\varphi}_{HP}} \tag{4.14}$$

其中，$41253[=4\pi(180/\pi)^2$ 平方度，$]$ 为球内所张的平方度数；$\overset{\circ}{\alpha}_{HP}$ 和 $\overset{\circ}{\varphi}_{HP}$ 分别表示两个主平面内的半功率波束宽度（用度表示）。由于式（4.14）忽略了旁瓣的影响，因此可改用一种近似形式表示如下：

$$D = \frac{40000}{\overset{\circ}{\alpha}_{HP}\overset{\circ}{\varphi}_{HP}} \tag{4.15}$$

如果某天线在两个主平面内的波束宽度都是 20°，那么有 $D=100$（或 20 dB）。当然，波束宽度的乘积 40 000 平方度是一种粗略近似，对特定类型的天线都有更为准确的数值。另外，通常还用天线的有效口径 A_e 表示天线的性能指标，它与波束范围的关系为

$$\lambda^2 = A_e\Omega_A \quad (\mathrm{m}^2) \tag{4.16}$$

因此，当给定波长 λ 时，可由已知的 A_e 确定 Ω_A；反之亦然。由式（4.16）和式（4.11）可得天线方向系数 D 的另一表达式如下：

$$D = 4\pi \frac{A_e}{\lambda^2} \tag{4.17}$$

假定接收平台高度为 10 km，天线波束宽度（设 $\alpha_{HP} = \varphi_{HP}$）分别为 4°、20°、45° 和 90°，在天线视场角为 0° 时，覆盖区域长轴大小分别是 0.7 km、3.5 km、8.2 km 和 20 km；而在视场角为 30° 时，相同天线覆盖区域长轴大小分别是 0.9 km、4.7 km、11.7 km 和 40 km。

4.1.3 等延迟区

GNSS 直射信号照射海面时，在闪耀区内形成无数个散射点；然而不同散射点的散射信号被接收机接收时，到达接收机的时间是不同的。根据扩频信号接收原理可知，散射信号不同的传播时间表现为不同的码延迟。等延迟线就是与镜面反射点反射信号相比具有相同时延的点组成的曲线。等延迟区或等延迟环是定义的两条等延迟线围成的椭圆环形区域，与接收机采样频率（码片分辨率）有关。码片分辨率越高，则相同条件下的等延迟区越密集[2-3]。

等延迟区的形状和大小与接收机的高度及发射机（GNSS 卫星）的高度角和方位角等因素有关，具体计算方法参见文献[4]。当接收机高度为 5 km，卫星高度角 $\theta = 30°$ 时，等延迟区的大小、形状以及其在海面上的投影如图 4-3 所示，左图中等延迟线上的数字表示相对于镜面反射点的码片延迟 τ_c 的数值。

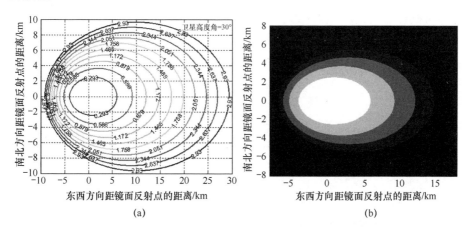

(a)   (b)

图 4-3 等延迟区大小和形状（a）及其在海面上的投影（b）

1. 卫星高度角的影响

在接收机高度为 5 km，卫星高度角分别为 30°、45°、60° 和 90° 时，等延迟区的形状和大小如图 4-4 所示。

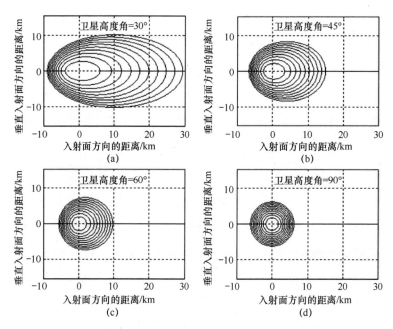

图 4-4　等延迟区大小和形状（$\Delta\tau = [1,2,3,\cdots,10]\cdot\tau_c$）

可以看出，卫星高度角越小，则椭圆越扁，沿发射机方向偏离镜面反射点的幅度就越大。等延迟线椭圆关于入射面对称；但以镜面点为中心，沿垂直入射面方向具有明显的不对称性，且高度角越小，不对称性越明显。这一现象说明，散射信号主要来自等延迟区的长轴方向，使得风向探测成为可行。

2. 接收机高度的影响

对于同一卫星高度角（如 60°），不同接收机高度条件下第一等延迟区（$\Delta\tau = [1]\cdot\tau_c$）的大小如图 4-5 所示。

接收机高度越高，则等延迟区越大，对应的散射信号能量区域也就越大。例如，当接收高度为 800 km 时，第一等延迟区的长轴已经超过一个风区的长度 50 km。在求解不同时延的散射信号功率时，要充分考虑这一点，以确定具体的码延迟数值。

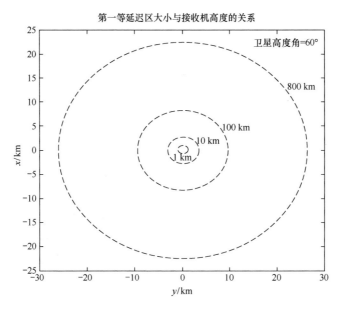

图 4-5　第一等延迟区大小与接收机高度的关系（卫星高度角为 60° 时）

3．采样频率的影响

若采样频率 $f_s = 20.456\,\text{MHz}$，则采样信号间隔为 $\tau_s = 1/f_s$，对应约 15 m 的距离分辨率。这对于 GPS C/A 码而言即为 $\tau_c/20$，其中前 10 个采样点对应的等延迟区大小和形状如图 4-6 所示。

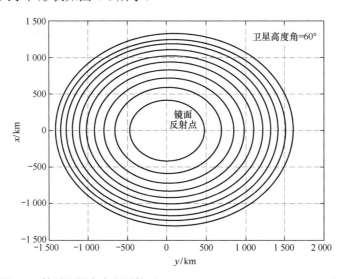

图 4-6　等延迟区大小和形状（$h_r = 5\,\text{km}$，$\Delta\tau = [1,2,3,\cdots,10]\cdot\tau_c/20$）

4.1.4 等多普勒区

在基于 GNSS 双基雷达的海面风场探测系统中，机载或星载接收机和导航卫星均有着不同的运动速度，同时接收机的高度也可能在变化。因此，接收机接收到的海面不同散射点的散射信号可能具有不同的多普勒频移，且随着卫星参数和接收平台运动参数的变化不断变化。具有相同多普勒频移的海面散射点组成的曲线称为等多普勒线。

若以镜面点处的多普勒频移 $f_0 = f_D(0)$ 为基准值，则等多普勒线上的点满足如下关系式：

$$\Delta f = f_D(\boldsymbol{r}) - f_0 = C \tag{4.18}$$

其中，C 为常数。满足 $\left|\Delta f - k\dfrac{1}{2T_i}\right| \leqslant \dfrac{1}{2T_i}$ 的区域称为等多普勒区（k 为实数），T_i 为反射信号处理积分时间。对 GPS C/A 码信号通常取 $T_i = 1$ ms。

等多普勒区的形状为条带状（故又称等多普勒带），和接收机高度、速度大小和方向有关，而与导航卫星的速度和方位角等参数关系不大。图 4-7 所示为接收机高度 $h_r = 10$ km，卫星高度角 $\theta = 90°$ 时，等多普勒带的大小和形状及其在海面上的投影。

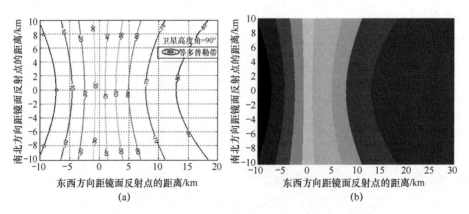

图 4-7 等多普勒带的大小和形状（a）及其在海面上的投影（b）

等延迟线和等多普勒线分别从时间和频率两个角度对海面散射区域进行划分。事实上，在某些情况下只需考虑时间维度的等延迟线，而有时两者需同时考虑，视具体应用场景而定。

例如，在机载应用条件下，取典型飞行速度为 0.17 km/s，GPS C/A 码接收机的积分时间为 1 ms，在不同接收机高度 h_r = 1 km、10 km 和 30 km 的情况下，海面散射区域的二维空间划分情况如图 4-8 所示。

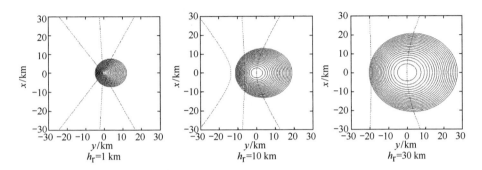

图 4-8　等延迟区和等多普勒区二维分割（卫星高度角为 60°）

图 4-8 中，等延迟线从内到外分别对应 $\Delta\tau = [1, 2, \cdots, 18, 19] \cdot \tau_c$；等多普勒线间隔 $f_B = 1/(2T_i) = 500\,\text{Hz}$，$f_0$ 对应图中经过坐标零点的多普勒曲线，$\Delta f_c > 0$ 用实线表示，$\Delta f_c \leqslant 0$ 用虚线表示，从右至左分别表示 $\Delta f_c = 0$、$-500\,\text{Hz}$ 和 $-1000\,\text{Hz}$ 的等多普勒线。可见，在机载高度和速度下，等多普勒线对散射区域的划分很粗糙，且图中三种情况下等延迟区的大部分区域均包含在多普勒区 $-500\sim +500\,\text{Hz}$ 范围内。如果增大积分时间，如 $T_i = 10\,\text{ms}$，则多普勒分辨率提高至 10 倍，空间分辨条带也将缩小至 1/10。

在星载平台上，由于其速度很高，同样在 $T_i = 1\,\text{ms}$ 时，等多普勒线的划分会很密集。例如，当高度为 800 km，速度为 7.6 km/s 时，等延迟线和等多普勒线的划分情况如图 4-9 所示。

在海洋上，一个风区的长度一般为 50 km，如果仅通过一维时延相关功率计算来划分等延迟区，则无法满足风场反演的空间分辨率要求。此时需要同步计算等多普勒线，从而将散射区域精细划分到单个风区的范围内。给定时延和多普勒频移，就可确定海面对应的观测单元。而通过设定时延和多普勒频移的范围和间隔，就可确定观测区域和分辨单元的大小，以适用于不同的遥感任务需求。当然，接收机处于不同的运动方向时，等多普勒线的划分情况也不相同，在实际应用中需要统筹考虑。

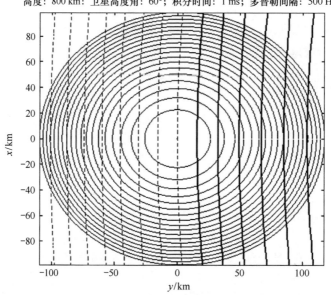

高度：800 km；卫星高度角：60°；积分时间：1 ms；多普勒间隔：500 Hz

图 4-9　对应星载接收平台的等延迟线和等多普勒线

从上述分析可以看出，等延迟线和等多普勒线对散射区域的划分围绕镜面反射点对称分布，这就意味着具有相同时延和多普勒频移的散射信号可能会来自两个不同的区域，或者是两个区域信号的叠加。两个区域的分割利用测距码（对 GPS L1 而言为 C/A 码）的自相关函数和多普勒 sinc 函数实现。例如，图 4-10（a）所示为高度为 5 km 的接收平台在接收卫星高度角为 60° 条件下的散射信号，积分时间为 5 ms（对应多普勒间隔 100 Hz）。其中，阴影填充

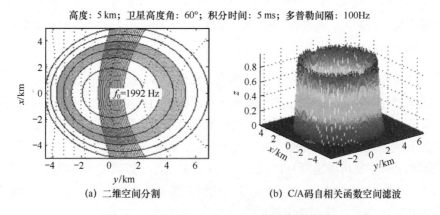

高度：5 km；卫星高度角：60°；积分时间：5 ms；多普勒间隔：100Hz

(a) 二维空间分割　　　　　(b) C/A 码自相关函数空间滤波

图 4-10　等延迟区和等多普勒带二维空间采样

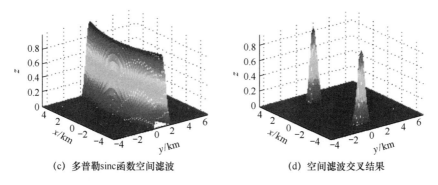

(c) 多普勒sinc函数空间滤波   (d) 空间滤波交叉结果

图 4-10 等延迟区和等多普勒带二维空间采样（续）

环带部分对应 $\Delta\tau=[2\tau_c \quad 4\tau_c]$ 的等延迟区，其信号采样是用 GPS C/A 码的自相关函数空间滤波完成的，如图 4-10(b)所示；阴影填充条带对应 $\Delta f=[-1/T_i \quad 1/T_i]$ 等多普勒区，其信号采样以多普勒 sinc 函数完成，如图 4-10（c）所示。等延迟区和等多普勒带交叉作用后，可得到两个相同的时延-多普勒区域，对应 $\Delta\tau=3\tau_c$，$\Delta f=0$ Hz，形成了空间分辨的模糊性，如图 4-10（d）所示，这对风场反演带来一定的影响。

4.2 反射信号的特性

4.2.1 极化

1. 极化的分类

如前所述，均匀平面波在等相面内电场和磁场方向不发生变化，但是实际工程中的场强方向可以随时间按一定的规律变化，描述此变化的概念即极化。由于电场强度 **E**、磁场强度 **H** 和传播方向三者之间的关系是确定的，所以一般用电场强度 **E** 的矢量端点在空间任意固定点上随时间变化所描述的轨迹来表示电磁波的极化[5]。

假设均匀平面波沿着 z 轴方向传播，电场强度和磁场强度均在垂直于 z 轴的平面内，令电场强度 **E** 分解为两个相互正交的分量 E_x 和 E_y，其频率和传播方向均相同，记为

$$\begin{cases} E_x=E_{x_0}\cos(\omega t+\varphi_x) \\ E_y=E_{y_0}\cos(\omega t+\varphi_y) \end{cases} \tag{4.19}$$

矢量 *E* 端点的轨迹方程可以通过三角运算获得，即

$$\left(\frac{x}{E_{x_0}}\right)^2 + \left(\frac{y}{E_{y_0}}\right)^2 - 2\frac{x}{E_{x_0}} \cdot \frac{y}{E_{y_0}}\cos(\varphi_y - \varphi_x) = \sin(\varphi_y - \varphi_x) \qquad （4.20）$$

则根据 E_x 和 E_y 的振幅和相位关系，将波的极化分为以下三种类型。

1）线极化

电场强度 *E* 仅在一个方向振动，即矢量 *E* 端点的轨迹是一条直线，则称为线极化。

如果两个分量的相位相同，即 $\varphi_y - \varphi_x = 0$，且 E_{x_0}、E_{y_0} 不为零，则有

$$y = \frac{E_{y_0}}{E_{x_0}} \cdot x \qquad （4.21）$$

即轨迹为过 0 点且在第一、第三象限的直线；

如果两个分量相位差 π，即 $\varphi_y - \varphi_x = \pm\pi$，且 E_{x_0}、E_{y_0} 不为零，则有

$$y = -\frac{E_{y_0}}{E_{x_0}} \cdot x \qquad （4.22）$$

即轨迹为过 0 点且在第二、第四象限的直线；

如果 $E_{x_0} = 0$，则有

$$\begin{aligned} x &= 0 \\ y &= E_{y_0}\cos(\omega t + \varphi_y) \end{aligned} \qquad （4.23）$$

即轨迹为沿 *y* 轴变化的直线；

如果 $E_{y_0} = 0$，则有

$$\begin{aligned} y &= 0 \\ x &= E_{x_0}\cos(\omega t + \varphi_x) \end{aligned} \qquad （4.24）$$

即轨迹为沿 *x* 轴变化的直线。

线极化的四种形式如图 4-11 所示。

2）圆极化

当 $E_{x_0} = E_{y_0} = E_0$，$\varphi_y - \varphi_x = \pm\pi/2$ 时，矢量 *E* 端点的轨迹方程为

$$x^2 + y^2 = E_0^2 \qquad\qquad (4.25)$$

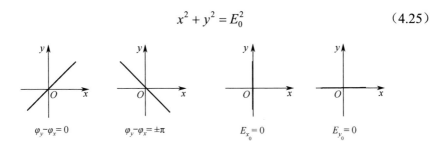

$$\varphi_y - \varphi_x = 0 \qquad\qquad \varphi_y - \varphi_x = \pm\pi \qquad\qquad E_{x_0} = 0 \qquad\qquad E_{y_0} = 0$$

图 4-11　线极化的四种形式

这是半径为 E_0 的圆的方程，故称为圆极化，如图 4-12 所示。如果 E_y 相位比 E_x 滞后 $\pi/2$，则电场矢量的旋向和波的传播方向满足右手螺旋定则，称为右旋圆极化；反之，则称为左旋圆极化。

3）椭圆极化

通常情况下，电场的两个分量的振幅及相位均不相等，也不满足相位差为 $\pi/2$ 或 $\pi/2$ 整数倍的条件，则电场矢量端点的轨迹为一椭圆，故称为椭圆极化，如图 4-13 所示。

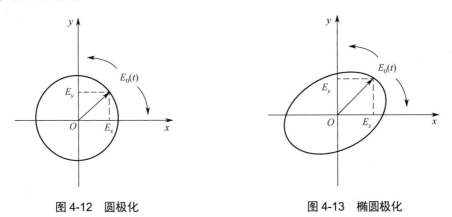

图 4-12　圆极化　　　　　　　　　图 4-13　椭圆极化

线极化和圆极化均为椭圆极化的特例，三种极化形式的波均可分解为空间相互正交的线极化波的叠加。任一线极化波也可分解成两个振幅相等、旋向相反的圆极化波的叠加；同样，任一椭圆极化波也可分解为两个圆极化波的叠加。

2. 极化的应用

电磁波的极化在通信、广播、电子侦察、航空航天等领域有着广泛的应用。

例如，调幅电台发射的电磁波采用垂直极化的方式，因此收音机天线应与大地垂直才能正常收到信号；电视信号则多采用水平极化方式，天线应与地面平行。在火箭运行与卫星运行过程中，其姿态经常变化，导致天线方位不断变化，因而多采用圆极化方式发射电磁波，以保证通信畅通[6]。

在无线电通信中，利用两个正交的线极化波，能够使单一极化的系统在同样分配的频带内的容量增加一倍。

此外，还可以利用电磁波的极化类型对目标进行识别。当某种极化类型的电磁波照射到目标后，其反射波的极化类型可能会发生变化。而极化类型的变化取决于目标的形状、尺寸、结构和物质特性。通过研究电磁波极化类型的变化，可以提取目标的特征信息，即所谓的极化识别技术[7]，这是利用反射电磁波进行目标探测和识别的物理基础。GNSS-R 技术也是基于电磁波极化原理而产生和发展起来的。

4.2.2　反射系数

导航卫星直射信号入射到地球表面，在地球表面发生反射，在空气和地球表面的界面处，电磁波的反射与入射的能量关系由菲涅耳反射系数确定。以海面为例，菲涅耳反射系数的表达式为[8]

$$\mathscr{R}_{VV} = \frac{\varepsilon \sin\theta - \sqrt{\varepsilon - \cos^2\theta}}{\varepsilon \sin\theta + \sqrt{\varepsilon - \cos^2\theta}} \tag{4.26}$$

$$\mathscr{R}_{HH} = \frac{\sin\theta - \sqrt{\varepsilon - \cos^2\theta}}{\sin\theta + \sqrt{\varepsilon - \cos^2\theta}} \tag{4.27}$$

$$\mathscr{R}_{RR} = \mathscr{R}_{LL} = \frac{1}{2}(\mathscr{R}_{VV} + \mathscr{R}_{HH}) \tag{4.28}$$

$$\mathscr{R}_{LR} = \mathscr{R}_{RL} = \frac{1}{2}(\mathscr{R}_{VV} + \mathscr{R}_{HH}) \tag{4.29}$$

在式（4.26）～式（4.29）中，下标"R""L""V"和"H"分别表示右旋圆极化、左旋圆极化、垂直线极化和水平线极化；ε 为海面的复介电常数。以 GPS L1 波段（1 575.42 MHz）为例，海水温度取常温 25 ℃，盐度取 35，$\varepsilon = 70.53 + 65.68i$。将海面复介电常数代入菲涅耳反射系数公式，得到菲涅耳反射系数的模与 GPS 卫星高度角的关系曲线如图 4-14 和图 4-15 所示。

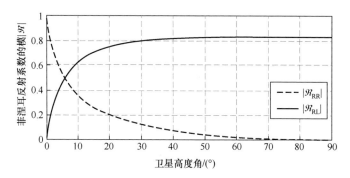

图 4-14　菲涅耳反射系数的模（右旋与左旋圆极化）与卫星高度角的关系曲线

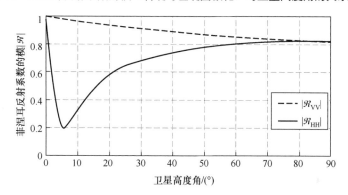

图 4-15　菲涅耳反射系数的模（垂直和水平线极化）与卫星高度角的关系曲线

由图 4-14 和图 4-15 可见，反射信号左旋圆极化分量 $\mathscr{R}_{RL}$ 随卫星高度角的增大而增大，反射信号右旋圆极化分量 $\mathscr{R}_{RR}$ 随卫星高度角的增大而减小；反射信号水平线极化分量 $\mathscr{R}_{HH}$ 随着卫星高度角的增加而减小，垂直线极化分量 $\mathscr{R}_{VV}$ 在卫星高度角大于约 6.8° 之后随之而增大。这说明，入射的右旋圆极化卫星信号经过海面的散射后，其极性会发生转换，右旋圆极化波转换为左旋圆极化波，而且转换的能量比例较大。

4.2.3　反射信号描述

本节以导航卫星在海面上的反射信号为例分析反射信号的模型。海面反射信号是不同海面反射区域共同作用的结果，由于反射区域面积较小，可忽略地球曲率的影响。反射信号关系示意图如图 4-16 所示[9]。

假设反射点 S 的坐标为 (x, y, ζ)，其中 $\zeta = \zeta(x, y)$ 为海面高度随机变量，对应的水平位置矢量为 $\boldsymbol{r} = (x, y)$。$\boldsymbol{m}$、$\boldsymbol{n}$ 分别表示发射机到反射点、反射点到接

收机的单位矢量，则有

$$\boldsymbol{m} = \frac{\boldsymbol{R}_t}{R_t} = \frac{\boldsymbol{S} - \boldsymbol{T}}{|\boldsymbol{S} - \boldsymbol{T}|} \tag{4.30}$$

$$\boldsymbol{n} = \frac{\boldsymbol{R}_r}{R_r} = \frac{\boldsymbol{R} - \boldsymbol{S}}{|\boldsymbol{R} - \boldsymbol{S}|} \tag{4.31}$$

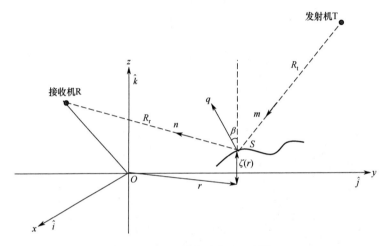

图 4-16　反射信号关系示意图

以上两式中，$R_r = |\boldsymbol{R} - \boldsymbol{S}|$、$R_t = |\boldsymbol{T} - \boldsymbol{S}|$ 分别是接收机、发射机到反射点的距离。$\boldsymbol{q}$ 为反射向量，其定义为

$$\boldsymbol{q} = k(\boldsymbol{n} - \boldsymbol{m}) = (q_x, q_y, q_z) = (\boldsymbol{q}_\perp, q_z) \tag{4.32}$$

其中，q_x、q_y 和 q_z 分别为反射向量在 x、y 和 z 三个方向分量的大小，$\boldsymbol{q}_\perp = (q_x, q_y)$ 表示反射向量的水平分量，β 是反射向量和 z 轴的夹角。在反射点 S 处的入射信号可表示为

$$E(\boldsymbol{S}, t) = A \frac{1}{R_t} a\left(t - \frac{R_t}{c}\right) \exp(ikR_t - 2\pi i f_L t) \tag{4.33}$$

根据基尔霍夫近似模型，在接收机 R 处的反射场可表示为

$$E_s(\boldsymbol{R}, t) = \frac{1}{4\pi} \iint D(\boldsymbol{r}, t) \mathscr{R} \frac{\partial}{\partial N}\left[E(\boldsymbol{S}, t) \frac{\exp(ikR_r)}{R_r}\right] \mathrm{d}^2 r$$

$$= \iint D(\boldsymbol{r}, t)\left[\frac{\partial E(\boldsymbol{S}, t)}{\partial N} + E(\boldsymbol{S}, t)\frac{\partial R_r}{\partial N}\left(ik + \frac{1}{R_r}\right)\right]\frac{\mathscr{R}}{4\pi}\frac{\exp(ikR_r)}{R_r}\mathrm{d}^2 r \tag{4.34}$$

其中，$D(\boldsymbol{r},t)$ 是接收天线方向性图函数，$\mathscr{R}$ 是不同极化的反射系数，$\dfrac{\partial}{\partial N}$ 表示对法向求导。将式（4.33）代入式（4.34）得

$$E(\boldsymbol{R},t) = A\iint D(\boldsymbol{r},t)a\left(t - \frac{R_\mathrm{t}+R_\mathrm{r}}{c}\right)\left[\left(k+\frac{\mathrm{i}}{R_\mathrm{t}}\right)\frac{\partial R_\mathrm{t}}{\partial N}+\left(k+\frac{\mathrm{i}}{R_\mathrm{r}}\right)\frac{\partial R_\mathrm{r}}{\partial N}\right]\times$$
$$\left(-\frac{\mathscr{R}}{4\pi\mathrm{i}}\frac{\exp[\mathrm{i}k(R_\mathrm{r}+R_\mathrm{t})]}{R_\mathrm{r}R_\mathrm{t}}\exp(-2\pi\mathrm{i}f_\mathrm{L}t)\right)\mathrm{d}^2r \tag{4.35}$$

由于

$$\frac{\partial R_\mathrm{t}}{\partial N} = -\nabla R_\mathrm{t}\cdot N = -\frac{\boldsymbol{R}_\mathrm{t}}{R_\mathrm{t}}\cdot N = -\boldsymbol{m}\cdot N \tag{4.36}$$

$$\frac{\partial R_\mathrm{r}}{\partial N} = \nabla R_\mathrm{r}\cdot N = \frac{\boldsymbol{R}_\mathrm{r}}{R_\mathrm{r}}\cdot N = \boldsymbol{n}\cdot N \tag{4.37}$$

其中 N 为法向单位矢量，因此式（4.35）中的[·]部分可表示为

$$\left(k+\frac{\mathrm{i}}{R_\mathrm{t}}\right)(-\boldsymbol{m}\cdot N)+\left(k+\frac{\mathrm{i}}{R_\mathrm{r}}\right)(\boldsymbol{n}\cdot N) \approx \boldsymbol{q}\cdot N \tag{4.38}$$

对于粗糙海面而言，有

$$\boldsymbol{q}\cdot N \approx \frac{q^2}{q_z} \tag{4.39}$$

因而式（4.35）可表示为

$$E(\boldsymbol{R},t) = A\cdot\exp(-2\pi\mathrm{i}f_\mathrm{L}t)\cdot\iint D(\boldsymbol{r},t)a[t-(R_\mathrm{t}+R_\mathrm{r})/c]g(\boldsymbol{r},t)\mathrm{d}^2r \tag{4.40}$$

其中，

$$g(\boldsymbol{r},t) = -\frac{\mathscr{R}}{4\pi\mathrm{i}R_\mathrm{t}R_\mathrm{r}}\exp[\mathrm{i}k(R_\mathrm{t}+R_\mathrm{r})]\frac{q^2}{q_z} \tag{4.41}$$

实际上，接收机、发射机以及海面反射元都在运动，因而 R_t、R_r 都是关于时间的函数。将 $R_\mathrm{t}(t_0+\Delta t)$ 和 $R_\mathrm{r}(t_0+\Delta t)$ 在 t_0 处进行一阶泰勒级数展开，可得

$$R_\mathrm{t}(t_0+\Delta t) \approx R_\mathrm{t}(t_0)+\Delta t[\boldsymbol{v}_\mathrm{s}-\boldsymbol{v}_\mathrm{t}]\cdot\boldsymbol{m} \tag{4.42}$$

$$R_\mathrm{r}(t_0+\Delta t) \approx R_\mathrm{r}(t_0)+\Delta t[\boldsymbol{v}_\mathrm{r}-\boldsymbol{v}_\mathrm{s}]\cdot\boldsymbol{n} \tag{4.43}$$

其中，v_t、v_r、v_s 分别是发射机、接收机和海面反射元的运动速度。将式（4.42）、式（4.43）代入式（4.41），且只考虑指数项的变化，可得

$$g(r,t_0 + \Delta t) = g(r,t_0) \exp\{-2\pi \mathrm{i} f_D(r,t_0)\Delta t\} \qquad (4.44)$$

其中，$f_D(r,t_0)$ 为总的多普勒频移，分别为由发射机和接收机相对运动以及由反射元相对运动引起的多普勒频移，并且有

$$f_D(r,t_0) = f_{D0}(r,t_0) + f_{rD}(r,t_0) \qquad (4.45)$$

$$f_{D0}(r,t_0) = [v_t \cdot m(r,t_0) - v_r \cdot n(r,t_0)] / \lambda \qquad (4.46)$$

$$f_{rD}(r,t_0) = [m(r,t_0) - n(r,t_0)] \cdot v_s / \lambda = -q(r,t_0) \cdot v_s / (2\pi) \qquad (4.47)$$

对海洋表面而言，$q_\perp \ll q_z$，对 f_{rD} 的主要贡献来自海面重力波的垂直速度分量 v_{sz}，即

$$f_{rD} \approx q_z v_{sz} / (2\pi) \qquad (4.48)$$

通常情况下，由于 v_{sz} 很小，因此在多普勒频移中可忽略 f_{rD} 的影响。

4.3　反射信号的相关函数

由第 2 章的内容可知，GNSS 信号（如 GPS、Galileo 和 BDS 信号）是一种直接序列扩频信号，卫星发射的信号分布在一个较宽的频带之内，并且由于卫星发射功率的限制，以及远距离的空间传输所造成的自由空间衰减，使得地面接收到的 GNSS 信号淹没于噪声之中，无法直接进行信号功率测量，只有通过相关处理才能完成捕获和测量。与直射信号相比，反射信号功率更低，同样只有通过相关处理来获得较高的增益后才能进行分析[10]。

在 GNSS 直射信号处理中，任意 t_0 时刻本地伪随机码的复制码 a 与接收天线在 $t_0 + \tau$ 时刻输出信号 u_D 之间的（互）相关函数定义为

$$Y_D(t_0,\tau) = \int_0^{T_i} u_D(t_0 + t' + \tau) a(t_0 + t') \exp[2\pi \mathrm{i}(f_c + \hat{f}_d)(t_0 + t')] \mathrm{d}t' \qquad (4.49)$$

其中，T_i 为积分时间；f_c 为接收信号的中心频率；$\hat{f}_d$ 为本地多普勒频移估计值，用于补偿接收信号的多普勒频移。对直射信号而言，u_D 和 a 的差别只是

它有时间延迟（时延）；通过与不同延迟时刻 τ 的本地码进行相关操作，可在本地码和接收信号码片对齐时获得相关函数的最大值。直射信号的时延信息表达了从发射机到接收机的距离信息，可用来进行导航定位。

反射信号的相关函数定义与直射信号基本类似，同样为接收的反射信号与本地产生的标准信号之间的相关值。但是，由于反射面的粗糙特征，信号特征较为复杂，表现为信号幅度的衰减以及不同时延和不同多普勒频移的叠加，而不同的时延与多普勒频移又与反射面的不同反射单元相对应[11]，如图 4-17 所示。

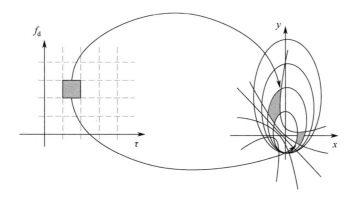

图 4-17 反射面单元与时延–多普勒单元的对应关系

因此，反射信号的相关值需要从时延和多普勒频移两方面考虑。针对反射信号的这个特性，反射信号的相关函数从三个角度进行分析：时延一维相关函数、多普勒一维相关函数和时延–多普勒二维相关函数。

4.3.1 时延一维相关函数

反射信号时延一维相关函数与直射信号的相关函数定义相同，如式（4.50）所示。

$$Y_{R-Delay}(t_0,\tau) = \int_0^{T_i} u_R(t_0+t'+\tau)a(t_0+t')\exp[2\pi i(f_c+\hat{f}_d+f_0)(t_0+t')]dt' \quad (4.50)$$

可以看出，反射信号的时延一维相关函数是指在特定的某个多普勒频移 f_0 下，接收信号与本地伪随机码信号在不同时延下的相关值。它表示反射信号相关值随时延的一维变化趋势，反映了反射面上特定的等多普勒区内不同等延迟区的反射信号分布情况。

　　反射信号时延一维相关函数与反射面特性的关系十分密切。例如，在海面风场的遥感中，时延一维相关函数的能量值与海面的风速和风向等物理参数有着密切的关系。图 4-18 所示为接收机高度为 5 km，卫星高度角为 60°，风向与入射面夹角为 0°的条件下，风速（U_{10}）为 4~10 m/s、间隔为 2 m/s 时反射信号的时延一维相关功率曲线。可以看出，随着风速的增加，反射信号的峰值功率降低，并向更大时延方向偏移，同时反射信号下降斜率减小。这反映了反射信号功率在照射区内的分布情况，随着风速的增大，海面粗糙度增加，在准镜面方向的信号功率减小，反射信号相关功率的拖尾随着时延的增加而扩散、增大；这是因为：随着海面粗糙度的增加，照射区变大，远离镜面点的反射信号以更大的时延到达接收机。另外，在风速较低时，散射信号功率曲线间隔变化明显，而风速较高时变化较小。

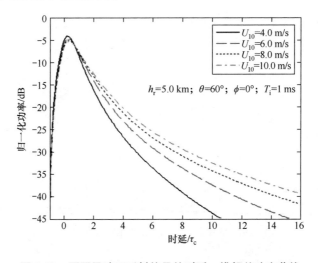

图 4-18　不同风速下反射信号的时延一维相关功率曲线

4.3.2　多普勒一维相关函数

　　多普勒一维相关函数指在特定的某个码延迟 τ_0 下，接收信号与本地载波信号在不同多普勒频移下的相关值，如式（4.51）所示。

$$Y_{\text{R-Doppler}}(t_0,f) = \int_0^{T_i} u_R(t_0+t'+\tau_0)a(t_0+t')\exp[2\pi\text{i}(f_c+\hat{f}_d+f)(t_0+t')]\text{d}t' \quad （4.51）$$

　　可以看出，多普勒一维相关函数表征了反射信号的频域特性，反映了反射面上特定等延迟环内不同等多普勒区的反射信号分布情况。

　　反射信号的多普勒一维相关函数同样与反射面特性的关系十分密切。图 4-19 所示为海面风场遥感应用中不同风向条件下反射信号的多普勒一维相关功率曲线，从中可以看出多普勒一维相关功率对风向的敏感性。

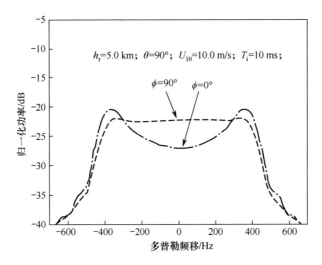

图 4-19　不同风向条件下反射信号的多普勒一维相关功率曲线

4.3.3　时延–多普勒二维相关函数

　　综合时延一维相关函数和多普勒一维相关函数，便可得到反射信号的时延–多普勒二维相关函数，如式（4.52）所示。

$$Y_{\mathrm{R-Delay}}(t_0,\tau,f)=\int_0^{T_\mathrm{i}} u_\mathrm{R}(t_0+t'+\tau)a(t_0+t')\exp[2\pi\mathrm{i}(f_\mathrm{c}+\hat{f}_\mathrm{d}+f)(t_0+t')]\mathrm{d}t' \qquad （4.52）$$

　　式（4.52）反映了反射区内各等延迟线和各等多普勒线交叉区域处反射信号的相关值，是反射信号最为全面的描述方式。图 4-20 所示为海洋遥感中一个典型的时延–多普勒二维相关功率波形图（曲面）。

　　时延–多普勒二维相关值的功率可用来描述反射信号在不同的反射面单元反射信号的强度，其幅度的最大值可用来描述反射介质对 GNSS 反射信号的反射率；二维相关值的时延可用来描述反射信号相对于直射信号的路径延迟关系；二维相关值的相位可用来描述反射信号自身的相干特性。这些物理参量对于利用 GNSS 反射信号进行遥感而言都是至关重要的。因此，如何有效地获得这个二维相关值矩阵是反射信号特征提取的关键问题。

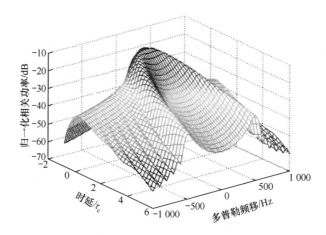

图 4-20　典型的时延-多普勒二维相关功率波形图

4.4　本章小结

相对于直射信号而言，GNSS 反射信号的本质是多径。本章基于第 3 章的信号模型以电磁波的反射特性为出发点，就电磁波的极化及反射系数等内容进行了详细分析；讨论了导航卫星、接收机和反射面的几何关系，给出了反射信号的数学表达式；依托扩频信号的经典处理方法，对反射信号的相关函数从时间维、频率维和时频二维等三个不同角度做了详细阐述，并以海洋遥感应用为例给出了几个反射信号相关功率的曲线或曲面，为后续分析提供基础。

参 考 文 献

[1] ZAVOROTNY V U, VORONOVICH A G. Scattering of GPS signals from the ocean with wind remote sensing application[J]. IEEE Transactions on Geoscience & Remote Sensing, 2000, 38(2): 951-964.

[2] 张益强. 基于 GNSS 反射信号的海洋微波遥感技术[D]. 北京: 北京航空航天大学, 2007.

[3] 路勇. 基于 GNSS 反射信号的海面风场探测技术研究[D]. 北京: 北京航空航天大学, 2009.

[4] SOLAT F. Sea surface remote sensing with GNSS and sunlight relfections[D]. Barcelona: Univèrsitat Politecnica de Catalunya, 2003.

[5] 苏东林, 陈爱新, 谢树果. 电磁场与电磁波[M]. 北京: 高等教育出版社, 2009.

[6]　冯林, 杨显清, 王园. 电磁场与电磁波[M]. 北京: 机械工业出版社, 2004.

[7]　杨健, 殷君君. 极化雷达理论与遥感应用[M]. 北京: 科学出版社, 2020.

[8]　ULABY F T, MOORE R K, FUNG A K. 微波遥感（第一卷）: 微波遥感基础与辐射测量学[M]. 侯世昌, 马锡冠,译. 北京: 科学出版社, 1988.

[9]　SHAH R, GARRISON J L. Application of the ICF coherence time method for ocean remote sensing using digital communication satellite signals[J]. IEEE Journal of Selected Topics in Applied Earth Observations and Remote Sensing, 2014, 7(5).

[10]杨东凯, 张其善. GNSS 反射信号处理基础与实践[M]. 北京: 电子工业出版社, 2012.

[11]HUAI-TZU Y. Stochastic model for ocean surface reflected GPS signals and satellite remote sensing applications[D]. West Lafayette: Purdue University, 2005.

第 5 章　GNSS 反射信号的接收与处理

导航卫星在目标区域反射的信号中包含着丰富的目标物理特征信息，通过对该信息的准确提取和度量来反演目标的物理状态，是用反射信号实现遥感探测的前提条件和理论基础。本章将从反射信号的相关值特性出发，介绍 GNSS 反射信号接收和处理的一般方法。

5.1　反射信号接收机的通用模型和实现方式

5.1.1　通用模型

参考 GNSS 接收机通用结构，图 5-1 给出了 GNSS 反射信号（GNSS-R）接收机的通用结构。

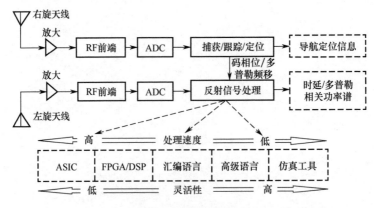

图 5-1　GNSS 反射信号接收机的通用结构

GNSS 反射信号接收机一般包含两副天线，其中指向天顶的右旋圆极化天线（以下简称为右旋天线）接收卫星直射信号，指向反射面的左旋圆极化天线（以下简称为左旋天线）接收反射信号。接收机包含多个并行通道，其中直射通道与右旋天线相连，通过码环和载波环获得伪距和多普勒观测值，并得到定位解；反射通道与左旋天线相连，通过开环方式获得不同时延和多普勒频移的相关功率值。

对 GNSS 反射信号遥感应用而言，直射信号的作用如下：

（1）其跟踪得到的码相位和多普勒频移可作为反射信号处理必要的辅助信息，以实现反射信号的快速处理；

（2）其功率可作为反射信号归一化参考，对 GNSS 卫星因发射功率变化、大气衰减、卫星高度角变化而带来的功率变化进行校正；

（3）其精确定位解和授时信息可提供信号采集时刻以及接收机位置和速度等信息。

5.1.2　实现方式

早期的 GPS 反射信号接收机是在传统导航接收机的基础上改进的，采用单副右旋天线，在观测时将天线指向水平方向，这样既可以接收直射信号，也可以接收低仰角的反射信号[1]。但是，当卫星仰角变大时，信号极化方式将发生变化，无法由普通 GPS 右旋天线接收，因而无法接收全部反射信号。一般情况下采用极化方式不同的两副天线，即一副为普通的 GPS 右旋天线朝天顶接收直射信号，另一副为高增益左旋天线接收来自反射区域的反射信号，这样可有效解决上述问题。有的研究机构采用两台普通商用接收机开展海面风场探测的试验，一台接收机接右旋天线接收并处理直射信号获得定位解，另一台接收机接左旋天线接收海面反射信号，通过第一台接收机的结果辅助完成对反射信号的处理。其优点是实现了反射信号的接收，缺点是直射信号和反射信号的时延信息比较复杂，且反射信号处理过程缺乏实时性。后来，美国 JPL 在常规接收机的基础上开发了 16 通道的反射信号接收机，共包含 4 个射频前端，可以根据需要配置不同的天线方案。最初的反射信号接收机称为时延映射接收机（Delay Mapping Receiver，DMR），其名称的含义是：针对不同的时延，将不同反射区域的反射信号相关数据与之一一映射，作为接收机的输出结果，即输出时延–相关功率的一维数据。现在的反射信号接收机已发展为时延/多普勒映射接收机（Delay/Doppler Mapping Receiver，DDMR），它输出时延–相关功率数据、多普勒–相关功率数据，以及时延–多普勒–相关功率二维数据，是当前 GNSS 反射信号应用的典型接收机[2]。GNSS 反射信号接收机技术发展和分类情况如图5-2所示。

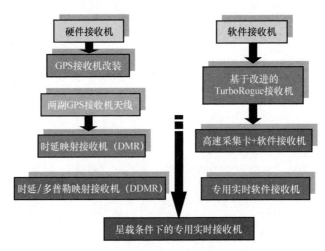

图 5-2　GNSS 反射信号接收机技术发展和分类情况

目前，GNSS 反射信号接收机按照不同的实现方式可以分为两类：软件接收机和硬件接收机。软件接收机的结构主要是射频前端加软件，射频前端将信号下变频到基带，在采样和模数转换之后，将原始数据直接存储起来，信号处理部分由计算机软件完成；硬件接收机的信号处理部分则由相关器芯片完成，直接输出相关运算后的波形。软件接收机的优点是结构简单且具有灵活性，更容易在信号处理阶段改变算法和参数；但其缺点是数据量大且难以实时输出相关运算后的波形，这对于某些应用（如星载条件下的应用）来说是不能接受的，而实时性正是硬件接收机的优点。下面对相关文献中报道的国外单位所研制和使用的 GNSS 反射信号接收机进行总结。

目前已有的软件接收机主要有如下几种：

（1）欧空局（ESA）研制的两套设备。其中，第一套设备的下变频及采样基于 GEC-Plessey 公司的 GPS 开发工具包完成，数据存储由 Vitrek 公司的 Signatec 高速数据采集系统完成，一次只能连续采集 2.56 s 的原始数据，其试验数据分析结果见文献[3]；第二套设备基于改进的 Turbo Rogue GPS 接收机和索尼公司的 SIR-1000 存储器，具有采集 L1、L2 波段 I、Q 双通道信号的能力，但是 ESA 的设备只使用了 L1 波段 I 通道的信号，并完成了相应的试验[4-6]。

（2）NASA 制的设备。该设备与 ESA 研制的第二套设备类似，但是使用 L1、L2 波段 I、Q 两个通道的信号进行了相应试验[7-8]。

（3）约翰·霍普金斯大学应用物理学实验室研制的设备。该设备采用 GEC-Plessey 公司的芯片，采样频率是 5.714 MHz[9]，完成的相关试验见文献[10-11]。

（4）加泰罗尼亚太空研究所研制的设备。该设备与 ESA 研制的第二套设备类似，但是使用了 L1 波段 I、Q 两个通道的信号[12]。

（5）科罗拉多大学研制的设备。文献[13]对其进行了详细的描述。重点介绍了软件设计的优势，以及在嵌入式系统的情况下如何选择软件接收机，使其既适用于当前环境，也符合未来的预期。

（6）西班牙 Starlab 公司研制的设备，可以部署在多个平台上，用于海岸监测业务。文献[14]介绍了该设备的基本组成和处理方式。

（7）萨瑞卫星航天中心（Surrey Satellite Space Center）研制的设备，采用的也是 GEC-Plessey 公司的芯片。目前，该设备工作在 UK-DMC 卫星上进行了测试，可成功从外层空间采集地球表面散射的 GPS 信号[15]。

（8）NAVSYS 公司研制的设备。该设备由数字前端和高速存储系统组成，其最大的优势是可以控制天线的波束，使其具有更大的增益[16]。

目前已有的硬件接收机主要有如下几种：

（1）NASA 研制的设备，采用的是 GEC-Plessey 2021 相关器芯片，接收机首先进行 1 ms 的相干累加，再进行 0.1 s 的非相干累加，输出的相关波形具有 12 个相关函数值，各函数值的时延相差 0.5 μs。文献[17]介绍了其试验情况。

（2）德国地学研究中心研制的设备，基于文献[18]介绍的开源软件，其硬件环境与 NASA 研制的设备类似。文献[19]中的试验就是使用该设备完成的。

（3）加泰罗尼亚太空研究所研制的设备，由 10 组、每组 64 个相关器组成，每组相关器可以使用不同的模板信号，各个相关器的时延相差 50 ns[20]。

硬件接收机可以配置成两种不同的工作模式：串行工作模式和并行工作模式。在串行工作模式下，一路散射信号送入一个相关器，相关器将不同时间采集的信号与不同参数的模板信号进行运算，得到相关波形输出；在并行工作模式下，一路散射信号送入多个相关器，多个相关器将同一时间采集的信号分别与不同参数的模板信号进行运算，得到所需的相关波形。并行工作模式的实时性更好，并且由于相关波形的不同采样点是通过处理同一时间采集的信号得到的，因此包含的信息更准确；并行工作模式的缺点是需要更多的相关器。

5.2 反射信号处理方法

GNSS 直射信号的接收和处理，是通过改变时延和多普勒频移使相关功率最大，相关功率最大的"点"包含精确的伪距信息，因此相关运算主要是针对某个时延-多普勒点进行的。而 GNSS 反射信号的接收和处理，所关心的是最大点附近的时延一维相关值、多普勒一维相关值曲线，或时延-多普勒二维相关值曲面，相关运算由传统的"点"扩展到了"线"和"面"。由于反射信号的时延一维相关值和多普勒一维相关值是时延-多普勒二维相关值的特殊形式，因此本节将主要介绍时延-多普勒二维相关值的计算方法。

5.2.1 反射信号的离散形式

反射信号是由具有不同时延和多普勒频移的分量共同组成的，其特性可以通过反射信号在不同码延迟和多普勒频移下的相关值来描述。在实际的反射信号接收和处理中，信号是以离散的形式给出的。为此，式（5.1）给出了反射信号时延-多普勒二维相关函数的离散形式。

$$\mathrm{DDM}_k(\tau_{N\_\mathrm{delay}}, f_{N\_\mathrm{Doppler}}) =$$

$$\sum_{n=(k-1)T_i f_s}^{kT_i f_s} s_\mathrm{R}(nT_s) \cdot C(nT_s - \tau_\mathrm{D} - \tau_\mathrm{E} - \tau_{N\_\mathrm{delay}}) \cdot \exp[\mathrm{j}2\pi(f_\mathrm{IF} + f_\mathrm{D} + f_\mathrm{E} + f_{N\_\mathrm{Doppler}})nT_s]$$

$$(5.1)$$

其中，$\mathrm{DDM}_k(\cdot)$ 是复数形式的关于时延和多普勒频移的二维相关函数，T_i 是相干累加时间，f_s 是接收信号的采样频率，T_s 是接收信号的采样间隔，$s_\mathrm{R}(nT_s)$ 是反射的数字中频信号，$C(\cdot)$ 是导航卫星的伪随机码（PRN 码），f_IF 为反射数字中频信号的中心频率值，τ_D 是直射信号的时延，τ_E 是反射信号相对于直射信号的时延，f_D 是直射信号的载波多普勒频移，f_E 是反射信号相对于直射信号的平均载波多普勒频移，τ_{N_delay} 是相对于镜面反射点的时延，$f_{N\_Doppler}$ 是相对于反射信号中心频率的多普勒频移。

针对反射信号二维相关函数的离散形式，首先给出如下几个反射信号二维相关值计算的基本定义，用于描述反射信号处理的过程。

- 参考点：以时延为 $\tau_0(\tau_0 = \tau_D + \tau_E)$ 和多普勒频移为 $f_0(f_0 = f_D + f_E)$ 的镜面反射点为时延/多普勒坐标零点（参考点）。
- 时延窗：反射信号采集需要处理的时延范围，用 T_w 表示。
- 时延间隔：反射信号采集时延间隔，用 ΔT_w 表示，其取值受到接收机资源和最大原始信号采样速率的控制。
- 多普勒窗：反射信号采集需要处理的多普勒频移范围，用 F_w 表示。
- 多普勒间隔：反射信号采集的多普勒频移间隔，用 ΔF_w 表示，其取值受到接收机资源的限制。

图 5-3 示出了这些定义之间的关系。基于此，反射信号的二维相关处理过程如下：

（1）对选定的每颗卫星，根据直射通道信息估算镜面反射点的码延迟和多普勒频移，并设置为参考点；

（2）根据信号采集任务要求，设定反射信号采集的时延窗、多普勒窗的范围及时延、多普勒间隔；

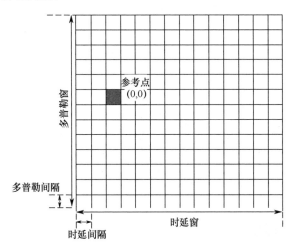

图 5-3　反射信号二维相关值计算的几个定义之间的关系

（3）对反射信号进行相干累加和非相干累加，计算不同时延、多普勒频移时的相关值。

由二维相关处理过程可以看出，为了完成反射信号二维相关值的计算，需要从计算形式、参考点选取、本地信号的产生方法等方面来考虑。此外，由于反射信号的信噪比很低，为了提高反演精度，还需要提高二维相关值的信噪比。

5.2.2 多通道相关处理算法

类似于直射信号的处理方式，相关值的计算均可采用串行和并行两种处理方式，针对时延和多普勒频移的二维相关值计算又可分为时延串行–多普勒串行、时延串行–多普勒并行、时延并行–多普勒串行和时延并行–多普勒并行四种处理方式。

1. 时延串行–多普勒串行

在这种处理方式下，对单颗卫星采用 1 个相关器，对码相位及载波多普勒频移进行串行计算，过程如下：首先根据设定的多普勒窗的范围预置一个载波多普勒频移点，在该多普勒频移点上将本地码相位每次移动一个码相位单元（即时延单元），与输入信号进行相关运算。在完成所有时延单元后，设定本地多普勒频移值到下一个多普勒单元，直至完成所有时延/多普勒单元。

该方式的优点是硬件电路简单，容易实现；但缺点是计算时间长。当多普勒频移影响较小时，可将多普勒频移值设定为单一的固定值，进行时延相关值的计算。理论上，该方式也可对不同多普勒频移下的相关值进行串行计算，但是其效率太低，一般不予采用。

2. 时延串行–多普勒并行

对于单颗卫星，该方式采用单个码发生器，对码进行串行计算；而采用 N_f 个载波相关器，对载波多普勒频移进行并行处理。N_f 个载波相关器分别产生不同频率的载波，载波相关器的个数与多普勒窗的范围有关，N_f 的取值至少是 $F_w / \Delta F_w$。

在 GNSS 反射信号接收机资源有限但需要进行二维计算时，可采用该方式。以 12 通道接收机为例，可按如下方法设置：将 6 个通道用于处理直射卫星信号；6 个通道用于并行处理单颗卫星的反射信号，每个多普勒频移值由 1 个反射通道处理。

3. 时延并行-多普勒串行

该方式采用 N_c 个独立的码相关器，通常情况下码相关器之间的码相位相差 1/2 码片（chip）。N_c 个码相关器共用一个载波数控振荡器（NCO），载波多普勒频移采取串行扫描方式进行计算。

仍以 12 通道接收机为例，仅用 1 个通道来跟踪单颗卫星直射信号的码相位和多普勒频移，剩余的 11 个通道均处理该卫星信号，分别配置不同的时延点，各通道之间时延间隔为 1/2 码片，共可设置 11 个不同的时延点，多普勒频移可进行序列控制或者设置为固定值。对 1 ms 的伪随机码周期而言，每 1 ms 就可以计算一条时延-多普勒曲线。也可在进一步进行非相干累加（如 100 次）后输出。

4. 时延并行-多普勒并行

该方式是反射信号二维相关值计算中最常采用的方式，其典型结构如图 5-4 所示。该方式采用 $N_c \times N_f$ 个独立的相关器，并行产生 C/A 码序列和载波序列，可以在一个积分周期内同时获取单颗卫星的多个时延-多普勒二维相关值。

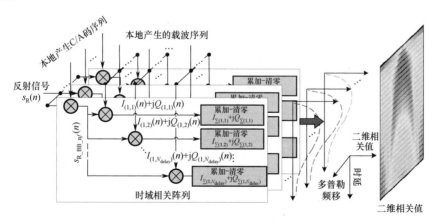

图 5-4　时延并行-多普勒并行二维相关值计算的典型结构

为了获取有效的反射信号二维相关值，需要正确选取二维相关值的时延-多普勒参考点，在反射信号的应用中一般采用镜面反射点处的时延值和多普勒频移值作为参考点坐标。

1）镜面反射点处时延值的计算

反射信号相对于导航卫星发射点的路径延迟表示为

$$\rho_R = c \cdot \tau_R - \rho_D + \Delta\rho_E \qquad (5.2)$$

其中，τ_R 为反射信号相对于发射点的时延，c 为光速，ρ_D 是直射信号相对于发射点的路径延迟，$\Delta\rho_E$ 是反射信号相对于直射信号的路径延迟。由于直射信号相对于发射点的路径延迟可以通过对直射信号处理直接获得，所以只需计算反射信号相对于直射信号的路径延迟便可得到反射信号二维相关值的时延参考点。

接收机首先由接收到的直射信号确定导航卫星以及自身的位置，进而得到接收机平台相对于基准水平面的高度 h_R 和可见导航卫星的仰角 θ。利用反射事件的几何关系可以获取直射反射信号的时延粗估计值为[21]

$$\Delta\rho_E^{\text{Coarse}} = 2h_R \sin\theta \qquad (5.3)$$

2）镜面反射点处多普勒频移值的计算

反射信号的载波多普勒频移表示为

$$f_R = f_D + f_E \qquad (5.4)$$

其中，f_D 为直射信号的多普勒频移，f_R 为反射信号的多普勒频移，f_E 为反射信号相对于直射信号的多普勒频移。

直射信号多普勒频移可以通过直射信号的捕获和载波跟踪过程获得，f_E 可以通过下式进行估计：

$$f_E = [\boldsymbol{v}_t \cdot \boldsymbol{u}_i - \boldsymbol{v}_r \cdot \boldsymbol{u}_r - (\boldsymbol{v}_t - \boldsymbol{v}_r)\boldsymbol{u}_{rt}]/\lambda \qquad (5.5)$$

其中，$\boldsymbol{v}_t$ 和 $\boldsymbol{v}_r$ 分别为导航卫星和接收平台的运行速度，$\boldsymbol{u}_i$ 和 $\boldsymbol{u}_r$ 分别为入射（直射）和反射信号路径的单位方向矢量，$\boldsymbol{u}_{rt}$ 为导航卫星和接收平台之间的单位方向矢量，均由导航定位结果的处理过程获取。

5.2.3　镜面反射点的计算

由卫星垂线与接收天线构成的平面截地球表面而形成一条曲线，则反射点位于该曲线上，且根据反射原理，入射角应等于反射角。假设接收天线不动，则随着卫星的运动，反射点 S 也成为运动点。同时，不同的卫星将产生不同的反射点。镜面反射点位置采取两步法进行计算，先假定参考面为椭球面，按照迭代方法进行计算，然后进行校正[22]。

在 WGS84 坐标系下，设球心为 O，发射机所在点 T、接收机所在点 R、镜面反射点 S 的坐标矢量分别为 $\boldsymbol{T}$、$\boldsymbol{R}$、$\boldsymbol{S}$，已知 T、R 分别相对于椭球的高度 H_T 和 H_R，因而可以计算出 $\gamma_t + \gamma_r$。

如图 5-5 所示，R' 为 R 关于直线 OM 的镜像点，C 为 M 关于直线 RR' 的镜像点。由几何关系可知 $RS = R'S$，$RM = CR'$，从而可以得出如下结论：

$$
\begin{aligned}
RM \,/\, MT &= CR' \,/\, MT = SR' \,/\, ST = SR \,/\, ST = H_R \,/\, H_T \\
&\Rightarrow RM \,/\, RT = H_R \,/\, (H_R + H_T) \\
&\Rightarrow RM = [H_R \,/\, (H_R + H_T)]RT \\
&\Rightarrow \boldsymbol{M} = \boldsymbol{R} + H_R \,/\, [(H_R + H_T)](\boldsymbol{T} - \boldsymbol{R})
\end{aligned}
\tag{5.6}
$$

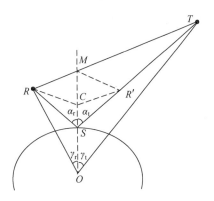

图 5-5　镜面反射点计算几何关系示意图

由此可计算出矢量 $\boldsymbol{M}$ 的位置以及 γ_t、γ_r，从而可根据 $\triangle OST$ 和 $\triangle OSR$ 三角关系分别计算得到 α_t 和 α_r；但通常情况下，α_t 和 α_r 经上述计算是不相等的，可以按照如下公式进行加权来重新估计 α_t 和 α_r：

$$
\alpha_r' = \alpha_t' = (H_T \alpha_t + H_R \alpha_r) \,/\, (H_T + H_R)
\tag{5.7}
$$

根据式（5.7）及 $\triangle OSR$ 和 $\triangle OST$ 三角关系重新计算 γ_t、γ_r，分别记为 γ_t'、γ_r'，γ_t 的平均值按照 $(\gamma_t + \gamma_r + \gamma_t' - \gamma_r') / 2$ 计算，依新的 γ_t 值求解 $\boldsymbol{M}$ 后，再计算 α_t 和 α_r。上述过程迭代至 $\alpha_t = \alpha_r$。实际模拟运算表明，经过 10 次迭代后 α_t 和 α_r 之差可小于 $10^{-5}\mathrm{rad}$。

　　上述计算中，假定镜面反射点法向矢量和地球径向方向一致；若地球径向和镜面反射点法向矢量之间存在偏差，则可用于校正反射点位置。实际上，地球表面和 WGS-84 椭球有一定的差别，需要在求解结果的基础上进一步校正。

　　对地球表面的近似可选择旋转椭球面或者大地水准面，其关系示意图如图 5-6 所示[23]。参考椭球面与瞬时海平面的差距为几十米的量级，如果采用大地水准面模型，该差距最大为几米。若采用全球范围 1996 地球重力场模型（Earth Gravitational Model 1996，EGM96）大地水准面，在海面部分精度可达分米量级；若采用更为精确的局部大地水准面模型，精度可达厘米量级。

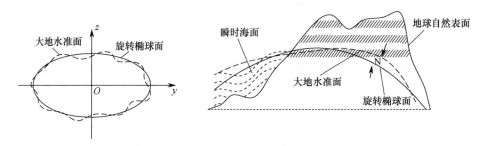

图 5-6　旋转椭球面和大地水准面关系示意图

　　镜面反射点位置校正量可分解为两部分，即入射面内校正分量和垂直于入射面的校正分量，分别如图 5-7（a）（b）所示。

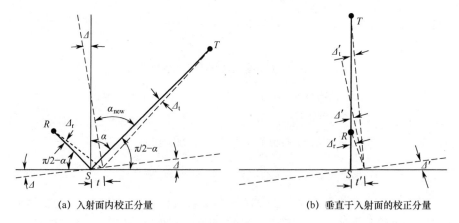

（a）入射面内校正分量　　　　　　　　（b）垂直于入射面的校正分量

图 5-7　镜面反射点位置校正

　　在图 5-7（a）中，由入射角和反射角相等的几何关系以及三角形内、外角的关系可知：

$$\pi/2 - \alpha_{\text{new}} = \pi/2 - \alpha + \Delta - \Delta_{\text{r}} = \pi/2 - \alpha - \Delta + \Delta_{\text{t}}$$
$$\Rightarrow \Delta_{\text{r}} + \Delta_{\text{t}} = 2\Delta \tag{5.8}$$
$$\Rightarrow \Delta_{\text{r}} = 2\Delta - \Delta_{\text{t}}$$

另外，由于两个直角三角形的公共边长相等，有

$$t\sin(\pi/2 - \alpha_{\text{new}}) = TS\sin\Delta_{\text{t}} \Rightarrow t = TS\sin\Delta_{\text{t}} / \sin(\pi/2 - \alpha_{\text{new}}) \tag{5.9a}$$

$$t\sin(\pi/2 - \alpha_{\text{new}}) = RS\sin\Delta_{\text{r}} \Rightarrow t = RS\sin\Delta_{\text{r}} / \sin(\pi/2 - \alpha_{\text{new}}) \tag{5.9b}$$

从而有

$$RS\sin\Delta_{\text{r}} = TS\sin\Delta_{\text{t}} \tag{5.10}$$

将 $\Delta_{\text{r}} = 2\Delta - \Delta_{\text{t}}$ 代入式（5.10），且 Δ_{t} 很小（$\cos\Delta_{\text{t}} \approx 1$），于是

$$\sin\Delta_{\text{t}} = RS\sin(2\Delta)/[TS + RS\cos(2\Delta)] \tag{5.11}$$

则校正量为

$$t = TS\sin\Delta_{\text{t}} / \sin(\pi/2 - \alpha_{\text{new}}) = TS\sin\Delta_{\text{t}} / \cos(\alpha + \Delta - \Delta_{\text{t}}) \tag{5.12}$$

同理，根据图 5-7（b）中的几何关系可得

$$\Delta_{\text{r}}' - \Delta' = \Delta' - \Delta_{\text{t}}' \Rightarrow \Delta_{\text{r}}' + \Delta_{\text{t}}' = 2\Delta' \Rightarrow \Delta_{\text{r}}' = 2\Delta' - \Delta_{\text{t}}' \tag{5.13}$$

$$t' = RS\cos\alpha\sin\Delta_{\text{r}}' / \cos(\Delta_{\text{r}}' - \Delta') = TS\cos\alpha\sin\Delta_{\text{t}}' / \cos(\Delta' - \Delta_{\text{t}}')$$
$$\Rightarrow RS\sin\Delta_{\text{r}}' = TS\sin\Delta_{\text{t}}' \tag{5.14}$$

令 $\cos\Delta_{\text{t}}' \approx 1$，有

$$\sin\Delta_{\text{t}}' = RS\sin(2\Delta')/[TS + RS\cos(2\Delta')] \tag{5.15}$$

$$t' = TS\cos\alpha\sin\Delta_{\text{t}}' / \cos(\Delta' - \Delta_{\text{t}}') \tag{5.16}$$

由校正量 t' 和 t 重新求解 Δ 和 Δ' 并进行迭代，直至 t' 和 t 小于某特定门限值时结束运算，即获得精确的镜面反射点位置。

5.2.4 提高信噪比的方法

GNSS 反射信号比直射信号的传播路径更长，其衰减更大，在求解反射信号二维相关值时常用相干累加和非相干累加组合的方法来提高信噪比。

图 5-8 所示为相干累加和非相干累加的组合处理过程示意图。相关器每 1 ms 输出一个 I 值和一个 Q 值（注：1 ms 为伪随机码周期），对 n ms 的数据进行相干累加，再进行 m 次的非相干累加。

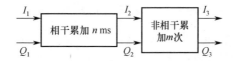

图 5-8　相干累加和非相干累加组合处理过程示意图

图 5.8 中各项的关系可表示如下：

$$(I_2)_j = \sum_{i=1}^{n}(I_1)_i, \quad (Q_2)_j = \sum_{i=1}^{n}(Q_1)_i, \quad j=1,2,3,\cdots \tag{5.17}$$

$$I_3 = \sqrt{\sum_{j=1}^{m}(I_2)_j^2}, \quad Q_3 = \sqrt{\sum_{j=1}^{m}(Q_2)_j^2} \tag{5.18}$$

也就是说，相干累加是对 I 路和 Q 路积分器的输出直接累加，而非相干累加是对其输出值的平方进行累加。

1. 相干累加

以伪随机码周期 1 ms 相干累加作为基准点，增加相干累加时间，这等效于噪声带宽变窄。相干累加后信噪比的提升量就是处理增益，又称为相干增益，记为 G_c，有

$$G_c = 10\lg n \tag{5.19}$$

尽管相干累加可以提高信噪比，但在累加时间范围内要求信号具有相干性，相位要确保连续。对于 50 bps 传输率的导航电文来说，数据位长度为 20 ms，通常情况下相干累加时间不长于 20 ms。反射信号的相干性主要取决于接收机的运动状态，相干时间在镜面反射点处的值可由式（5.20）界定[24–25]。

$$\tau_{\mathrm{coh}} = \left(\frac{\lambda}{2v_r}\right)\sqrt{\frac{h_r}{2c\tau_c \sin\theta}} \tag{5.20}$$

其中，λ 为 GNSS 信号载波波长，h_r 为接收机高度，$c\tau_c$ 为 1 码片的长度，v_r 为接收机速度。可见，接收机速度越高，相干时间越短；在相同速度下，接收机高度越高，相干时间越长。表 5-1 列出了几种典型情况下的相干时间。

表 5-1 几种典型情况下的相干时间

平台高度/km	高 度 角	速度/（km/s）	相干时间/ ms
1	90°	0.1	1.3
10	90°	0.1	4.0
500	90°	7.0	0.4

与直射信号相比，反射信号的相干时间较短，且不同延迟时刻的反射信号相干时间也有所不同。在工程应用中，累加时间一般选择比相干时间稍大一些。

2. 非相干累加

在相干累加之后，通过对相干累加的结果进行非相干累加，可进一步提高处理增益。相对于相干累加而言，非相干累加不再保持载波相位连续性。当 T_i 等于 1 ms 时，不同非相干累加次数（m）的处理效果如图 5-9 所示。

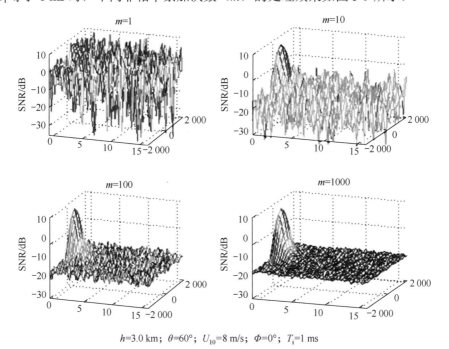

h=3.0 km；θ=60°；U_{10}=8 m/s；Φ=0°；T_i=1 ms

图 5-9 不同非相干累加次数的处理效果

图 5-9 中的 SNR 为考虑相干增益后的信噪比。m 次非相干累加带来的信噪比提升称为非相干累加增益，记为 G_{nc}，有

$$G_{nc} = 10\lg m \tag{5.21}$$

一般而言，非相干累加时间的最大值要维持在发射机-接收机几何关系变化不大的范围内。非相干累加是对 I、Q 相干积分的复数结果求模得到的，此时噪声的均值不再为零，取模过程中也伴随着新的随机变量产生。因此，除了带来一定程度的信噪比增益外，非相干累加也会带来信噪比的损失，称之为平方损失，记为 $L(m)$。对平方损失的分析较为复杂，读者可参阅文献[26-28]。总的来说，平方损失和相干积分信噪比关系密切。值得注意的是，若信号强度足够大，非相干累加中的平方损失还会"增强"（而不是"降低"）非相干累加增益。

3. 总增益

使用相干累加和非相干累加组合的方法后，信号处理增益可表示为

$$G = 10\lg n + 10\lg m - L(m) \tag{5.22}$$

4. 数据位跳变影响的消除

导航卫星信号中包含导航电文数据位，数据位的跳变将使信号极性发生反转，影响信号相干累加的结果。例如，调制在 L1 载波上的导航电文速率为 50 bps，数据位长度为 20 ms，相邻数据若不相同，则在 20 ms 间隔处会有相位变化，相干累加时间的长短应考虑此影响。针对此问题，可采用直射与反射信号的协同处理方式：先对直射信号的载波相位进行跟踪；实现载波相位同步后，利用直射信号相关通道输出的同相分量 I_D 的符号对反射信号二维相关值矩阵进行补偿，以消除数据位跳变的影响。图 5-10 所示为其补偿算法的实现原理示意图。

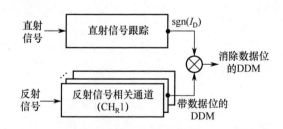

图 5-10 直射信号数据位补偿算法的实现原理示意图

5.3 硬件接收机

5.3.1 总体架构

实现图 5-1 所示 GNSS 反射信号接收机的硬件系统总体架构示意图如图 5-11 所示，其中包括右旋天线、左旋天线、双射频前端、高速 A/D 转换器、现场可编程门阵列（FPGA）专用相关器、数字信号处理器（DSP）、高速数据传输接口（根据需要可配置多个）和数据存储设备等[29–30]。

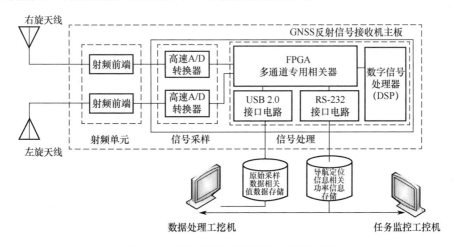

图 5-11 接收机硬件系统总体架构示意图

右旋天线可选择通用的 GNSS 天线，用于接收 GNSS 卫星的直射信号；左旋天线采用多阵元阵列式天线或者普通微带天线，取决于所应用领域对增益和波瓣宽度的要求，用于接收 GNSS 卫星经过不同反射面的反射信号；任务监控和数据处理等的存储设备通常配备串口和 USB 接口，以便上传接收机所处理的数据。

GNSS 反射信号接收机的具体处理流程如图 5-12 所示。

直射信号和反射信号分别通过右旋天线和左旋天线接收后，经过双射频前端分别进行滤波和下变频，变换为中频模拟信号；由双通道高速 A/D 转换器（ADC）采样后分别输入到 FPGA 中的数字量化模块进行 2 bit 量化编码；对于原始中频数据采样，将双通道量化后的信息合并成帧处理后进行先入先出

（First Input First Output，FIFO）缓存，通过 USB 接口上传至上位机进行存储[31-32]。

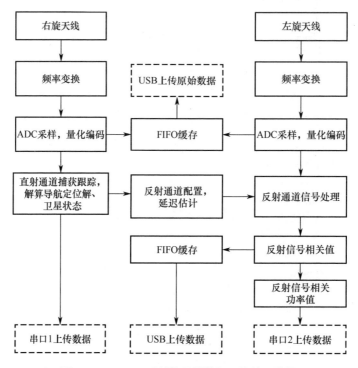

图 5-12　GNSS 反射信号接收机具体处理流程

对于实时数据处理，将直射和反射两路量化后的信息分别送至 FPGA 中的直射通道和反射通道处理。在直射通道中配合 DSP 进行卫星信号捕获、跟踪以及导航定位解和卫星状态解算，并用解算出的信息配置反射通道，实现对时延的控制，进而得到不同时延下卫星反射信号的相关值和（或）相关功率值。直射通道的导航定位解和卫星状态等信息通过串口 1（图 5-11 中为 RS-232 接口）上传，反射信号的相关值由图 5-11 中的 USB 接口（USB 2.0）上传，而通过非相干累加的相关功率值则通过图 5-11 中的另一个 RS-232 接口——串口 2上传。所获得的数据均存储在数据处理工控机中。

5.3.2　主要部件

图 5-13 所示为 GNSS 反射信号接收机硬件系统主要部件实物图，包括左旋天线、右旋天线、双射频前端，以及由采样单元和信号处理单元组成的基带

处理电路主板。

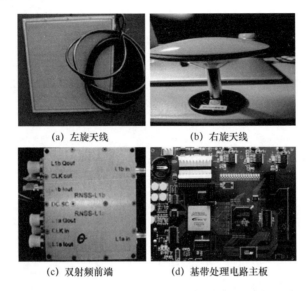

(a) 左旋天线　　　　　　　(b) 右旋天线

(c) 双射频前端　　　　　(d) 基带处理电路主板

图 5-13　GNSS 反射信号接收机硬件系统主要部件实物图

1. 信号接收天线

1）左旋天线

图 5-13（a）中接收反射信号的左旋天线为四阵列高增益天线，可满足反射信号接收要求。其设计指标是：中心频率为 1 575.42 MHz，增益为 12 dB，波束角为 30°。该天线可用于接收 GPS L1、北斗 B1、Galileo E1 信号，它具有如下特点：

- 利用单馈点结构，实现天线阵列单元的组阵；
- 利用旋转馈电结构，降低各天线单元之间的互耦系数；
- 采用串行馈电技术增加天线阻抗和带宽，降低 E 面和 H 面的旁瓣，利用其寄生辐射提高天线的圆极化特性。

左旋天线的结构和顶视图如图 5-14 所示。上层为 4 个天线阵元；中层为金属底板；下层为天线合成网络，设有信号输出螺纹连接器（TNC）标准接口。

该天线的电压驻波比（VSWR）和方向图如图 5-15 所示。可以看出，天线增益最大值约为 13 dB，波束宽度约为 38°（3 dB），满足机载条件下的飞行试验要求。

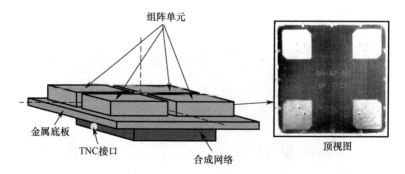

图 5-14 左旋天线的结构和顶视图

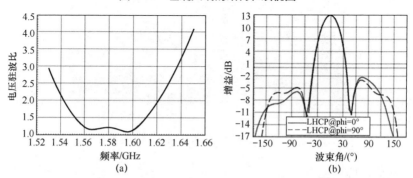

图 5-15 左旋天线的电压驻波比（a）及方向图（b）

左旋天线的技术指标如表 5-2 所示。

表 5-2 左旋天线技术指标

指 标 名 称	指 标
工作频率	1 575.42 MHz
天线形式	四阵列
天线增益	12 dB
极化特性	左旋圆极化（LHCP）
电压驻波比	≤1.8∶1
电源电压	3～5 V
供电电流	22 mA
输出阻抗	50 Ω
工作温度	−40～+80 ℃
输出接口	TNC
尺寸	200 mm × 200 mm × 40 mm
质量	≈1.2 kg
适用高度	<15 km

2）右旋天线

右旋天线根据导航卫星系统工作频点和带宽要求进行选型，为满足机载飞行条件下的信号接收，可选用型号为 S67-1575-39 的航空型 GNSS 天线，其技术指标如表 5-3 所示。

表 5-3　右旋天线技术指标

指 标 名 称	指　标
工作频率	1 575.42 MHz
天线形式	微带
天线增益	3 dB
极化特性	右旋圆极化（RHCP）
电压驻波比	2∶1
电源电压	+4～+24 V
供电电流	25 mA
输出阻抗	50 Ω
工作温度	−55～+85 ℃
输出接口	TNC
尺寸	90 mm × 90 mm × 30 mm
质量	≈102 g
适用高度	≤20 km

2．双射频前端

导航卫星信号"深埋"于热噪声电平之下，要求接收机前端有精密的变频、放大、滤波和增益控制电路。射频前端电路结构如图 5-16 所示。片内锁相环（PLL）产生 2 456 MHz 的本振信号，与接收到的 1 575.42 MHz 信号混频后产生 880.58 MHz 的信号；该信号与 927 MHz 的本振信号混频，产生 46.42 MHz 的模拟中频（IF）信号。输出电平均满足（0 dBm±1 dB）/50 Ω 的要求。

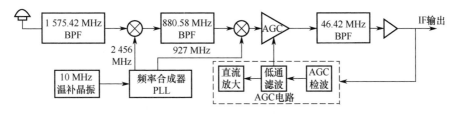

图 5-16　射频前端电路结构

同时，射频模块（射频单元）还集成了 10 MHz 的温补晶振，为后端数字电路提供基准时钟，其参考频率稳定度为 ±5×10⁻⁷。此模块与信号处理后端采用 SMA 形式的接口连接，并实现物理屏蔽和隔离，有效地降低高频模拟电路与数字电路之间的干扰和噪声，使信号质量得到进一步优化。自动增益控制（Automatic Gain Control，AGC）电路也是射频单元重要的组成部分，其作用是当输入信号电压在一定范围内变化时，将射频单元输出电压维持在一个固定的水平上；作为一种反馈控制环路，AGC 电路包括 AGC 检波、低通滤波和直流放大三部分。

射频前端的主要技术参数包括输入频率、输入电平、输出频率、噪声系数、输出不平衡度以及 3 dB 带宽等，如表 5-4 所示。

表 5-4　射频前端主要技术参数

参 数 名 称	技 术 指 标	参 数 名 称	技 术 指 标
输入频率	(1 575.42±2)MHz	输入电平	−65～−115 dBm
输出频率	46.42 MHz	输出电平	1.5 dBm
本振相噪	−65 dBc@1 kHz	本振相噪	−75 dBc@10 kHz
带外抑制	64 dB@30 MHz	带外抑制	63 dB@62 MHz
输出不平衡度	0.5 dB	相位误差	1.1°
自动增益控制范围	≥55 dB	噪声系数	≤10 dB
3 dB 带宽	5.6 MHz	时钟幅度	1.5 V
工作电压	5 V±1 V	整机功耗	1 W
温度范围	−20～+70 ℃	控制口定义	异步/LVTTL*

注：*LVTTL——低压晶体管–晶体管逻辑（Low Voltage Transistor-Transistor Logic）。

3. 基带处理电路主板

反射信号接收机基带处理的电路设计随着新器件和新技术的出现处于不断更新换代之中，不同的研究机构具有不同的设计风格，但其基本原理是一致的。下面重点介绍著者研究小组所开发的两类典型基带处理电路。

1）基于专用芯片 GP2010/GP2021 的信号处理电路

在该电路中，双射频前端采用两片 GP2010 构成，完成射频信号的处理；相关器则由芯片 GP2021 构成。图 5-17 所示为其电路主板的印制电路板（Printed-Circuit Board，PCB）图[22]。

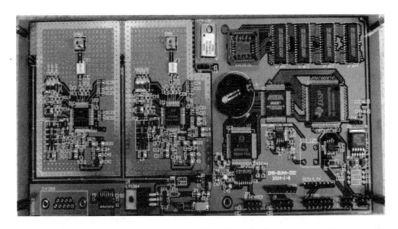

图 5-17　基于 GP2021 的信号处理电路主板 PCB 图

GP2010 是一个完整的射频前端下变频转换器，芯片内集成了锁相环频率合成器、低噪放大器（LNA）、混频器和 A/D 转换器。GP2010 将接收到的 1 575.42 MHz 的 L1 载波信号通过 3 级下变频转换为 4.309 MHz 模拟中频信号。该芯片产生 5.714 MHz 的采样时钟，经第 4 级变换将中频信号转换为 1.405 MHz 的 2 bit 数字信号，由 GP2021 相关器完成相关运算。

GP2021 具有 12 个独立通道，在此接收机中，每个通道均可选择输入为直射信号或反射信号，经载波解调后的数字信号和本地的随机码进行相关运算。本地随机码的码长 1 023 bit，可控制其产生速率和相位，不同的码相位对应不同的延迟。GP2021 中所采用的相干累加时间为 1 ms。

2）基于 FPGA 芯片的信号处理电路

由于 GP2021 对相干累加时间设置为固定值 1 ms，在图 5-17 的电路中通过并行使用两片 GP2021 获得 24 个相关处理通道，采集信号延迟单元固定为 0.5 码片。为了满足不同场合的应用，提高数字中频信号的输出速率，在第二版的设计中采用双射频前端取代专用射频芯片 GP2010；在相关器结构中，可得到更为精细的信号采样，以及更多的相关器资源[33-34]，其 PCB 实物照片如图 5-18 所示。

基于 FPGA 的基带处理电路主要选用 FPGA 芯片实现多通道专用相关器，完成接收信号与本地信号的相关运算，直射信号原始观测量的获得，以及接口传输等工作。

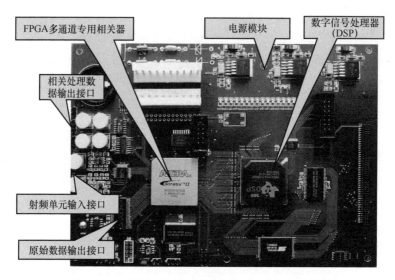

图 5-18　基于 FPGA 的基带处理电路 PCB 实物照片

FPGA 芯片选用 Altera 公司的 EP2S60F672C5，在 Quartus II 软件环境下采用 Verilog 硬件描述语言设计开发。DSP 芯片选用德州仪器（TI）公司的 TMSC320C6713，实现对 FPGA 多通道专用相关器的参数配置、I/Q 累加数据读取，同时完成直射信号的捕获、跟踪、定位解算和反射信号的延迟控制计算等工作。

5.3.3　多通道相关单元

左旋天线接收到的导航卫星反射信号通过下变频，经 A/D 转换和量化编码后进入接收机的反射信号处理通道，经载波剥离后与相应的延迟 C/A 码进行相关运算，并执行相干累加和非相干累加操作，得到复数相关值和二维相关功率值的输出[35]。

反射信号处理通道主要由载波产生模块、延迟 C/A 码产生模块及相关值计算模块组成。反射信号处理通道结构如图 5-19 所示。在多普勒频移控制字和载波控制字共同作用下，反射信号载波产生模块 1，2，…，N 产生具有不同多普勒频移的本地载波，与数字中频反射信号相乘，以实现载波剥离。利用多个不同的码延迟估计后，对所产生的本地反射信号 C/A 码进行相关运算，从而生成复数相关值和二维相关功率值，并通过相干累加和非相干累加后由相应的接口上传至上位机。

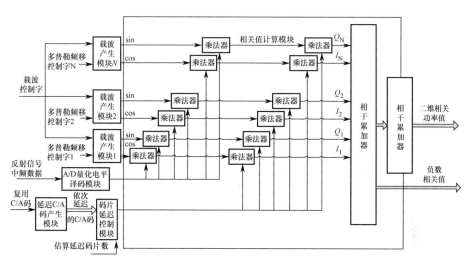

图 5-19　反射信号处理通道结构

1. 载波产生模块

反射信号处理通道的载波产生模块与直射通道的处理过程有所不同，主要体现在动态输出的载波控制字需要加（或减）指定间隔的多普勒频移控制字，共同输入到累加器中，以实现跟踪的卫星载波频率附加上所指定分辨率的多普勒频移。具体实现方式如图 5-20 所示。

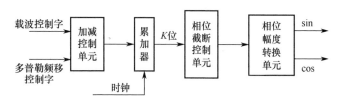

图 5-20　反射信号载波产生模块

载波产生模块由直接数字式频率合成器（Direct Digital Synthesizer，DDS）产生，具体描述如下：理想的正弦波信号 $S(t)$ 可以表示成

$$S(t) = A\cos(2\pi f t + \phi) \tag{5.23}$$

在振幅 A 和初相 ϕ 确定之后，频率可以由相位偏移来唯一确定。记 $\theta(t) = 2\pi f t$，对两端微分后有 $\dfrac{\mathrm{d}\theta}{\mathrm{d}t} = 2\pi f$，即

$$f = \frac{\omega}{2\pi} = \frac{\Delta\theta}{2\pi\Delta t} \tag{5.24}$$

— 137 —

其中，$\Delta\theta$ 为一个采样间隔 Δt 内的相位增量。由于采样间隔 $\Delta t = \dfrac{1}{F_{\text{CLK}}}$，$F_{\text{CLK}}$ 为

输入的采样时钟频率，故式（5.24）可以改写为

$$f = \frac{\Delta\theta F_{\text{CLK}}}{2\pi} \tag{5.25}$$

由此可以看出，通过控制 $\Delta\theta$ 即可实现不同的频率输出。假定 $\Delta\theta = \dfrac{F_{\text{CW}} 2\pi}{2^L}$

由长度为 L 的载波控制字控制，则改变 F_{CW} 就可以得到不同的频率输出 f。也

就是说，DDS 的原理方程可描述为

$$f = f_{\text{R}} \cdot F_{\text{CW}} \tag{5.26}$$

其中，f_{R} 为 DDS 的频率分辨率，定义为控制字 $F_{\text{CW}} = 1$ 时的输出频率。

$$f_{\text{R}} = \frac{F_{\text{CLK}}}{2^L} \tag{5.27}$$

$$f_0 = \frac{(F_{\text{CW}} \pm F_{\text{dp}})}{2^L} F_{\text{CLK}} \tag{5.28}$$

其中，f_0 为需要得到的频率，F_{dp} 为划分好的多普勒频移控制字。

例如，载波 NCO 采用 27 位字长，输入采样时钟频率为 $f_{\text{CLK}} = 20.456\,\text{MHz}$，

则频率分辨率为 $f_{\text{R}} = \dfrac{F_{\text{CLK}}}{2^L} = \dfrac{20.456 \times 10^6\,\text{Hz}}{2^{27}} = 0.152\,409\,08\,\text{Hz}$。

经过反射信号载波产生模块，能够产生附加多普勒频移的两路正交载波，

即相位差为 $\dfrac{\pi}{2}$ 的正弦波和余弦波。

2. 延迟 C/A 码产生模块

延迟 C/A 码在反射通道中可用两种不同的方法产生：一种方法是直接复用相应直射通道产生的 C/A 码，通过移位寄存器来实现反射通道 C/A 码的延迟；另一种方法是通过在反射通道中设计延迟 C/A 码发生器，在 DSP 的控制下产生反射通道所需的延迟 C/A 码。两种方法各有利弊，可根据应用场合的不同选择使用。

1）移位寄存器移位产生延迟 C/A 码

根据一定的反射信号判决条件，选择反射通道所对应的直射通道，对直射

通道生成的 C/A 码进行复用并输入到反射通道中，通过移位寄存器产生不同延迟的 C/A 码。

反射信号相对于直射信号的延迟距离，其粗略计算公式如式（5.29）所示。

$$\rho_{\mathrm{r-d}} = (2h + h_0) \cdot \sin\theta = N\tau \qquad (5.29)$$

其中，$\rho_{\mathrm{r-d}}$ 是延迟距离；h 是接收机相对于反射面的高度；h_0 是左旋天线与右旋天线之间的垂直距离；θ 是卫星高度角；τ 是 1 码片的延迟相对应的距离，码片长度 1μs 对应 300 m；N 是反射信号相对于直射信号的延迟码片数。

移位寄存器的个数取决于延迟码片数 N 以及码片间隔 Δ，其值由接收机所处的最大高度决定。例如，卫星仰角为 80°，接收机高度为 6 000 m，移位时钟为 2 倍的 C/A 码速率（此处为 1.023 MHz×2），则反射信号相对于直射信号的延迟距离 $\rho_{\mathrm{r-d}}$ 约为 11 818 m，延迟码片数 N 约为 40。如果码片间隔为 0.5 码片，则需要 80 个移位寄存器才能覆盖接收平台的使用高度。

在 DSP 中计算出接收机距估算的镜面反射点反射信号的延迟码片数 N，从而在移位寄存器组中选择第 N 个延迟码片产生反射通道所需的第一路延迟 C/A 码。反射通道中延迟 C/A 码的产生通过移位寄存器的延迟操作，在延迟 C/A 码时钟驱动下产生一组依次向后延迟 Δ 的 C/A 码，如图 5-21 所示。

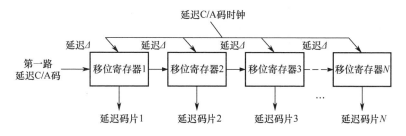

图 5-21　反射通道延迟 C/A 码产生原理图

2）延迟 C/A 码发生器

延迟 C/A 码发生器的设计，不需复用直射通道中的 C/A 码，而是在反射通道中 DSP 的控制下直接产生延迟 C/A 码，其框图如图 5-22 所示[35]。

在反射信号接收机获得的导航定位解中，包含接收机的高度信息、直射通道所跟踪卫星的仰角、C/A 码的码相位 SV_{phase} 以及卫星号，据此可以解算出该卫星的反射信号相对于直射信号的延迟距离，从而得到延迟时间。DSP 的处理结果通过接口传递给延迟 C/A 码发生器（即图 5-22 中的 FPGA 部分），其相位译码器将 τ_{C/A_delay} 译为码片延迟的相位数 Num_{phase}，即

$$M = SV_{phase} - Num_{phase} \tag{5.30}$$

$$P = \begin{cases} M, & M \geqslant 0 \\ Z-(-M-1), & M<0 \end{cases} \tag{5.31}$$

其中，P 为反射信号 C/A 码的码相位，Z 为 C/A 码最大相位值（起始相位值从 0 开始，对码长为 1 023 bit 而言 Z=1 022）。

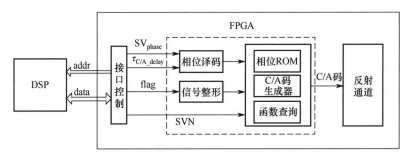

图 5-22　延迟 C/A 码发生器框图

延迟 C/A 码发生器包含两个 10 位的移位寄存器 G1 和 G2，均可以产生长度为 1 023 的序列，G1 与 G2 均有 1 023 个状态，利用宽度为 20 bit、深度为 1 023 的只读存储器（ROM）表按照其地址进行存储。根据 DSP 传递的相位地址值，在 ROM 表中读出相应的 reg1 和 reg2 值并赋给移位寄存器 G1 和 G2，以产生延迟 C/A 码。

当产生 C/A 码的标志位（如设为 flag）置为高电平时，G1 和 G2 寄存器组被赋予新读取的 reg1 和 reg2 值，延迟 C/A 码发生器立即停止当前的码产生操作，并根据新设定的 G1 和 G2 的值重新产生新的 C/A 码。在第 1023 个周期且 flag 值为 0 时，G1 和 G2 的值全部置 1，重新产生 C/A 码。产生延迟 C/A 码的原理图如图 5-23 所示。

3）两种设计方法的比较

由移位寄存器的延迟操作实现延迟 C/A 码的产生，编程简单，易于实现；但是由于接收机在设计高度变化后，寄存器的个数要做相应调整，使用不灵活。在设计高度过大时，要使用大量的移位寄存器，甚至在后期 FPGA 综合布线时无法实现。因此，该方法适用于接收机高度变化不大的岸基反射信号

接收处理场景。

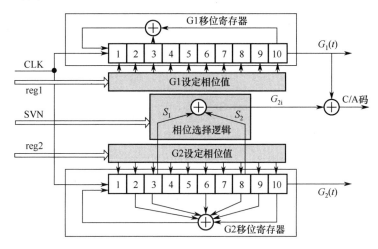

图 5-23　产生延迟 C/A 码的原理图

延迟 C/A 码发生器在设计时无须考虑接收机的应用高度，只需 DSP 处理器计算出 C/A 码的延迟路径后赋予延迟 C/A 码发生器，随后产生反射通道所需要的延迟 C/A 码。该方法适用于接收机高度变化大的机载及星载应用场合，可减少硬件逻辑资源的占用。

3．复数相关值输出模块

GNSS 反射信号经过反射通道载波解调、延迟 C/A 码相关运算后，进行 1ms 的相干累加得到 $N×M$ 路二维复数相关值（其中 N 为多普勒延迟的单元数，M 为码延迟的单元数），在控制信号的作用下由并串变换模块存储在相应的 RAM（随机存储器）中，通过快速时钟将存储的数据在下一毫秒相关值到来时以每帧 8 位宽的形式写入 FIFO 中进行缓存，同时由 USB 接口将数据上传到上位机。

4．相关功率计算模块

反射通道相关功率计算模块的实现框图如图 5-24 所示。每路相关通道输出的 1 ms I 和 Q 复数相关值经过平方、求和运算后（I^2+Q^2）再进行累加，在积分清零信号（如 1 s 周期）的控制下，得到反射信号二维相关功率值，并通过 UART 控制接口上传到上位机。

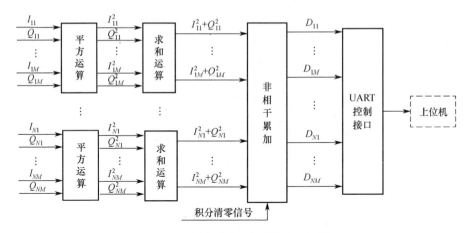

图 5-24　相关功率计算模块实现框图

5.3.4　多通道控制单元

DSP 与 FPGA 的数据交互通过外部存储器接口（External Memory Interface，EMIF）来实现，具有寻址空间大、异步时序配置方便的优点，主要完成两个芯片之间的数据交换与指令通信。EMIF 还提供时序，以便进行状态机的编写，从而完成不同读写时序控制信号下 DSP 对 FPGA 的读写操作。其中，读操作是读取 FPGA 相关器中 12 个直射通道的载波环和码环的观测量（如载波相位和码相位等），超前、即时和滞后支路的 I、Q 值，以及载波环路和码环路状态；写操作有三种，即直射通道写操作、反射通道写操作以及串口的写操作。对于直射通道来说，鉴相后的结果通过载波控制字和码控制字的方式由接口对通道的载波 NCO 和码 NCO 进行动态配置。在定位之后，按照一定的选星原则（如最高仰角判据等）将某颗跟踪卫星的直射通道号赋给通道复用模块进行对应，并将估算的延迟距离转化成延迟码片数传递给反射通道进行码延迟选择。串口的写操作是将直射通道输出的导航定位信息（如经度、纬度和高度等）、通道信息（卫星号、高度角和方位角等）和状态信息（搜索、捕获和跟踪等）传输给串口进行上传、显示和存储。

构成 DSP 读写操作的状态机共有 7 个状态，具体的状态转移图如图 5-25所示。写操作在 WRITE_strobe 中完成，读操作在 READ_strobe 中完成。具体读和写的内容需要一组地址译码器进行编址，且 DSP 中的地址与 FPGA 中相应的地址一致。WRITE_hold 和 READ_hold 是为了满足写后读和读后写的操作在一定的读写控制信号下转到写等待和读等待的状态。另外，由于写延迟的存在，写操作是一次性写入的，而读取过程可以反复进行。

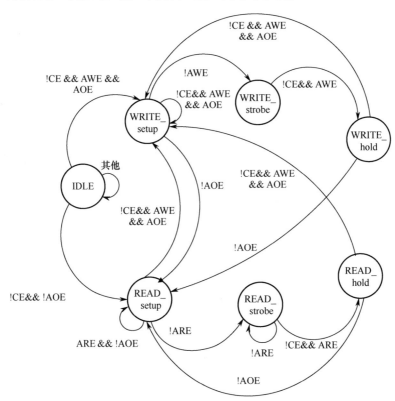

图 5-25 DSP 数据读写操作的状态转移图

图 5-25 中的 CE 为片选信号，AOE 为输出使能信号，AWE 为写选通信号，ARE 为读选通信号，均为低电平有效；"&&"表示信号的与操作，"!"表示信号的取反操作。

USB 接口用于实现直射信号与反射信号的数字中频数据采集与存储（由FPGA 芯片与 USB 接口芯片共同完成），其主要功能包括 A/D 量化数据的译码、打包、数据缓冲和时序控制等。A/D 量化数据为直射、反射各两路，每路 2 bit，组合成一个字节写入 FIFO 缓存中。为防止 USB 接口芯片在忙时丢失数据，可在 FPGA 中扩展大容量的 FIFO 存储器，用于对数据在写入 USB 芯片之前进行缓存。

例如，采集的直射信号为 $A_2'A_1'A_2A_1 = 1011$，反射信号为 $B_2'B_1'B_2B_1 = 0100$，打包后的数据为 $B_2'B_1'A_2'A_1'B_2B_1A_2A_1 = 01100011$。

时序控制模块用来控制数据从 FIFO 中读出并写入 USB 芯片，通过检测 USB 芯片的状态以及 FPGA 内部 FIFO 的状态，并依照 FIFO 接口的读写时序写入 USB FIFO，从而实现 USB 上行数据的传输。USB 接口状态转移图如图 5-26 所示。

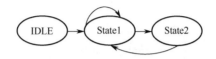

图 5-26　USB 接口状态转移图

图 5-26 中各状态说明如下：

- IDLE：接收机启动，状态机转到 State1。
- State1：当 USB FIFO 未满且 FPGA 片内 FIFO 有数据未被读取时，状态转向 State2，否则停留在 State1。
- State2：驱动总线，向 USB FIFO 写数据，数据写完之后转向 State1。

直射通道导航定位解、通道状态和卫星状态等信息，与反射通道处理所得到的相关功率值的输出在时间上的相关性很小，因此采用独立的两个串口（即串口 1 和串口 2）分别上传数据。数据以 1 s 为周期上传、存储，以方便事后回放和分析。直射通道和反射通道处理方式不同，所以串口输出的数据结构也有所不同。

直射通道主要进行卫星直射信号的捕获和跟踪操作，将观测结果传输给 DSP 进行环路控制、定位结果的计算以及卫星状态的提取等操作。串口 1 主要用于将 DSP 的处理结果和直射通道的处理状态以适当的数据结构进行上传。具体处理过程如下：卫星跟踪后能够在通道状态上显示出卫星的仰角、方位角和多普勒频移等信息；在获得定位解之后，DSP 将定位信息、12 个通道的处理状态及卫星的状态等信息写入寄存器；当数据写入完毕后，发送标志位将数据并行地输入缓存模块实现并串变换，将 32 位数据变换为串行的 8 位数据传输到串行发送模块中；数据传输完毕后，串行发送模块发送一个清除标志位，清除 DSP 之前发送的标志位，并等待 DSP 下次标志位的到来。串口 1 的波特率设置为 115 200 bps，可满足数据传输速率的要求。传输的数据格式如图 5-27 所示。

反射通道的处理结果即相关功率值由串口 2 上传。具体处理过程如下：数据的发送标志位为最后延迟的相关功率值的清零信号，此时 1 s 内的所有反射信号相关值的处理完成,可以进行数据缓存,发送标志位上升沿有效。当上升沿到来时,发送模块开始传输缓存的数据直至发送完毕。数据格式中除了包含反射信号的相关功率值外,还包括直射通道处理得出的相关值,以便进行能量的比较。串口 2 的数据格式如图 5-28 所示。

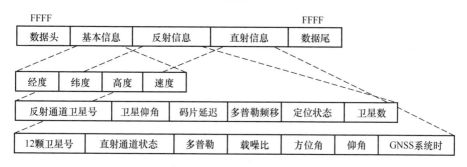

图 5-27 传输的数据格式

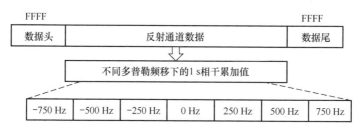

图 5-28 串口 2 的数据格式

5.4 软件接收机

5.4.1 基本结构

随着集成电路技术的发展及计算机中处理器的更新换代,目前严格意义上的软件接收机,是通过 RF 前端所获得的中频数据,由软件来实现信号的捕获、跟踪和导航解算等功能的,其架构(对直射信号)如图 5-29 所示。其中的下变频器也可以省略,而直接对射频(RF)信号进行采样。软件实现不仅具有成本上的优势,在开发过程中也具有极强的灵活性,在算法功能性能测试、系统不同配置的实现以及新信号处理算法的研究方面都体现出不可替代的优越性。

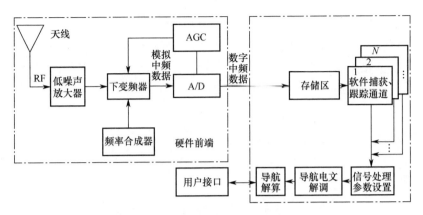

图 5-29　软件接收机架构（对直射信号）

与图 5-29 相对应，反射信号软件接收机架构如图 5-30 所示[36]，其中的硬件前端（左侧点画线框内部分）也可用数字中频信号模拟器代替。反射信号软件接收机相比于直射信号软件接收机而言，表现出以下两个不同点：

（1）对于跟踪到的卫星，需要为其相应的反射信号分配不同的通道，反射通道的处理需要结合对应的直射通道进行协同处理。

（2）反射信号的处理也是一个相关过程，因此在信号处理过程中增加反射信号的相关支路。

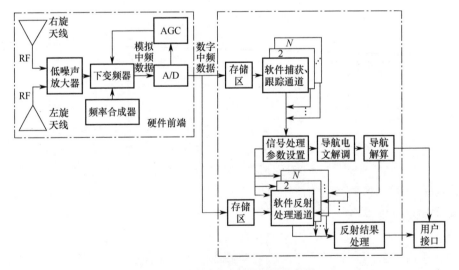

图 5-30　反射信号软件接收机架构

5.4.2 处理流程

直射信号处理包括信号捕获、跟踪、定位解算等基本模块，算法较为丰富和成熟，感兴趣的读者可参考文献[37]或文献[38]第 5 章的内容。反射信号的处理（算法）与硬件实现方式类似，其流程如图 5-31 所示。

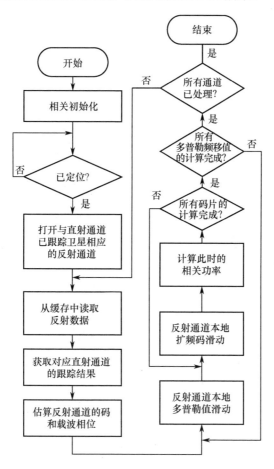

图 5-31　反射信号处理流程

初始化包括反射通道初始化、反射相关器初始化和相关数据表的初始化等。在直射信号已实现定位的基础上，读取已跟踪直射通道的跟踪结果，包括卫星号、码相位和载波多普勒频移等信息，打开已跟踪到卫星相应的反射通道，并读取反射数据，估算反射通道的本地码和本地载波相位，通过滑动本地多普勒频移和本地扩频码，计算相应多普勒频移和码相位下的反射信号相关功率。

根据反射信号应用的要求，也可直接输出反射信号的 I、Q 支路相关值（或复数相关值）。

5.4.3 软件功能

图 5-32 所示为 12 通道反射信号软件接收机主界面，通过设置不同的参数可处理 GPS L1/BD B1 采集的数据。其软件运行环境为：Intel Pentium 双核处理器，1.6 GHz 主频，2 GB 内存，Windows XP 操作系统。

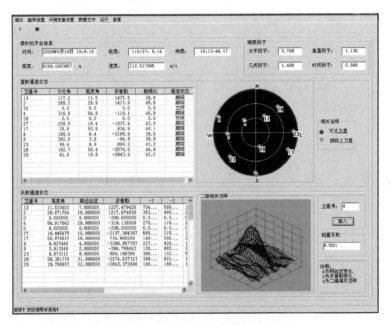

图 5-32 反射信号软件接收机主界面

主界面按功能不同，分为如下 6 个区域：

（1）接收机平台信息：左上部分，显示接收机平台的位置信息（经度、纬度和高度）和速度信息；

（2）精度因子信息：右上部分，显示卫星分布的精度因子，包括水平因子、垂直因子、几何因子和时间因子；

（3）直射通道信息：左中部分，以列表形式显示 12 个直射通道中的卫星号、方位角、高度角、多普勒（频移）、载噪比和通道状态；

（4）天空视图：右中部分，以视图形式显示跟踪到的卫星在天空的分布情况；

（5）反射通道信息：左下部分，以列表形式显示 12 个反射通道中的卫星号、高度角、路径延迟、多普勒（频移）和一定码延迟处对应的相关功率值；

（6）相关功率图形信息：右下部分，给出所选反射卫星的码延迟、多普勒（频移）和二维相关功率三者的图形化关系，图形随计算结果动态变化。

在菜单栏中，"基带设置"用于设定采样率、数字中频频率、量化比特数和通道数等信息，使软件接收机能适用于不同的硬件前端类型；"环境变量设置"主要用于设定反射面的高度（以便求解反射信号与直射信号的路程差），反射信号处理所需的码相位（或码延迟）分辨率、多普勒分辨率；"数据文件"用于读取存储的原始数据，并进行后处理，以求解不同参数条件下的反射信号相关功率输出，便于适应不同应用领域（如测海面高、测海面风和土壤湿度等）的反演要求。

5.4.4 实现效率分析

在 GNSS 接收机的信号处理各功能模块中，所需的时间和空间资源均不相同，这一点在硬件实现和软件实现的接收机中类似。对于利用个人计算机实现的软件接收机，处理时间是影响实时性能最重要的因素；对于时延-多普勒映射接收机更是如此，其中既要捕获、跟踪直射信号，也要求解反射信号相关功率。对于直射信号的处理，软件运算和存储均集中在捕获和相关器模块中，表 5-5 示出了其主要功能模块的软件效率分析。可以看出，与相关器相关的运算过程（correlatorProcess.cpp）占用了大部分的处理时间，是制约整个接收机实时性的主要因素；捕获（acqCA.cpp）、快速傅里叶变换计算（fft.cpp）和内存共享（share_mem.cpp）分别占用的时间为 10.6%、8.3% 和 0.1%。

表 5-5　直射信号处理主要功能模块的软件效率分析

编　　号	功 能 模 块	调用的方法/个	所用时间/%
1	correlatorProcess.cpp	5	77.4
2	acqCA.cpp	2	10.6
3	fft.cpp	3	8.3
4	share_mem.cpp	2	0.1

反射信号的处理主要是在码片滑动和多普勒（频移）滑动下做相关运算。当多普勒滑动分辨率为 100 Hz，多普勒窗为−1～+1 kHz 时，多普勒滑动次数为 21 次。若取码片滑动分辨率为 1/16，滑动次数为 10 次，则二维滑动的总次数为 210 次，那么每个采样点总共需要进行 210 次查表和 420 次累加。对于软件接收机中的相关器，以 2 ms 数据为一个运算单位，共有约 32 735 个采样点，则每次相关运算要进行 6 874 350 次查表和 13 748 700 次累加运算，其运算量非常庞大。这是在反射信号软件接收机中需要重点考虑的因素。

在存储方面，通过复用处理直射信号的查找表，只需为 420 个相关值以及必要的中间变量分配空间即可，使存储量较小。

5.4.5　实时性方案研究

软件接收机因具有灵活性而受到了越来越多的关注，但存在实时性差的问题。针对此问题，研究人员提出了很多有效的方法，本节简单介绍其中 3 个方面，供读者参考。

1. 降低采样率

在每个累加循环中，仅能对一个采样点进行运算，因此采样频率越高，计算量就越大，查表和累加语句耗用的时间也就越多。根据带通信号采样定理[39]，有

$$f_s = \frac{4f_0}{2n+1} \tag{5.32}$$

其中，$f_0 = (f_H + f_L)/2$，n 取满足 $f_s \geqslant 2B$ 的最大整数（$B = f_H - f_L$）。采样率最低可以降低到两倍带宽，相应的运算量也可以减少为原来的一半。

2. 优化算法

B. M. Ledvina 在 12 通道实时 GPS L1 软件接收机中采用了一种逐位并行算法[40]，将多个采样点分符号位和幅值位存储在 32 位字中。例如，对于 2 bit 量化的信号，32 个采样点由 2 个 32 位字来存储，一个用于存储 32 个符号位，一个用于存储 32 个幅值位，相应的本地载波信号和扩频码用相同的存储方式，然后在所存储的 32 位字之间进行二进制异或运算，以得到最终的各支路 I、Q 值。对于 GPS L1 信号，一般的算法对 2 个采样点的计算需要 6 次乘法和 4 次加法，而该算法对 32 个采样点的计算共需要 6 次异或和 52 次逻辑加法运算，

并在 32 位字内进行累加运算。其计算速度可以提高近 4 倍[41]。

3. 优化程序

与硬件实现相比，软件很难用并行处理方式实现其功能，这是软件相关器效率较低的一个重要原因。在直射信号处理方面，由于每颗卫星信号的多普勒频移和码偏移值不同，必须为每个通道配置相应的相关器，每个通道的相关器均包含多个相关支路；在反射信号处理方面，不同码片和多普勒频移的二维滑动都只能采用串行方式实现，总的耗费时间将很长。另一个限制软件相关器运行速度的重要原因是使用高级语言编程，难以直接调用与硬件资源相关的存储器和输入/输出口，运行效率在一定程度上受制于编译系统。

MMX 公司推出的单指令多数据流（Single Instruction Multiple Data stream，SIMD）操作，能将 8 个 8 位、4 个 16 位或 2 个 32 位整数打包存入一个 MMX 寄存器，然后以寄存器中的所有数据为操作对象并行操作。SIMD 指令非常适合并行处理，在相关运算中，它可以同时执行多个支路的载波剥离、码剥离和累加运算，执行速度得以大幅提高[42]。前面提及的逐位并行算法就可以利用 SIMD 操作来实现。

除了采用 SIMD 操作实现在空间上的并行运算外，多核处理器的发展也为时间上的并行运算提供了条件。对于软件相关运算，多核多线程编程也将是提高速度的一个有效途径。

5.5　本章小结

本章从反射信号接收机通用模型出发，首先详细介绍了反射信号处理方法，包括多通道相关处理算法、镜面反射点计算以及提高信噪比的方法；其次基于上述方法介绍了处理反射信号的两种常用手段——硬件接收机与软件接收机，分别从其结构与实现方法的角度做出了详细阐述。

参 考 文 献

[1] TREUHAFT R N, LOWE S T, ZUFFADA C, et al. 2-cm GPS altimetry over Crater Lake[J]. Geophysical Research Letters, 2001, 28(23): 4343-4346.

[2] ZUFFADA C, FUNG A, OKOLICANYI M, et al. The collection of GPS signal scattered off a wind-driven ocean with a down-looking GPS receiver: polarization properties versus wind speed and direction[C]//IGARSS 2001. Scanning the Present and Resolving the Future. Proceedings. IEEE 2001 International Geoscience and Remote Sensing Symposium (Cat. No. 01CH37217). IEEE, 2001, 7: 3335-3337.

[3] MARTÍN-NEIRA M, CAPARRINI M, FONT-ROSSELLO J, et al. The PARIS concept: an experimental demonstration of sea surface altimetry using GPS reflected signals[J]. IEEE Transactions on Geoscience and Remote Sensing, 2001, 39(1): 142-150.

[4] RIUS A, APARICIO J M, CARDELLACH E, et al. Sea surface state measured using GPS reflected signals[J]. Geophysical Research Letters, 2002, 29(23): (37-1)-(37-4).

[5] RUFFINI G, SOULAT F, CAPARRINI M, et al. The eddy experiment: accurate GNSS-R ocean altimetry from low altitude aircraft[J]. Geophysical Research Letters, 2004, 31(12).

[6] RIVAS M B, MARTIN-NEIRA M. GNSS reflections: first altimetry products from bridge-2 field campaign[C]//Proceedings of NAVITEC, 1st ESA Workshop on Satellite Navigation User Equipment Technology, 2007: 465-479.

[7] LOWE S T, KROGER P, FRANKLIN G, et al. A delay/doppler-mapping receiver system for GPS-reflection remote sensing[J]. IEEE Transactions on Geoscience and Remote Sensing, 2002, 40(5): 1150-1163.

[8] LOWE S T, ZUFFADA C, CHAO Y, et al. Five-cm-precision aircraft ocean altimetry using GPS reflections[J]. Geophysical Research Letters, 2002, 29(10): 13-1-13-4.

[9] HECKLER G W, GARRISON J L. Architecture of a reconfigurable software receiver[C] // Proceedings of the 17th International Technical Meeting of the Satellite Division of The Institute of Navigation (ION GNSS 2004), 2004: 947-955.

[10] ELFOUHAILY T S, THOMPSON D R, LINSTROM L. Delay-doppler analysis of bistatically reflected signals from the ocean surface: theory and application[J]. IEEE Transactions on Geoscience and Remote Sensing, 2002, 40(3): 560-573.

[11] YOU H, GARRISON J L, Heckler G, et al. The autocorrelation of waveforms generated from ocean-scattered GPS signals[J]. IEEE Geoscience and Remote Sensing Letters, 2006, 3(1): 78-82.

[12] NOGUÉS O, SUMPSI A, CAMPS A, et al. A 3 GPS-channels Doppler-delay receiver for remote sensing applications[C]//IGARSS 2003. 2003 IEEE International Geoscience and Remote Sensing Symposium. Proceedings (IEEE Cat. No. 03CH37477). IEEE, 2003, 7: 4483-4485.

[13] AKOS D. Software radio architectures for GNSS[C]//Proc. 2nd ESA Workshop Satellite

Navigation User Equipment Technologies (NAVITEC). 2004: 8-10.

[14] DUNNE S, SOULAT F. A GNSS-R coastal instrument to monitor tide and sea state[C]//GNSS Reflection Workshop. University of Surrey, 2005: 9-10.

[15] GLEASON S, HODGART S, SUN Y, et al. Detection and processing of bistatically reflected GPS signals from low earth orbit for the purpose of ocean remote sensing[J]. IEEE Transactions on Geoscience and Remote Sensing, 2005, 43(6): 1229-1241.

[16] BROWN A K. Remote sensing using bistatic GPS and a digital beam-steering receiver[C]//Proceedings. 2005 IEEE International Geoscience and Remote Sensing Symposium, 2005. IGARSS'05. IEEE, 2005, 1: 4.

[17] CARDELLACH E, RUFFINI G, PINO D, et al. Mediterranean balloon experiment: ocean wind speed sensing from the stratosphere, using GPS reflections[J]. Remote Sensing of Environment, 2003, 88(3): 351-362.

[18] KELLEY C. OpenSource GPS open source software for learning about GPS[C]//Proceedings of the 18th International Technical Meeting of the Satellite Division of the Institute of Navigation (ION GNSS 2005). 2005: 2800-2810.

[19] HELM A, BEYERLE G, REIGBER C, et al. The OpenGPS receiver: remote monitoring of ocean heights by ground-based observations of reflected GPS signals[C]//GNSS Reflection Workshop. University of Surrey, 2005: 9-10.

[20] NOGUÉS-CORREIG O, GALÍ E C, CAMPDERRÓS J S, et al. A GPS-reflections receiver that computes Doppler/delay maps in real time[J]. IEEE Transactions on Geoscience and Remote sensing, 2006, 45(1): 156-174.

[21] LIU W, BECKHEINRICH J, SEMMLING M, et al. Coastal sea-level measurements based on GNSS-R phase altimetry: a case study at the Onsala Space Observatory, Sweden[J]. IEEE Transactions on Geoscience and Remote Sensing, 2017, 55(10): 5625-5636.

[22] 张益强. 基于 GNSS 反射信号的海洋微波遥感技术[D]. 北京: 北京航空航天大学, 2008.

[23] 党亚民, 成英燕, 薛树强. 大地坐标系统及其应用[M]. 北京: 测绘出版社, 2010.

[24] ZUFFADA C, ZAVOROTNY V. Coherence time and statistical properties of the GPS signal scattered off the ocean surface and their impact on the accuracy of remote sensing of sea surface topography and winds[C]//IGARSS 2001. Scanning the Present and Resolving the Future. Proceedings. IEEE 2001 International Geoscience and Remote Sensing Symposium (Cat. No. 01CH37217). IEEE, 2001, 7: 3332-3334.

[25] YOU H, GARRISON J L, HECKLER G, et al. Correlation time analysis of delay-Doppler waveforms generated from ocean-scattered GPS signals[C]//IGARSS 2004. 2004 IEEE International Geoscience and Remote Sensing Symposium. IEEE, 2004, 1: 428-431.

[26] STRASSLE C, MEGNET D, MATHIS H, et al. The squaring-loss paradox[C]//Proceedings of the 20th International Technical Meeting of the Satellite Division of The Institute of Navigation (ION GNSS 2007), 2007: 2715-2722.

[27] TSUI J B Y. Fundamentals of global positioning system receivers: a software approach[M]. John Wiley & Sons, 2005.

[28] VAN DIGGELEN F S T. A-GPS: assisted GPS, GNSS, and SBAS[M]. Artech House, 2009.

[29] 胡荣磊, 张其善, 张益强. 双射频前端 GPS 遥感延迟映射接收机设计[J]. 测控技术, 2006, 25 (5): 46-50.

[30] 杨东凯, 刘宪阳, 李伟强. GNSS-R 延迟映射接收机相关器设计[J]. 遥控遥测, 2008, 29(6): 17-21.

[31] 杨东凯, 王炎, 李伟强, 等. GPS-R 数据采集试验与处理分析[J]. Proceedings of CPGPS 2009, 2009, 08: 188-191.

[32] 路勇, 熊华钢, 杨东凯. GNSS-R 海洋遥感原始数据采集系统研究与实现[J]. 哈尔滨工程大学学报, 2009, 30(6): 644-648.

[33] 刘宪阳. GNSS 反射信号硬件相关器的研究与实现[D]. 北京: 北京航空航天大学, 2009.

[34] 王炎. 高分辨率 GNSS-R 信号相关器的设计与实现[D]. 北京: 北京航空航天大学, 2010.

[35] 吴红甲, 张凤元, 杨东凯, 等. 基于 GNSS 反射信号处理装置的延迟 CA 码发生器设计[J]. 全球定位系统, 2010, 35(4): 6-9.

[36] 杨东凯, 丁文锐, 张其善. 软件定义的 GNSS 反射信号软件接收机[J]. 北京航空航天大学学报, 2009, 35(9): 1048-1051.

[37] BORRE K, AKOS D M, BERTELSEN N, et al. 软件定义的 GPS 和伽利略接收机[M]. 杨东凯, 张飞舟, 张波, 译. 北京: 国防工业出版社, 2009.

[38] GLEASON S, GEBRE-EGZIABHER D. GNSS applications and methods[M]. Boston: Artech House, 2009.

[39] 宋祖顺, 宋晓勤, 宋平, 等. 现代通信原理[M]. 3 版. 北京: 电子工业出版社, 2010.

[40] LEDVINA B M, POWELL S P, KINTNER P M, et al. A 12-channel real-time GPS L1 software receiver1[C]//Proceedings of the 2003 National Technical Meeting of the Institute of Navigation, 2003: 767-782.

[41] TIAN J, HONGLEI Q, JUNJIE Z, et al. Real-time GPS software receiver correlator design[C]//2007 Second International Conference on Communications and Networking in China, IEEE, 2007: 549-553.

[42] BARACCHI-FREI M, WAELCHLI G, BOTTERON C, et al. Real-time GNSS software receiver: challenges, status, and perspectives[J]. GPS World, 2009, 20(ARTICLE): 40-47.

第 6 章　海洋遥感应用

海洋面积大约占地球表面的 70%，海面风场、海面平均高度、海浪高度、海水盐度等海洋物理参数对人类的生产、生活有着极大的影响。传统意义上，海洋物理参数主要来源于浮标、船舶及海面零星的探空，其探测结果数据量小，空间和时间分辨率有限，系统性和完整性有待改善[1]。随着微波遥感技术的发展，特别是卫星遥感技术的迅速发展，获取海洋物理参数的手段变得更为丰富。微波散射计、微波辐射计、雷达高度计和合成孔径雷达等，都是目前通常采用的卫星海洋遥感设备。

从 20 世纪 70 年代中期开始，美国等国家先后发射了一系列海洋卫星（如 Seasat、Topex 和 Jason 等），利用星载雷达高度计连续向地球发射雷达脉冲并接收海面回波，以提取海洋物理参数信息。但星载雷达高度计只在垂直于地球表面的方向探测，接收到的是展宽后的脉冲信号，只能反演得到风速而无法得到风向，其风速测量范围为 2～15 m/s。利用星载雷达高度计只能得到星下点的高度，不能同时得到目标范围内的其他高度信息，其空间覆盖率低，重复周期也较长，且由于发射和接收设备都在同一颗星上，因此单颗卫星的成本高。微波辐射计可测风速范围为 4～50 m/s，但其空间分辨率低，只适于大、中尺度的海面风场探测，并且对定标精度和极化的测量要求非常高。微波散射计是目前较成熟的能同时给出风速和风向的遥感设备，但反演风向时存在多解模糊问题；尽管它在天线和极化方式方面不断做出改进，目前仍难以从根本上解决这个问题。合成孔径雷达（SAR）能获得高空间分辨率（一般为 12.5～40 m）的海面风场信息；但其成本通常较高，数据刈幅较窄，实践中通常很少用于获取高分辨率的海面风场。

基于 GNSS-R 的海洋遥感是 GNSS-R 遥感技术领域的一个分支。1993 年，

Martin-Neira 首次指出利用 GPS 反射信号进行测高的可行性[2]，并申请了技术专利[3]，其 PARIS（无源反射和干涉测量系统）首次试验结果于 2001 年公布[4]。1994 年，J. C. Auber 等首次报告了在 1991 年 7 月一次飞行测试中偶然发现 GNSS-R 可以被常规的导航定位接收机检测到[5]。2000 年，V. U. Zavorotny 等对利用 GPS 反射信号进行海面风场探测进行了较为系统的分析，给出了海面反射信号理论模型（Z-V 模型）[6]，并指出利用时延/多普勒模式提高采样空间分辨率对海面成像以提高风场反演精度的可能性[7]。2002 年，J. L. Garrison 等描述了时延映射接收机（DMR）结构并给出了风速反演的方法[8]。2003 年，Hajj 等对利用 GPS 反射信号进行高程测量给出了较为系统的分析[9]。西班牙的 Starlab 进行了称为 Eddy 的系列试验[10-13]，进行海面粗糙度和高程测量。星载观测 GNSS-R 的试验主要有：一是由美国科罗拉多大学等四所高校、NASA 和 NOAA 等多家单位联合制定的 SuRGE 卫星观测试验计划[14]；二是英国于 2003 年 9 月发射的 UK-DMC 灾害监测卫星上载有萨里卫星技术公司提供的 GPS 反射信号接收设备，目的是研究利用星载 GNSS-R 设备遥感海态参数、冰雪和陆地的可行性[15]。到目前为止，国际上在 GNSS-R 信号海洋遥感应用研究中开展了多次桥上、机载和星载试验[16]，取得了很好的研究成果。

与传统的遥感技术相比，GNSS-R 海洋遥感技术以其信号源丰富、成本低、功耗低、全天候及实时性高的优点，在很大程度上弥补了现有海洋遥感技术的不足。表 6-1 给出了 GNSS-R 技术与其他遥感技术在海面风场测量方面的比较[1,17]。综合来看，GNSS-R 技术比其他遥感技术有一定的优越性。

表 6-1　GNSS-R 技术与其他遥感技术在海面风场测量方面的比较[1,17]

遥感技术	风速精度/(m/s)	风向精度	测量范围/(m/s)	时间分辨率/h	空间分辨率/km
卫星云图	±2.1	±40°或±50°	0～44	12	1.1
微波辐射计	±1.9	无风向	2～50	24	25
雷达高度计	±1.6	无风向	2～18	240	6.7（沿迹）
微波反射计	±2.0	±20°	4～26	24～28	10～50
合成孔径雷达	±2.0	±20°	2～15	>72	12.5～40
GNSS-R 技术	±2.0	±20°	2～50	12	1

表 6-2 给出了 GNSS-R 技术在海面高度测量方面与高度计比较的结果。可见，GNSS-R 技术在精度上与高度计相当，而且在时间分辨率和空间分辨率上优于高度计[1]。

表 6-2　GNSS-R 技术在海面高度测量方面与高度计比较的结果[1]

观 测 方 式	海面高度误差/cm	飞行高度/km	测 量 范 围	时间分辨率/h	空间分辨率/km
高度计	2.5（Jason）	1.3	海洋/陆地	240	15（沿迹）
GNSS-R 技术	2	0.48	海洋或 湖面	12	1
	5	3			
	50	30			
	<10	700			

　　海洋遥感涉及的物理量较多，既有海面物理参数，也有海水成分参量，有时还和海洋物理状态有关，例如是否有台风灾害，是否有溢油事件，等等。本节选择三个典型的海洋遥感应用，即海面风场反演、海面高度测量和风暴潮模拟，相应成果均已在工程实践中得到验证。下面的介绍具体包括原理、试验场景和数据分析结果等内容。

6.1　海面风场反演

6.1.1　海洋表面的风和浪

　　海洋和大气是地球上密度不同的两种流体，构成了复杂的耦合系统，在广阔的交界面上进行着热量、动量、盐分和水分等物理量的交换。两者之间相互影响、相互制约和相互适应的关系称为海–气关系，包括不同时间尺度和空间尺度的海–气关系[18]。由于其比热容较大，海洋吸收了进入地球的太阳辐射总量的 70%，海洋的表层（混合层）贮存了约 85%海洋所吸收的太阳辐射量，并以长波辐射、潜热和感热的形式传递给大气。海洋热量在时间和空间上的收支分布不均匀，导致大气中形成温度梯度和气压梯度，从而驱动大气运动，形成海风。海面风场一般指距离海面 10 m 高度处大气的运动情况。海面风场是一个矢量，包括风速和风向。风速是指大气相对于地球上固定点的运动速度；风向则是指大气相对于固定点的运动方向，气象上通常用风吹来的方向和东北天坐标系北向之间的方位角来衡量，范围为 0°～360°。

　　海水是具有自由表面的液体，当海水局部质点受到海面风场等因素的扰动后，会脱离原来的平衡位置做周期性运动，并向四周传播，引起海面呈有规律的周期性起伏运动，即为波浪。当海面风速很小（<0.2 m/s）时，海面保持平静；当海面风速逐渐增大（0.3～1.5 m/s），海面产生毛细波；随着风速

的不断增加，当达到临界值（1.6 m/s）时，海面初步形成风成波[18]。波浪运动的实质是波形和能量向前传播，而水质点并没有随波前进。海风通过海浪改变海面粗糙度，进而改变海面散射系数。

1. 海面统计特征

图 6-1 所示为随机海面示意图。描述海面统计特征的重要参量为表面高度变量的标准偏差 δ_ζ、表面相关长度 l 以及海面均方坡度 σ_s^2。

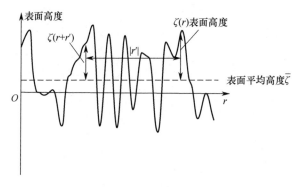

图 6-1 随机海面示意图

设 $\zeta = \zeta(r)$ 为水平位置矢量 r 处的海面高度随机变量，其平均高度为 $\overline{\zeta}$，用 $\langle \cdot \rangle$ 表示求平均的符号，则表面高度标准偏差为

$$\delta_\zeta = \sqrt{\langle (\zeta - \overline{\zeta})^2 \rangle}$$

（6.1）

沿某一方向的表面归一化自相关函数为

$$A(r) \equiv \frac{\langle \zeta(r')\zeta(r+r')\rangle_{r'}}{\langle \zeta(r')\ \zeta(r')\rangle_{r'}}$$

（6.2）

表面相关长度 l 由下式给出：

$$A(l, u_l) = 1/e$$

（6.3）

其中，u_l 为表面相关长度所在方向的单位矢量。表面相关长度值 l 提供了估计海面上两点相互独立性的一个基准，即如果两点在水平距离上的相隔距离大于 l，那么这两点的高度统计值从统计意义上来说是相互独立的。

海面均方坡度由海浪谱求得：

$$\sigma_{su}^2 = \int_0^\infty \int_{-\pi}^\pi (k\cos\psi)^2 S(k,\psi)\mathrm{d}\psi\mathrm{d}k$$

$$\sigma_{sc}^2 = \int_0^\infty \int_{-\pi}^\pi (k\sin\psi)^2 S(k,\psi)\mathrm{d}\psi\mathrm{d}k$$

（6.4）

$$\sigma_s^2 = \int_0^\infty \int_{-\pi}^\pi k^2 S(k,\psi)\mathrm{d}k\mathrm{d}\psi$$

（6.5）

其中，k 为海浪波数；ψ 为波向；$S(k,\psi)$ 为海浪谱；σ_{su}^2 和 σ_{sc}^2 分别表示顺风向（逆风向）和侧风向的海面均方坡度，是总海面均方坡度 σ_s^2 的两个分量，即

$$\sigma_s^2 = \sigma_{su}^2 + \sigma_{sc}^2$$

（6.6）

2. 海面粗糙度判据

海面粗糙度的指标通常使用瑞利判据或更严格的夫琅禾费判据来定义。根据瑞利判据，如果两点反射路程的相位差小于 $\pi/2$（rad），那么该表面可以认为是光滑的，反之则是粗糙的[19]。

Peake 和 Oliver 修改了瑞利判据，将海面粗糙度划分为粗糙、中等粗糙和光滑三种情形，判决条件如下[20]：

$$\begin{cases} \delta_\zeta < (\lambda/25)\sin\theta & \text{光滑} \\ (\lambda/25)\sin\theta \leqslant \delta_\zeta \leqslant (\lambda/8)\sin\theta & \text{中等粗糙} \\ \delta_\zeta > (\lambda/8)\sin\theta & \text{粗糙} \end{cases}$$

（6.7）

其中，λ 为信号波长；θ 为高度角。

6.1.2　海浪谱模型

1. 海浪谱的定义

海浪可看成是由无限多个振幅不同、频率不同、方向不同和相位杂乱的波组成的。海浪能量相对于各组成波的分布称为海浪谱，又名"能量谱"，是海面自相关函数的傅里叶变换（FT），即

$$S(\mathrm{k}) = \mathrm{FT}\{\langle \zeta(\boldsymbol{r}_0)\zeta(\boldsymbol{r}_0 + \boldsymbol{r})\rangle\}$$

（6.8）

其中，FT{} 表示傅里叶变换，$\boldsymbol{k}$ 表示波数矢量。

海浪谱可以描述海浪内部的能量相对于频率和波向的分布，是频率和波向的二维函数，也表示为 $S(\omega,\psi)$，其中 ω 为角频率。将组成波的角频率 ω 转换

为组成波的波数 k，即为波数谱 $S(k,\psi)$。

对二维海浪谱沿波向进行积分，可以得到一维海浪谱 $S(k)$、$S(\omega)$，它们分别为波数和角频率的函数，定义为

$$S(k) = \int_{-\pi}^{\pi} S(k,\psi)\mathrm{d}\psi$$
$$S(\omega) = \int_{-\pi}^{\pi} S(\omega,\psi)\mathrm{d}\psi$$

（6.9）

为了简化分析，常将二维海浪谱 $S(k,\psi)$ 表示成下面的形式[21]：

$$S(k,\psi) = M(k)f(k,\psi)$$

（6.10）

其中，$M(k)$ 表示 海浪谱的各向同性部分，为对应方位部分的函数。$f(k,\psi)$ 一般表示为

$$f(k,\psi) = \frac{1}{2\pi}[1 + \Delta(k)\times\cos(2\psi)]$$

（6.11）

其中，$\Delta(k)$ 为顺风向（逆风向）风速与侧风向风速的比。

2. Elfouhaily 海浪谱谱

一维海浪谱有 Neumann 谱、Pierson 谱和 JONSWAP 谱等，它们都是重力谱。Pierson 谱是最早同时考虑重力波和毛细波分量的海浪谱之一，目前其他海浪谱仍然保留其重力波分量，只是对毛细波分量做了修正，如 Apel 谱。但在某些特定的自然条件下，Apel 谱也不能很好地描述毛细波分量[22]。1997 年建立的 Elfouhaily 谱是在前人研究的基础上综合获得的，同时考虑了 Apel 谱和 Pierson 谱没有涉及的因素，并且结合了风区影响，是目前海面风场反演应用较为普遍的二维能量谱[23]。Elfouhaily 谱表示为

$$S_{\mathrm{E}}(k,\psi) = M_{\mathrm{E}}(k)f_{\mathrm{E}}(k,\psi)$$

（6.12）

对应方位部分的函数为

$$\Delta_{\mathrm{E}}(k) = \tanh\left[0.173 + 4\left(\frac{v_{\mathrm{ph}}}{v_g}\right)^{2.5} + 0.13\frac{u_f}{v_{\mathrm{phm}}}\left(\frac{v_{\mathrm{phm}}}{v_{\mathrm{ph}}}\right)^{2.5}\right]$$

（6.13）

$$f_{\mathrm{E}}(k,\psi) = \frac{1}{2\pi}\left[1 + \Delta_{\mathrm{E}}(k)\cos(2\psi)\right]$$

（6.14）

Elfouhaily 谱的各向同性部分为

$$M_E(k)=\frac{k^{-3}}{2v_{ph}}(\alpha_g v_g F_g+\alpha_c v_{phm}F_c)\kappa^{\exp[-(\sqrt{k/k_p}-1)^2/(2\delta^2)]}\exp[-5k_p^{\,2}/(4k^2)] \quad (6.15)$$

其中，

$$\alpha_g=6\times10^{-3}\sqrt{\Omega},\ v_g=u_{10}/\Omega,\ F_g=\exp[-\Omega(\sqrt{k/k_p}-1)/\sqrt{10}] \quad (6.16)$$

$$\kappa=\begin{cases}1.7, & 0.84\leqslant\Omega\leqslant1\\ 1.7+6\lg\Omega, & 1<\Omega\leqslant5\end{cases} \quad (6.17)$$

$$\delta=0.08(1+4/\Omega^3),\ k_p=\Omega^2 g/u_{10}^{\,2} \quad (6.18)$$

$$\Omega=0.84\tanh[(X/2.2\times10^4)^{0.4}]^{-0.75} \quad (6.19)$$

$$\alpha_c=10^{-2}\begin{cases}1+\ln(u_f/v_{phm}), & u_f\leqslant v_{phm}\\ 1+3\ln(u_f/v_{phm}), & u_f>v_{phm}\end{cases} \quad (6.20)$$

$$F_c=\exp\left[-\frac{1}{4}\left(\frac{k}{k_m}-1\right)^2\right] \quad (6.21)$$

$$k_m=363\ \text{rad/m},\ v_{phm}=0.23\ \text{m/s},\ v_{ph}=\sqrt{g(1+k^2/k_m^2)/k} \quad (6.22)$$

设 X 为风区的长度（m），对于开放的完全成熟海域，若 X 为无穷大，则 Elfouhaily 海浪谱函数值接近于 Apel 谱函数。u_f 为磨擦速度。$M_E(k)$ 的各项中，下标为"g"的项表示重力波分量。在成熟海域，当海面风速在 3～21 m/s 范围内，步长为 2 m/s 时，一维 Elfouhaily 海浪谱如图 6-2 所示。

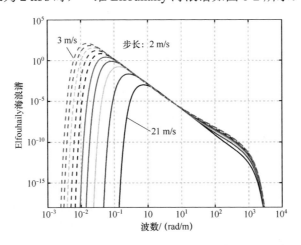

图 6-2　一维 Elfouhaily 海浪谱

6.1.3　电磁散射模型

海浪谱反映了海洋表面海浪能量的分布。电磁波照射至海洋表面将发生反射、散射和折射现象，描述此时电磁波变化的模型统称为电磁散射模型，包括小斜率近似模型（SSA 模型）、基尔霍夫近似几何光学（KA-GO）模型、IEM 模型、二尺度模型（TSM）和 SPM 模型等。各类模型前向散射系数的表达式都是关于载波频率、入射角、方位角、极化等参数以及海浪方向谱的一个积分方程，是海面风场的隐函数。KA-GO 模型适用于大尺度粗糙海面，SPM 模型一般用来描述微粗糙海面，IEM、SSA 模型适于所有尺度的粗糙面。SSA 模型是基于小斜率海面假设而建立的，在入射角和散射角正切值满足大于粗糙面的均方坡度时，适于任意频率谱分量及任何波长海浪的情况，能够较准确地描述 L 波段信号的散射情况。TSM 是在 SSA 基础上建立的，但是它包含一个划分波浪尺度的参量，因此不能说 TSM 是适用于任意尺度的散射模型。KA-GO 模型适用于近镜面方向，但在远离镜面方向难以给出准确的结果。

1. SSA 模型

SSA 模型给出了任意频率分量、任意波长范围的海面散射情况分析方法。如果粗糙海面被一单色平面波从上半空照射，E^s 表示反射场的波谱，E^i 表示入射场的波谱，则有

$$E^s = SE^i \tag{6.23}$$

其中，S 为散射矩阵，与随机粗糙面有关。假定接收散射场的位置离散射点的距离为 R_r，则散射截面为[24]

$$\sigma_0 = 4\pi R_r^2 \langle |S|^2 \rangle \tag{6.24}$$

数值仿真结果表明，随着风速的增大，归一化双基散射截面的峰值将呈减小趋势，且该峰值发生在散射角与入射角相等处。当散射角增大时，大的风速将导致大的散射截面。对于不同的入射角，归一化散射截面峰值均相同。当散射角小于 30° 时，散射角越小，其归一化散射截面越大；当散射角大于 30° 时，则呈相反的趋势。在 GNSS-R 中利用 SSA 模型反演风场时，必须考虑所用卫星的仰角，并考虑非镜面反射方向的散射信号[25]。

2．KA-GO 模型

当表面的曲率半径远大于所发射的电磁波波长时，表面场可以用各点切平面的场来近似，此过程称为基尔霍夫近似（KA）或几何光学法（GO）。它要求水平方向表面相关长度 l 大于电磁波波长，且垂直方向高度标准偏差 δ_ζ 足够小，即 $k_1 l > 6$（k_1 为电磁波在空气中的波数），$l^2 > 2.76 \delta_\zeta \lambda$。

使用统计方法计算二维粗糙表面单位面积上平均光学反射点数目 n_A 和光学反射点的平均曲率半径 $\langle |r_1 r_2| \rangle$，可得到单位面积上的平均散射截面 σ_{0A} 为[26]

$$\sigma_{0A} = \pi n_A \langle |r_1 r_2| \rangle |\mathscr{R}|^2 \tag{6.25}$$

其中，$\mathscr{R}$ 是反射系数。对于表面高度 $\zeta(x,y)$ 服从高斯分布的海面，单位面积上平均光学反射点数目为

$$n_A = \frac{7.255}{\pi^2 l^2} \exp\left(-\frac{\tan^2 \theta}{\sigma_s^2} \right) \tag{6.26}$$

KA-GO 模型在入射角小于 $30°$ 时适用。图 6-3 示出了 KA-GO 模型的海面双基散射截面分布，其中接收机高度为 5 km，卫星高度角为 $90°$（即入射角等于 $0°$）。

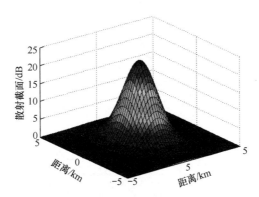

图 6-3　KA-GO 模型海面双基散射截面分布（海水温度为 25℃，海水盐度为 35‰）

6.1.4　基于波形匹配的风场反演

1．风场反演基本流程

利用 GNSS 反射信号反演海面风场的一般流程如图 6-4 所示。

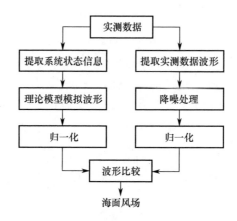

图 6-4　海面风场反演一般流程

图 6-4 中的"提取系统状态信息"即提取接收机的高度、载体移动速度及卫星高度角、方位角等信息；"波形比较"即后沿斜率或整个波形后沿的比较。

不同的散射模型，所需的海面统计特征参数也可能不同。例如，KA-GO模型需要以海面坡度概率密度函数作为输入条件，而 SSA 模型则需要以海面相关函数作为输入。因此，利用这两种散射模型计算理论散射系数和相关功率的具体流程也不同，如图 6-5 所示。

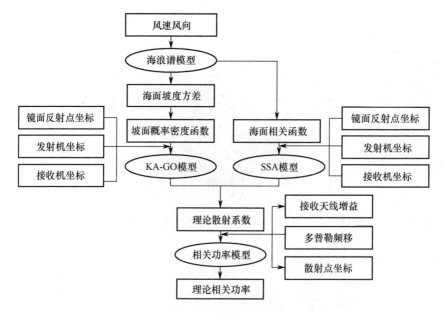

图 6-5　KA-GO 与 SSA 散射模型数据处理流程

2. 风场反演算法

海面风场是一个矢量，既有速度大小（通常称为风速），也有方向（即风向）。两者可以单独求解，也可以联合求解。

1）基于理论相关功率曲线后沿直接匹配的风速反演算法

基于理论相关功率曲线后沿直接匹配的算法反演风速，是比较简单的算法；后面讨论的基于相关功率曲线后沿斜率和经验函数的方法都是在此基础上发展的。散射信号相关功率曲线（曲面）后沿对风速的影响相对敏感，所以此方法最初常用来反演风速，具体算法流程说明如下。

（1）由于直射信号和反射信号接收天线的增益差别和环境因素的影响等，接收到的反射信号中含有噪声，在计算反射信号相关功率时必须予以消除。噪底可以通过理论计算，也可以从实测数据中估计出来。可利用滑动平均的方法对所获得的实际反射信号相关功率进行降噪处理。

（2）波形匹配前需要将实测功率曲线的码片延迟与理论波形的码片延迟进行对齐处理，且码延迟尽量大，以保证波形匹配的精度要求。

（3）为了使实测数据与理论数据具有可比性，对实测数据进行归一化处理。通常将直射信号最大功率或总的反射信号功率作为归一化因子。将直射信号功率作为归一化因子非常简单，但不太准确；因为直射和反射天线增益的不同，会导致直射信号与反射信号通道接收到的功率相差很大。总的反射信号功率与海面统计特性无关，可近似为常量，将其作为归一化因子可使波形更加平滑。如果对接收机直射和反射信号的天线增益进行一定的补偿，也可使用直射信号功率作为实测数据和理论数据的归一化因子。

（4）将实测功率曲线与理论功率曲线采用最小二乘法进行匹配。当两个波形后沿之间的均方偏差达到最小时，理论相关功率曲线对应的风速即为所求的海面风速初值。当其误差较大时，可进一步进行验证和校核。

（5）若利用时延相关功率曲线匹配得到风速的估值，则可利用多普勒相关功率曲线进行校准和修正；若利用二维曲面得到风速的估值，则可以利用不同高度角卫星的数据进行校准和修正，从而提高风速反演的精度。

2）基于相关功率曲线后沿斜率匹配的风速反演算法

由于相关功率曲线后沿直接匹配在实际风速反演过程中有很大的不确定

性，要在全部码延迟范围内均完全匹配是难以精确地实现的，而在某一局部延迟范围内精准匹配相对容易。进行风速反演的另一个简单算法，是通过比较实测相关功率曲线和理论相关功率曲线的后沿斜率来实现，具体算法流程说明如下。

（1）对接收到的实测反射信号相关功率随时延的变化曲线进行降噪处理；

（2）对实测和理论相关功率进行归一化处理；

（3）计算归一化后的理论相关功率曲线后沿斜率（即一阶导数）；

（4）计算归一化后的实测相关功率曲线后沿斜率（计算区间通常取 $0 \sim 4\tau_c$）；

（5）将实测波形后沿斜率与理论波形后沿斜率进行匹配，则理论相关功率曲线所对应的风速即为所要反演的海面风速值；

（6）如果误差较大，则利用多普勒或不同高度角卫星的相关功率信息来校准和修正上述估计值。

3）基于风速已知的理论相关功率曲线的风向反演算法

利用多颗导航卫星反射信号和风速计算模块反演出的风速作为辅助信息，可进行海面风向的反演。

首先进行相关功率去噪、归一化和码片对齐处理，具体处理算法与风速反演时相同；然后给定初始风向（0°），计算残差平方和。多颗 GNSS 卫星的理论和实测相关功率波形的残差平方和 SOS 由式（6.27）得出。

$$\mathrm{SOS} = \sum_{i=1}^{m} \sum_{j=1}^{n} (P_{ij} - \hat{P}_{ij})^2 \qquad (6.27)$$

其中，i、j 分别表示可见 GNSS 卫星和相关功率采样点计算的索引序号，P_{ij}、$\hat{P}_{ij}$ 分别为理论和实测相关功率。通过式（6.28）调整风向，重新计算残差平方和。

$$\phi_{i+1} = \phi_i + \Delta\phi \qquad (6.28)$$

将残差平方和局部最小值对应的角度作为风向预测解。由于风向对时延相关功率的变化非常敏感，且风向敏感区表现在曲线后沿的后半部分，因此对可能风向解以时延相关功率曲线后沿后半区域波形匹配的方式进行模糊排除，确定最终的风向解。

4）基于多颗导航卫星的风场反演算法

利用多颗导航卫星反射信号的理论与实测波形残差平方和构成的目标函数，进行风速和风向联合反演。根据海浪谱随风速、风向的变化特征可知，当风向固定时只有一个风速与海浪谱相对应，因此可以先通过寻找目标函数最小值的方法反演出每个风向上对应的可能风速，然后沿风向寻找局部最小值来确定可能的风向解。

该算法与基于风速已知的理论相关功率曲线的风向反演算法不同，需要计算不同风向下所有的可能风速解。首先假设风速和风向初始值，风速一般取海面上出现概率较大的中等风速值，初始风向取 0°。根据风向和风速初始值确定对应的理论相关功率波形，并计算与实测波形之间的残差平方和，即目标函数。按照风速不同搜索步长，得到多个目标函数。将当前风速与相邻风速进行比较，如果相邻风速的目标函数值不等于当前风速的目标函数值，则继续搜索，直到搜索方向的相邻风速与当前风速的目标函数大小关系发生改变为止，即得到当前的可能风速解。然后沿风向寻找局部最小值，确定可能的风向解。

3. 风场反演实例

1）黄海渤海某海域试验结果分析

2004 年 9 月在黄海渤海某海域进行了空中飞行数据采集试验。GNSS-R 接收机所用的是著者课题组研制的第一代处理电路板，接收反射信号的天线为 3 dB 增益的左旋圆极化微带天线。以 9 月 11 日的飞行为例，飞行高度和卫星高度角如图 6-6 所示，飞行高度在 3 000 m 以上，卫星高度角在 20°～90° 之间。

根据前述分析，对飞行试验采集到的数据进行如下处理获得海面风场数据。

（1）数据预处理。

数据预处理包括去噪和归一化两个过程，其中去噪通过选择合适的噪底实现，归一化利用总的反射信号功率或直射信号功率实现。在实际应用中，噪底有下述三种选择：

● 计算镜面反射点之前两个码片（chip）的反射信号输出数据的均值；

- 选择远离镜面反射点的位置,如接收机输出的最后几个延迟码片对应数据的均值;
- 选择处理芯片对应的噪底值。

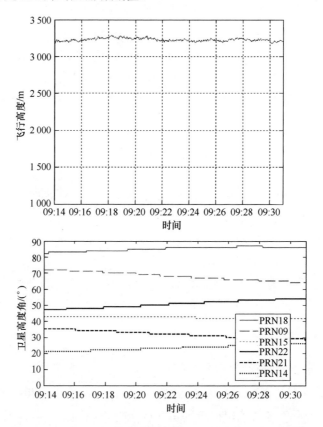

图 6-6　GNSS-R 飞行试验基本情况（2004 年 9 月 11 日）

（2）码片延迟对齐处理。

码片延迟对齐处理是以镜面反射点处对应的值为基准,将反射信号功率输出值与码片延迟一一对应。图 6-7 所示为 GPS 卫星 PRN18（高度角最大）的反射信号功率的码片延迟对齐结果。

（3）数据非相干累加。

进行非相干累加可以改善微弱反射信号的信噪比。图 6-8 显示了累加时间为 30 s、120 s 和 480 s 的情况,图中各曲线分别表示风速为 3 m/s、5 m/s、7 m/s、9 m/s、11 m/s 时的一维时延相关功率的理论波形,离散点为实测数据波形。由此可以直观地看出，非相干累加能够使反射信号的归一化波形更加聚集，对提高风速反演精度会有所帮助。

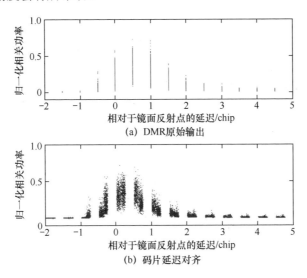

(a) DMR原始输出

(b) 码片延迟对齐

图 6-7 码片延迟对齐结果（PRN18）

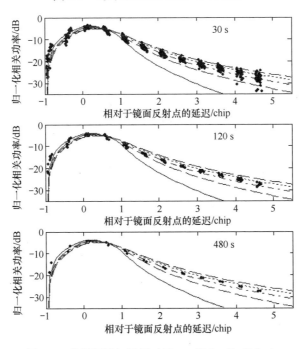

图 6-8 非相干累加结果（30 s、120 s 和 480 s）

（4）风速反演。

利用理论模型生成 3～21 m/s 范围内不同风速的理论一维时延相关功率数值，以 GPS 卫星 PRN18 的反射信号功率波形后沿（此处取 0.5~2 码片延迟）的数据进行匹配，通过最小二乘法进行比对拟合，获得整个飞行时间段内的风速反演结果，如图 6-9 所示。在数据采集期间 9:14—9:30 的风速范围为 7.2～10 m/s，均值为 8.2 m/s，标准偏差为 0.8 m/s。如果采用这 17 min 内的全部采样数据进行平均，则反演风速为 7.6 m/s。

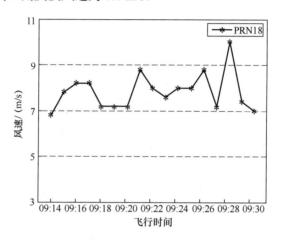

图 6-9　风速反演结果（PRN18）

图 6-10 所示为飞行航线以及 QuickSCAT 卫星散射计获取的风速结果，飞行路线上的风速平均值约为 7.5 m/s（北隍城测风站 7.3 m/s）。散射计与 GNSS-R 反演的风速均值相差 0.7 m/s（8.2 m/s-7.5 m/s=0.7 m/s）。

2）南海某海域试验结果分析

2009 年 2 月—3 月在南海某海域进行了多次飞行数据采集试验。采集信号为 GPS L1 C/A 码的海面散射信号，GNSS-R 接收机所用的是著者课题组研制的第二代基带处理电路板，接收反射信号的天线为 12 dB 增益的左旋圆极化阵列天线。飞行试验的航行高度与接收到的导航卫星高度角如图 6-11 所示。

经过相关处理得到的反射信号时延/多普勒二维相关功率图如图 6-12 所示。

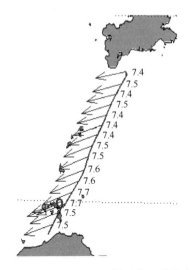

图 6-10　飞行航线及 QuickSCAT 卫星散射计获取的风速结果（单位：m/s）

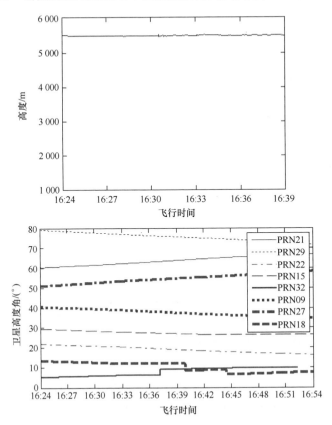

图 6-11　飞行试验的航行高度和卫星高度角（2009 年 2 月 27 日）

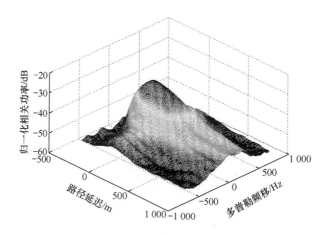

图 6-12　时延/多普勒二维相关功率图

采用相干累加和非相干累加相结合的方法来提高反射信号的信噪比，如图 6-13 所示。图 6-13 是对同一秒的数据进行不同相干累加和非相干累加的处理结果，其中（a）是采用相干累加 1 ms、非相干累加 1000 次的时延/多普勒二维相关功率图，（b）是采用相干累加 10 ms、非相干累加 100 次的时延/多普勒二维相关功率图。可以看出，采用 10 ms 相干累加的结果在多普勒频移轴上的能量更加集中，这是由于相干累加时间的增加造成噪声带宽变窄而导致的。同时，随着多普勒频移变化，整体呈现典型的"马蹄状"，与理论分析相符。

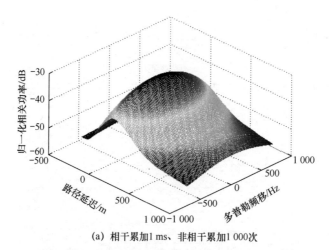

（a）相干累加1 ms、非相干累加1 000次

图 6-13　不同累加时间和次数条件下的时延/多普勒二维相关功率图

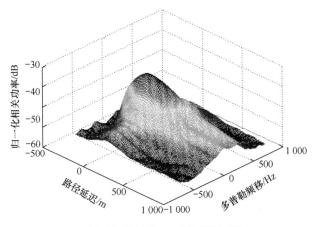

（b）相干累加10 ms、非相干累加100次

图 6-13　不同累加时间和次数条件下的时延/多普勒二维相关功率图（续）

　　风速反演采用基于理论相关功率曲线后沿匹配的算法。图 6-14 所示为对接收到的 PRN29 卫星反射信号进行相关功率曲线后沿匹配的结果，其中点线为实测数据，点画线和实线分别为风速（U_{10}）为 3.37 m/s 和 4.37 m/s 时的理论曲线，虚线为风速为 5.37 m/s 时的理论曲线。通过比较可见，实测数据与风速为 4.37 m/s 时的理论曲线匹配得较好。

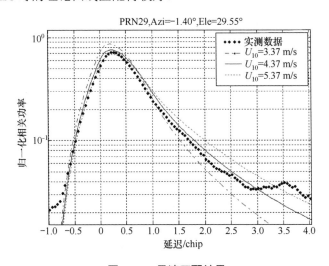

图 6-14　风速匹配结果

　　风向反演采用基于风速已知的理论相关功率曲线匹配的算法。图 6-15 所示为对接收到的 PRN29 卫星反射信号在已知风速（4.37 m/s）条件下的风向匹

配结果，其中点线为实测数据，点画线为风向（D_{wind}）为−30°时的理论曲线，实线为风向为−10°时的理论曲线，虚线为风向为10°时的理论曲线。通过比较可见，实测数据与风向为−10°时的理论曲线匹配得较好。

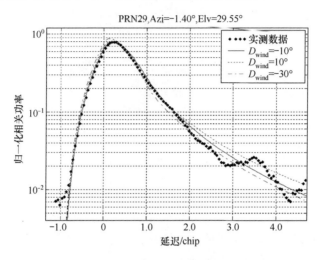

图 6-15　风向匹配结果

对 2009 年 2 月 27 日 1 000 s 的数据，每隔 100 s 进行一次风场反演，风速反演采用基于理论相关功率曲线后沿直接匹配的算法，风向反演采用基于风速已知的理论相关功率曲线匹配的算法，反演结果如图 6-16 所示。通过与 QuikSCAT 卫星数据和博鳌海洋气象观测站数据比对，其风速反演的标准偏差约为 1 m/s，风向反演的标准偏差约为 20°。

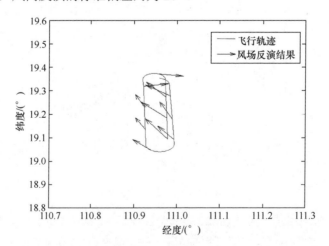

图 6-16　风场反演结果

以上仅仅给出了典型的风场反演结果，以便对相应的算法进行验证。更多的数据分析参见文献[27]和[28]。

6.1.5 基于模式函数的风速反演

海面风场反演也可基于模式函数来实现，即利用理论仿真或实测获得的海面风速敏感参数与海面风矢量的定量函数关系建立特定的模式函数，将同一分辨单元内实测的风速敏感参数及对应的测量参数（如极化方式、观测方位角、入射角等）代入模式函数中，即可反演出相应的海面风速和风向。此处仅以海面风速的模式函数反演方法为例介绍著者研究小组近几年的研究成果。

1．风速敏感参数

针对岸基应用场景的海面风速反演模型有多种，从观测量角度大致分为两类。其中一类利用 GNSS 反射信号的相干特征参量，如相关时间[29]、有效非相干次数[30]以及相干非相干比[31]等；另一类则定义时延波形对海态敏感的特征参数，如波形面积[32]、后沿相对幅度[33]、功率分布比[34]等。此处重点介绍相关时间和波形面积两个基础特征参数。

1）相关时间

时间序列的相关时间 τ_{icf} 定义为该序列自相关函数的积分宽度[35]，即

$$\tau_{\mathrm{icf}} = \frac{\int_0^{+\infty} R(\tau)\mathrm{d}\tau}{R(0)} \tag{6.29}$$

其中，$R(t)$ 为时间序列的自相关函数。GNSS 反射信号的复数相关值时间序列定义为

$$S_{\mathrm{icf}}(t) = \frac{I_{\mathrm{r}}(t) + \mathrm{j}Q_{\mathrm{r}}(t)}{I_{\mathrm{d}}(t) + \mathrm{j}Q_{\mathrm{d}}(t)} \tag{6.30}$$

其中，I_{r} 和 Q_{r} 分别为 GNSS 反射信号的同相支路和正交支路的相关值；I_{d} 和 Q_{d} 分别为 GNSS 直射信号的同相支路和正交支路的相关值，用于消除导航电文、信号功率等对反射信号的影响。

当海面均方高度服从高斯分布时，GNSS 反射信号复数相关值的自相关函数也近似为如下的高斯分布函数[29]：

$$R(t) \approx A(h_{swh}, l_z, \theta, G_r) \exp[-(\pi h_{swh} t \sin\theta)^2 / 2(\lambda \tau_z)^2] \qquad (6.31)$$

其中，h_{swh} 为海面有效波高；l_z 为海面相关长度；τ_z 为海面相关时间，近似可表示为 $\tau_z = a \cdot h_{swh} + b$；$G_r$ 为反射信号接收天线的增益。将式（6.31）代入式（6.29）可得

$$\tau_{icf} = \frac{\sqrt{2}\lambda}{\pi \sin\theta} \left(a + \frac{b}{h_{swh}} \right) \qquad (6.32)$$

基于 Pierson-Moskowitz 海浪谱，文献[36]给出的成熟海域海面有效波高 h_{swh} 和风速 U_{10} 的关系为

$$h_{swh} = 0.023\,5\ U_{10}^2 \qquad (6.33)$$

岸基场景下相关时间和风速的关系可近似表示为

$$\tau_{icf} = \frac{1}{\sin\theta} \left(a_{U10} + \frac{b_{U10}}{U_{10}^2} \right) \qquad (6.34)$$

其中，参数 a_{U10} 和 b_{U10} 可通过最小二乘法拟合得到。值得注意的是，上述模式为经验模型，首先需要通过现场同位测量来确定 a_{U10} 和 b_{U10}。一旦这两个参数确定后，即可利用 GNSS 反射信号进行海面风速反演。

2）归一化时延波形面积

归一化时延波形面积定义为归一化时延波形超出阈值部分的面积（积分），即

$$A_N = \int_{W_N(\tau) > T_h} W_N(\tau)\, \mathrm{d}\tau \qquad (6.35)$$

其中，$W_N(\tau)$ 为归一化时延波形；T_h 为预设的阈值。图 6-17 所示为高度为 100 m、高度角为 30°、阈值分别为 0.2 和 0.5 的 Z-V 模型仿真的归一化时延波形面积与风速的关系曲线。归一化时延波形面积与风速的关系可近似表示为

$$A_N = a_{U10} U_{10}^{c_{U10}} + b_{U10} \qquad (6.36)$$

其中，a_{U10}、b_{U10} 和 c_{U10} 可通过最小二乘法拟合得到。

2. 试验验证

为了验证模式函数的有效性，在山东省某验潮站开展了外场试验，采集

了 2021 年 6 月 16 日 16 时至 6 月 19 日 18 时的北斗 B3I 频段的直射和反射信号。试验场景如图 6-18 所示，直射和反射天线距海面约 12 m，分别为全向右旋圆极化天线和波束宽度为±60°的方向性左旋圆极化天线。反射天线向下 45°指向海面，其方位角为 250°，可稳定接收北斗 GEO 卫星 PRN01、PRN02 和 PRN03 的信号。接收机中频数据信号采样量化比特数为 4 bit，采样率为 32.738 MHz。为了减小数据存储量，B3I 直、反射信号每隔 10 min 采集一组数据，每组时长为 2 min。验潮站装配的风杯式风速测量仪用来提供同比风速。

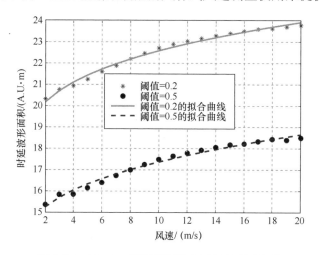

图 6-17　归一化时延波形面积与风速的关系曲线

图 6-18　试验场景

在岸基场景下，海面反射的 GNSS 信号既包含相干成分，也包含非相干成分。相干和非相干成分的占比与海态、卫星高度角关系密切。为了抑制或消除时延波形中直射信号和相干成分的干扰，大都采用相干累加和非相干累加结合的方法。N_{incoh} 次非相干累加的时延波形表示为[33]

$$\langle |Y(\tau)|^2 \rangle = \sum_{i=1}^{N_{incoh}} \left| Y_{cohi}(\tau) - \sum_{i=1}^{N_{incoh}} Y_{cohi}(\tau) \right|^2 \qquad (6.37)$$

其中，$Y_{cohi}(\tau)$ 表示 N_{coh} 次相干累加的时延波形。

图 6-19（a）所示为北斗 GEO 卫星 PRN01 的直射和反射信号时延波形。反射信号相对于直射信号的时延等效距离为 15.30 m，对应的接收平台高度为 12.05 m，和实际高度一致。由于岸基反射信号中包含大量的相干成分，因此利用式（6.37）进行相干成分抑制后反射信号的时延波形峰值将下降。反射信号相对于直射信号的时延小于一个 B3I 码片的宽度，直射信号对反射信号形成

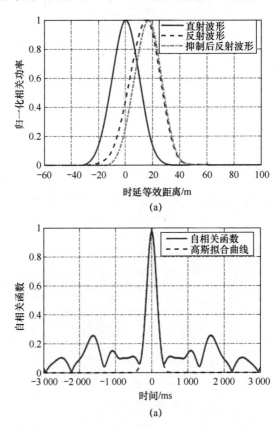

图 6-19 时延波形（a）和反射信号复数相关值自相关函数曲线（b）

干扰。相比于未抑制相干成分的时延波形，式（6.37）有效抑制了直射信号的干扰，反射信号时延波形的前沿更陡峭。图 6-19（b）所示为北斗 GEO 卫星 PRN01 的反射信号复数相关值的自相关函数曲线，符合式（6.31）所示的高斯分布，相关时间约为 193.9 ms。

由北斗 GEO 卫星 PRN02 的反射信号估计的相关时间和波形面积与风速关系的散点图如图 6-20 所示。由图可知，相关时间和波形面积分别与风速成反比和正比，且与式（6.34）和式（6.36）所示的关系一致。相关时间与风速关系的拟合优度为 0.52，未消除直射干扰和消除直射干扰的归一化时延波形面积和

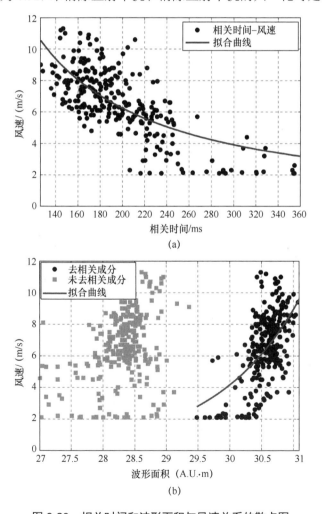

图 6-20 相关时间和波形面积与风速关系的散点图

风速关系的拟合优度分别为 0.19 和 0.35。相关时间与风速关系的拟合优度明显高于归一化时延波形面积与风速关系的拟合优度，能够提供更好的风速反演结果。消除直射信号干扰后，归一化时延波形面积与风速关系的拟合优度明显得到提高，这说明直射信号干扰是风速反演的重要误差源之一。直射信号的干扰使得波形面积并未与风速呈现稳定的比例关系；抑制相干成分后，波形面积和风速呈现了较好的比例关系。

表 6-3 给出了各反演算法反演风速的均方根误差。从表 6-3 可知，由于式（6.37）并不能完全抑制相干成分，因此与相关时间相比，基于波形面积获得的反演结果较差。图 6-21 给出了 GEO PRN01 号卫星相关时间、归一化时延波形面积的反演结果及同比风速。从图 6-21 可知，相比于归一化时延波形，相关时间反演的风速更接近同比数据。

表 6-3　各反演算法反演风速的均方根误差

卫星编号	PRN01		PRN02		PRN03	
反 演 算 法	相关时间	波形面积	相关时间	波形面积	相关时间	波形面积
反演风速的均方根误差/（m/s）	1.26	1.43	1.57	2.07	1.70	1.81

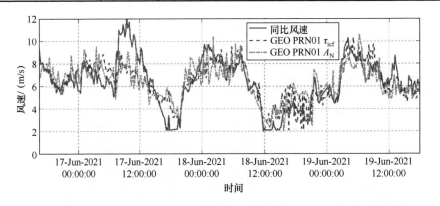

图 6-21　反演结果及同比风速

6.2　海面高度测量

海面高度（Sea Surface Height, SSH）是指在某一时刻海洋所能保持的水平面高于（或低于）大地参考面（参考椭球面）的高度。全球海面高度通常由测高卫星提供；先通过测量雷达脉冲从卫星到海面的往返时间来确定它们之间的垂直距离，再将卫星轨道与参考椭球面之间的距离与之作差，即得海面高度。

6.2.1 直反协同法海面高度测量原理

在本章中反射面的定义有两种：一种是假设地球表面为水平平面，不考虑地球曲率，GNSS 信号在地球表面发生镜面反射，这种定义用于以地基或低空飞行器方式进行高度测量；另一种是采用球形地球模型，加入地球曲率对于反射的影响，这种定义用于高空飞行器或星载方式进行高度测量。对于 GNSS 信号，通常采用三种方法进行高度测量，包括利用反射信号相对于直射信号的码相位延迟、载波相位延迟和载波频率变化。其中，利用码相位延迟计算反射面高度的方法精度最差，但模型简单，应用较广；利用载波相位延迟计算反射面高度的方法精度最高，但要求反射信号的相位连续，在反射面粗糙的情况下难以实现。

1. 高度测量几何模型

假设地球表面为水平面，则 GNSS-R 高度测量的几何关系如图 6-22 所示。反射信号相对于直射信号的总延迟为

$$\rho_E = \rho_r + \rho_i \tag{6.38}$$

由于 $\rho_r' = \rho_r$，所以有

$$\rho_E = \rho_r' + \rho_i \tag{6.39}$$

$$\rho_r' + \rho_i = 2h\cos\left(\frac{\pi}{2} - \theta\right) \tag{6.40}$$

$$\rho_E = 2h\sin\theta \tag{6.41}$$

其中，h 为接收机反射天线相对于反射面的高度；θ 为镜面反射点 S 处的卫星高度角；当精确测量出 ρ_E 后，即可获得反射点到接收平台（接收机）的垂直距离即高度 h 为

$$h = \frac{\rho_E}{2\sin\theta} \tag{6.42}$$

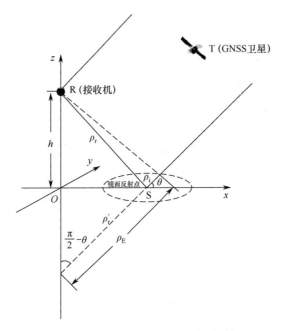

图 6-22　GNSS-R 高度测量几何关系

获得反射点到接收平台的高度 h 后，海面高度为

$$h_{ss} = h_{ref} - h \tag{6.43}$$

其中，h_{ref} 为接收平台距离参考平面的垂直距离。

若 GNSS-R 接收机配置在低轨卫星上，由于地球曲率的影响，直接通过式（6.42）获得的高度是接收平台到反射点处切线的垂直高度，因此无法利用式（6.43）求解海面高度。考虑图 6-23 所示的几何关系，其中 r_t、r_r、r_s 分别表示地心到 GNSS 卫星、测高平台和镜面反射点之间的距离，γ_t 表示 r_t 与 r_s 的夹角，γ_r 表示 r_r 与 r_s 的夹角，θ 为镜面反射点处的 GNSS 卫星高度角。h_r 和 h_t 分别为低轨卫星和 GNSS 卫星到镜面反射点切线的垂直高度。

当镜面反射点在参考椭球面上时，反射信号的传播延迟记作理论延迟[37]：

$$\delta\rho_{modeled} = 2(h_r + h_{ss})\sin\theta \tag{6.44}$$

实际上，镜面反射点位于海表面上，反射信号的传播延迟是从接收机中的时延波形或时延–多普勒波形中测得的，记为

$$\delta\rho_{measured} = 2h_r\sin\theta \tag{6.45}$$

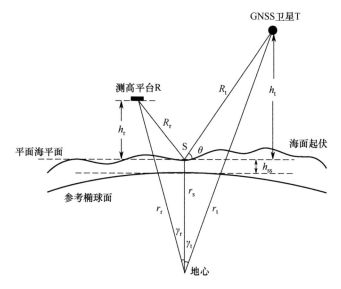

图 6-23 考虑地球曲率影响的 GNSS-R 几何关系

理论延迟减去测量延迟可得

$$\Delta\rho = \delta\rho_{\text{modeled}} - \delta\rho_{\text{measured}} = 2h_{\text{ss}}\sin\theta \tag{6.46}$$

由此可得海面高度为

$$h_{\text{ss}} = \frac{\Delta\rho}{2\sin\theta} \tag{6.47}$$

由上述可知，岸基/机载场景和星载场景下的海面高度测量模型是不同的。岸基/机载场景下，测量的是反射信号相对于直射信号的延迟，而星载场景下测量的是反射信号相对于理论值的延迟；但不管是岸基/机载场景还是星载场景，其海面高度的测量模型均与卫星在镜面反射点的高度角相关。

2. 误差分析

针对不同的高度测量应用场景，式（6.43）和式（6.47）给出了与反射信号到达时间相关的海面高度测量结果。相应地，误差分析也由反射信号的到达时间完成[38]。

根据几何关系，可得到 GNSS 卫星 T 到镜面反射点 S 的距离 R_t 和测高平台 R 到镜面反射点 S 的距离 R_r，即

$$R_t = \sqrt{r_t^2 + (r_s + h_{\text{ss}})^2 - 2r_t(r_s + h_{\text{ss}})\cos\gamma_t} \tag{6.48}$$

$$R_{\mathrm{r}} = \sqrt{r_{\mathrm{r}}^2 + (r_{\mathrm{s}} + h_{\mathrm{ss}})^2 - 2r_{\mathrm{r}}(r_{\mathrm{s}} + h_{\mathrm{ss}})\cos\gamma_{\mathrm{r}}} \qquad (6.49)$$

反射信号的传播延迟为

$$\rho_{\mathrm{R}} = R_{\mathrm{r}} + R_{\mathrm{t}} \qquad (6.50)$$

式（6.50）两边对 h_{ss} 求偏导数，得

$$
\begin{aligned}
\frac{\sigma_{\rho_{\mathrm{R}}}}{\sigma_{\mathrm{ssh}}} \equiv \left.\frac{\partial\rho_{\mathrm{R}}}{\partial h_{\mathrm{ss}}}\right|_{h_{\mathrm{ss}}=0} &= \frac{r_{\mathrm{s}} - r_{\mathrm{t}}\cos\gamma_{\mathrm{t}}}{R_{\mathrm{t}}} + \frac{r_{\mathrm{s}} - r_{\mathrm{r}}\cos\gamma_{\mathrm{r}}}{R_{\mathrm{r}}} \\
&= -\cos\left(\frac{\pi}{2} - \theta\right) - \cos\left(\frac{\pi}{2} - \theta\right) \\
&= -2\sin\theta
\end{aligned}
\qquad (6.51)
$$

也就是说，海面高度测量误差是路径延迟误差 $\sigma_{\rho_{\mathrm{R}}}$ 和镜面反射点 S 处的高度角 θ 的函数，即

$$\sigma_{\mathrm{ssh}} = -\frac{\sigma_{\rho_{\mathrm{R}}}}{2\sin\theta} \qquad (6.52)$$

式（6.52）表明，海面高度测量误差与反射信号到达时间测量误差成正比，而与卫星在镜面反射点处高度角的正弦成反比，即在相同的反射信号到达时间测量精度下，高度角较大的反射信号能够获得更高的海面高度测量精度。

6.2.2　码延迟测高方法

1. 总路径延迟

由 6.2.1 节可知，反射和直射信号之间的总延迟如式（6.38）所示；但在具体求解时，除了几何路径延迟 ρ_{E}，还需要考虑大气引起的路径延迟误差 ρ_{atm}（大气传播延迟）以及海面粗糙度引起的峰值延迟 ρ_{sca} 等。反射信号路径延迟模型如图 6-24 所示，总的路径延迟可表示为

$$\Delta\rho_{\mathrm{E}} = \rho_{\mathrm{E}} + \rho_{\mathrm{atm}} + \rho_{\mathrm{sca}} + \rho_{\mathrm{n}} \qquad (6.53)$$

其中，ρ_{n} 表示随机测量误差。

2. 大气传播延迟

大气传播延迟通常可分为干分量和湿分量两部分。干分量主要与地面

的大气压和温度有关，是构成大气传播延迟的主要分量，约占 90%；湿分量主要与信号传播路径上的大气湿度和传播路径的高度有关，通常定义为由水蒸气引起的延迟量，在测高应用中可忽略其影响。假设海平面大气压为 $P_0 = 1.013 \times 10^5 \, \text{Pa}$，高度 h 处的气压 $P(h) = P_0 \cdot \exp(-h/8500)$，则大气传播延迟为

$$\rho_{\text{atm}}(h,\theta) = \frac{4.6127968[1-\exp(-h/8500)]}{\sin\theta} \tag{6.54}$$

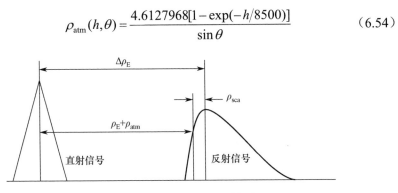

图 6-24 反射信号路径延迟模型

图 6-25 给出了大气传播延迟与卫星高度角 θ 和高度 h 的关系。由图 6-25 可知，当高度 h 小于 100 m 时，大气传播延迟较小，基本上在 10 cm 以内；当高度大于 1 000 m 时，大气传播延迟随着卫星高度角的增大而逐渐减小。

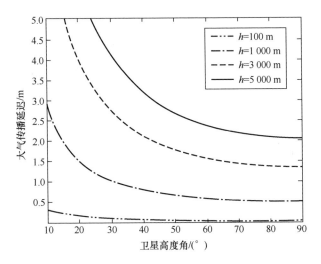

图 6-25 大气传播延迟与卫星高度角的关系

3. 峰值延迟和随机测量误差

由于海面粗糙度的影响，镜面反射点周围存在漫反射点（注：此时反射信号也常称为散射信号，本书对两者未加区分），致使反射信号的时延累加变大，时延相关功率波形的峰值点位置向后偏移。此峰值点相对于镜面反射点信号到达时间之差记为 ρ_{sca}，它将随着风速的增大而增大，可达几十米到上百米，其数值计算结果如图 6-26 所示。

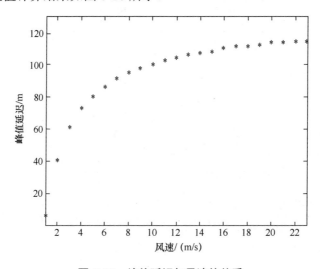

图 6-26　峰值延迟与风速的关系

随机测量误差 ρ_n 包括多径效应、时钟不确定性、天线模型误差、接收机硬件延迟及热噪声，以及计算误差等未列入模型的误差。

4. 试验分析

著者研究小组利用自研设备开展了多次岸基和机载海面测高试验[39-41]，利用码延迟取得了海面高度测量的有效结果，验证了上述分析的可用性。

本节所用数据的采集区域位于南海某海域，以自行研制的机载"GNSS-R海洋微波遥感器"接收 GPS L1 CA 码信号。反射信号接收天线的峰值增益约为 13 dB，天线波束角为 38°。直射信号接收天线的增益为 3 dB，试验载机为国产 Y-7 飞机，飞行高度最高约为 5 200 m，飞行速度达 420 km/h。

对直射信号和反射信号相关功率数据进行降噪和归一化处理后，得到一维时延相关功率曲线，如图 6-27 所示。图中第一个峰值处为直射信号相关功率曲线，第二个峰值处为反射信号相关功率曲线，将两个峰值之间的时延差 $\Delta\tau$ 代入公式 $\Delta\rho_E = \Delta\tau \times c$，可得反射信号相对于直射信号的延迟距离，再由式（6.42）得到飞机反射信号天线到反射面的高度。当选择高度角为 63.40° 的 24 号卫星时，直、反射信号的延迟距离约为 9 899.73 m；当选择高度角为 52.13° 的 26 号卫星时，该延迟距离为 8 743.68 m。卫星高度角不同，所测得的直、反射信号的延迟距离也不同，且卫星高度角越大，延迟距离越大，与式（6.41）所示相符。

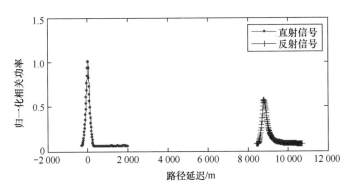

图 6-27　26 号卫星直、反射信号一维时延相关功率曲线

图 6-28 所示为基于 C/A 码相位的测高结果，选择约 1 min 的数据求得的海面平均高度为 5 496 m，测量标准差为 6.435 m。试验期间飞行的海拔高度平均为 5 509 m。

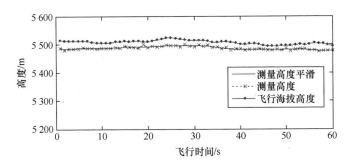

图 6-28　基于 C/A 码相位的测高结果

6.2.3　载波相位测高方法

对于一颗卫星和一台接收机的情况，直射和反射信号的载波伪距观测方程

分别为

$$\lambda \varphi_{\text{dir}}(n) = [D(n) + D_{\text{tro}}(n) + D_{\text{ion}}(n)] + c\delta t_{\text{uclock}}(n) - c\delta t_{\text{dsclock}}(n) - \lambda N_{0\text{d}} + \lambda \varepsilon_{\varphi\text{d}}(n) \tag{6.55}$$

$$\lambda \varphi_{\text{ref}}(n) = [R(n) + R_{\text{tro}}(n) + R_{\text{ion}}(n)] + c\delta t_{\text{uclock}}(n) - c\delta t_{\text{rsclock}}(n) - \lambda N_{0\text{r}} + \lambda \varepsilon_{\varphi\text{r}}(n) \tag{6.56}$$

其中，n 表示第 n 个历元；$D(n)$ 和 $R(n)$ 分别为直射和反射信号的传播距离；$\varphi_{\text{dir}}(n)$ 和 $\varphi_{\text{ref}}(n)$ 分别为直射和反射信号载波相位观测量；λ 为载波波长；$D_{\text{tro}}(n)$ 和 $R_{\text{tro}}(n)$ 分别为对流层对直射和反射信号造成的传播距离上的误差；$D_{\text{ion}}(n)$ 和 $R_{\text{ion}}(n)$ 分别为电离层对直射和反射信号造成的传播距离上的误差；$\delta t_{\text{uclock}}(n)$ 为用户钟差；$\delta t_{\text{dsclock}}(n)$ 和 $\delta t_{\text{rsclock}}(n)$ 分别为观测直射和反射信号对应的卫星钟差；$N_{0\text{d}}$ 和 $N_{0\text{r}}$ 为直射和反射信号载波整周数；$\varepsilon_{\varphi\text{d}}(n)$ 和 $\varepsilon_{\varphi\text{r}}(n)$ 分别为卫星时钟和接收机时钟相噪、接收机硬件延迟、周跳等对直射和反射信号的载波测量所产生的综合误差，以周为单位。

对同一颗星的直射和反射信号的原始伪距观测方程求差，时间同步的用户钟差基本消除。历元 n 直射与反射信号对应的卫星钟差不是完全同步的，故对 $\delta t_{\text{rsclock}}(n) - \delta t_{\text{dsclock}}(n)$ 求差，只削弱了卫星钟差长期稳定度的影响，但未消除其短期稳定度的影响。对同一颗星的直射和反射信号的原始伪距观测方程求差，得

$$\lambda[\varphi_{\text{ref}}(n) - \varphi_{\text{dir}}(n)] = R(n) - D(n) + R_{\text{tro}}(n) - D_{\text{tro}}(n) + \lambda[\varepsilon_{\varphi\text{r}}(n) - \varepsilon_{\varphi\text{d}}(n)] - c[\delta t_{\text{rsclock}}(n) - \delta t_{\text{dsclock}}(n)] - \lambda[\Delta N_{0\text{r}} - \Delta N_{0\text{d}}] \tag{6.57}$$

化简得

$$\lambda \Delta \varphi(n) = \rho(n) + \Delta_{\text{tro}} + \lambda \Delta \varepsilon_{\varphi}(n) - c\Delta_{\delta t_{\text{sclock}}}(n) - \lambda \Delta N \tag{6.58}$$

其中，$\Delta \varphi(n) = \varphi_{\text{ref}}(n) - \varphi_{\text{dir}}(n)$ 为直射与反射信号的相位差；$\Delta N = N_{0\text{r}} - N_{0\text{d}}$ 为直射与反射信号的整周模糊度的差值；$\rho(n) = R(n) - D(n)$ 为直射与反射信号传播距离的差值；$\Delta_{\text{tro}} = R_{\text{tro}}(n) - D_{\text{tro}}(n)$ 为由于直射和反射信号的传播路径不同，对流层对信号传播造成的影响；$\Delta_{\delta t_{\text{sclock}}}(n) = \delta t_{\text{rsclock}}(n) - \delta t_{\text{dsclock}}(n)$ 为对应于直射与反射信号的卫星钟差的差值；$\Delta \varepsilon_{\varphi}(n) = \Delta \varepsilon_{\varphi\text{r}}(n) - \Delta \varepsilon_{\varphi\text{d}}(n)$ 为直射与反射信号的随机观测误差的差值。

对上述单差观测值进一步在历元之间求差，则卫星钟差可基本消除，整周

模糊度得以消除，得

$$\lambda\Delta\varphi(n_1,n_2)=\rho(n_1,n_2)+\lambda\Delta\varepsilon_\varphi(n_1,n_2) \tag{6.59}$$

其中，

$$\Delta\varphi(n_1,n_2)=\Delta\varphi(n_2)-\Delta\varphi(n_1) \tag{6.60a}$$

$$\Delta\varepsilon_\varphi(n_1,n_2)=\Delta\varepsilon_\varphi(n_2)-\Delta\varepsilon_\varphi(n_1) \tag{6.60b}$$

$$\rho(n_1,n_2)=\rho(n_2)-\rho(n_1) \tag{6.61}$$

假设地球表面为水平面，则可把式（6.41）代入式（6.61），得到

$$\rho(n_1,n_2)=2h(n_2)\sin\theta(n_2)-2h(n_1)\sin\theta(n_1) \tag{6.62}$$

由于短时间（如 0.1 s）内高度角变化微小，当 $n_2T-n_1T<0.1\,\mathrm{s}$ 时（T 表示相邻历元间的时间间隔），假定 $\sin\theta(n_2)\approx\sin\theta(n_1)$。此时式（6.62）可以近似为

$$\rho(n_1,n_2)=2h(n_1,n_2)\sin\theta(n_1) \tag{6.63}$$

其中，$h(n_1,n_2)=h(n_2)-h(n_1)$。由式（6.60）和式（6.63）得到估计的历元间的反射面高度变化值为

$$\hat{h}(n_1,n_2)=\frac{\lambda\Delta\varphi(n_1,n_2)}{2\sin\theta(n_1)} \tag{6.64}$$

载波相位和码相位相比，具有更精细的分辨性能，可提供更优的测高精度；但是在载波相位的求解过程中存在整周模糊度固定、周跳或半周跳等问题，有时难以找到有效的方法彻底解决。

6.2.4 载波频率测高方法

根据频率和相位的关系，实践中也会利用载波频率求解反射面的高度。令 φ 和 f_E 分别为反射信号和直射信号之间的载波相位差和多普勒频移（频率差），则有[37]

$$\frac{\mathrm{d}\rho_E}{\mathrm{d}t}=\lambda\frac{\mathrm{d}\varphi}{\mathrm{d}t}=\lambda\cdot(2\pi f_E) \tag{6.65}$$

即路径延迟（路径差）的变化率是频率差的函数。假定某一时刻接收机到

反射面的高度 h 不发生变化，即路径延迟的变化仅由高度角的变化引起，式（6.41）对时间求导得

$$\frac{\mathrm{d}\rho_{\mathrm{E}}}{\mathrm{d}t} = \frac{\mathrm{d}(2h\sin\theta)}{\mathrm{d}t} = 2h\cos\theta\frac{\mathrm{d}\theta}{\mathrm{d}t} \tag{6.66}$$

联合式（6.65）和式（6.66）可得

$$\lambda \cdot (2\pi f_{\mathrm{E}}) = 2h\cos\theta\mathrm{d}\theta/\mathrm{d}t \tag{6.67}$$

即

$$h = \frac{\lambda \cdot (2\pi f_{\mathrm{E}})}{2\cos\theta\mathrm{d}\theta/\mathrm{d}t} \tag{6.68}$$

式（6.68）给出了接收机到反射面的高度与载波频率差的关系。在确定了时间及 GNSS 卫星和接收机的位置后，卫星高度角 θ 和卫星高度角的变化率 $\mathrm{d}\theta/\mathrm{d}t$ 均可以获得。因此，通过求解反射信号相对于直射信号的载波频率差，可以得到接收机到反射面的高度。

6.2.5 干涉法海面高度测量

1. 干涉测量原理

利用导航卫星反射信号开展海洋遥感应用，所用到的方法可划分为两类：一类是直反协同法，即直射和反射信号同时接收，两者协同获取观测量；另一类是干涉法，即接收机从直射信号中提取可表示反射信号作用的观测量。文献[42]中给出了较为详细的原理分析和试验验证结果。对于干涉法应用，除了基于连续运行基准站（Continuously Operating Reference Station，CORS）的数据实现外，通常用测绘型接收机搭建观测站点开展遥感应用。人们日常使用的智能手机目前普遍内嵌 GNSS 接收机，且信号处理性能持续得以改善。干涉法海洋遥感应用自然也可以基于类似的智能手机实现，下面以海面高度测量为例加以介绍。

在不同的高度条件下，即当智能手机距离海面的高度不同时，导航卫星信号的载噪比（Carrier-to-Noise Ration，CNR）随高度角变化而呈现不同的振荡特点，这就是干涉法可以用于测量海面高度的基础。图 6-29 所示为右旋圆极化、垂直极化和水平极化信号的载噪比随高度角正弦的变化曲线。由图 6-30 可知，接收天线距离海面越高，载噪比振荡频率越大，且垂直和水平两种线极化天线比圆极化天线接收的信号振荡幅度更大。此外，随着高度角的增加，线

极化天线接收信号的振荡幅度衰减的速度也比圆极化天线接收的信号慢。

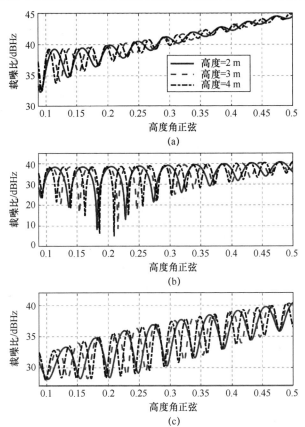

图 6-29 右旋圆极化（a）、垂直极化（b）和水平极化（c）信号的信噪比
随高度角正弦的变化曲线

2. 试验验证

2021 年 11 月 02 日至 11 月 20 日在山东省某验潮站开展了外场试验,基于
智能手机（小米 6）测量海面高度,其试验场景如图 6-30 所示。其中小米 6 手
机距海面垂直高度约为 9 m,天线朝西南方向,方位角约为 210°；浮子式验潮
仪提供同比测量数据,风杯式测量仪提供风速数据。

图 6-31 给出了基于智能手机测量海面高度的数据处理流程。首先,由
RINEX（与接收机无关的交换格式）文件中解析出导航卫星 PRN 号及信噪比
（或载噪比）序列,数据采集时刻的卫星高度角和方位角从星历文件中提取。
因现场智能手机背向信号被建筑物遮挡,方位角限定为 100°～300°,高度角

不做严格限定。将符合条件的载噪比数值序列进行经验模态分解（EMD）处理获得各模态分量（IMF 分量），并对其进行遍历。为了得到每个模态分量的主振荡频率，首先对各分量进行 L-S 谱估计，然后提取谱的峰值频率 f_{peak}、谱宽度 W_{spe} 及主–次峰值比 R 三个特征观测量。谱宽度阈值 T_W 取 1.0，主–次峰值比阈值 T_R 取 1.5，而峰值频率限定区间 $[T_{f\min}, T_{f\max}]$ 的取值为[0.66,1.14]。如果上述条件均满足，则利用 $h_r = f_{peak} \cdot \lambda/2$ 得到智能手机距离海面的高度；如果不满足，则由下一个模态分量重复上述过程。

图 6-30 基于智能手机测量海面高度的试验场景

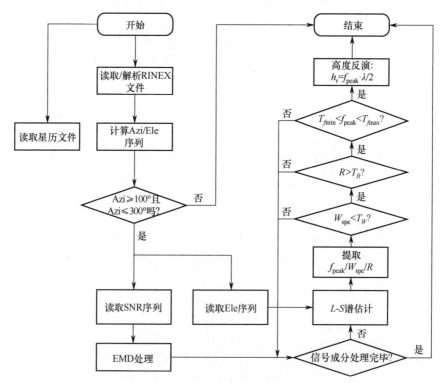

图 6-31 基于智能手机测量海面高度的数据处理流程

海面高度测量值与验潮站的同比值对比的结果如图 6-32 所示，同比值–测量值散点围绕在 1∶1 线周围，均方根误差为 0.39 m，但虚线圈区域内的误差较大。

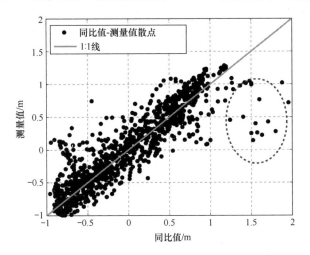

图 6-32　海面高度测量值和验潮站同比值对比结果

验潮站的潮汐（潮位）和风速随时间变化的情况分别如图 6-33（a）和（b）所示。11 月 7 日试验场地出现风速突然变大的情况，导致海面粗糙度增大，反射信号的相干性减弱，干涉振荡的效果受影响，进而使测量误差增大。

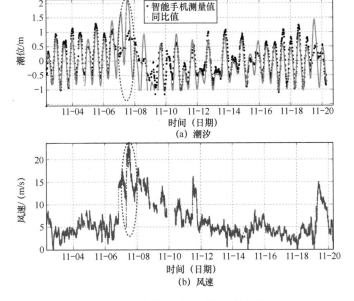

图 6-33　潮汐与风速随时间变化的情况

为了进一步分析风速的影响，将风速和对应的均方根误差（RMSE）绘制在图 6-34 中。可以看出，随着风速增大，测量值的均方根误差也增大，特别是在风速大于 12 m/s 时，误差值增大近 60%。需要指出的是，试验场景中智能手机距海面的垂直高度（此处约为 9 m）、建筑物的遮挡以及手机中 GNSS 接收机性能，均可能是影响测量误差的因素，更精细的分析可参阅相关文献。

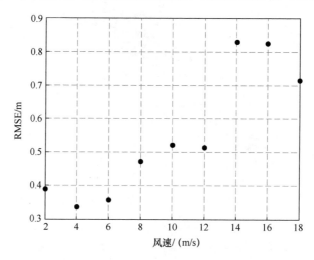

图 6-34　测量误差随风速的变化

和圆极化天线接收信号的干涉振荡不同，线极化天线在高度角的更大范围内存在有效振荡。图 6-35 所示为 18 天试验期间测量样本在不同高度角的统计

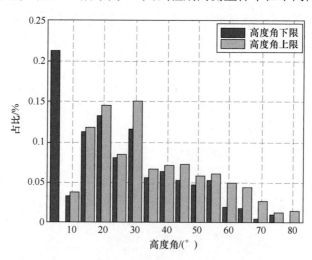

图 6-35　测量样本在不同高度角的统计结果

结果。其中，高度角大于 30° 的载噪比序列仍可用于测量海面高度，高度角序列的下限和上限高于 30° 的样本数分别占总样本数的 31.9% 和 46.8%，最大高度角可达 80°。与此相对应，测绘型接收机通常利用 30° 以内高度角的载噪比序列反演海面高度。

6.3 岸基 GNSS–R 台风风场重构及风暴潮模拟

台风是风暴潮的关键驱动力，直接关系到风暴潮灾害的强弱，台风的中心位置、强度和结构等信息对风暴潮预报至关重要。当风速达到台风的级别时，散射计和辐射计等不能提供足够精度的数据。如前所述，岸基 GNSS–R 在海面风场反演中有很好的性能，即使在台风风场重构中也有较好的表现。本节着重介绍台风风场重构及其在风暴潮模拟中的应用。

6.3.1 台风风场重构方法

台风强度是决定风暴潮灾害严重性的重要因素之一，最大风速又是判定台风强度的关键参数。为了提升台风内部风速、台风外围风速以及最大风速的估计精度，在分析风场的基础上重构台风风场。重构的台风风速可表示为

$$V(r) = \begin{cases} \left(\dfrac{r}{R_{\mathrm{MW}}} k + \dfrac{R_{\mathrm{MW}} - r}{R_{\mathrm{MW}}} \right) \times V_{\mathrm{BG}}, & 0 \leqslant r \leqslant R_{\mathrm{MW}} & (6.69\mathrm{a}) \\[3mm] \left(\dfrac{r - R_{\mathrm{MW}}}{3R_{\mathrm{MW}}} + \dfrac{4R_{\mathrm{MW}} - r}{3R_{\mathrm{MW}}} k \right) \times V_{\mathrm{BG}}, & R_{\mathrm{MW}} < r < 4R_{\mathrm{MW}} & (6.69\mathrm{b}) \\[3mm] V_{\mathrm{BG}}, & r \geqslant 4R_{\mathrm{MW}} & (6.69\mathrm{c}) \end{cases}$$

其中，r 是距台风中心的距离；R_{MW} 为台风最大风速半径；V_{BG} 是背景场风速（此处采用再分析风场数据，也可采用预报风场或理论风场）；k 为确定风场重构所需的距离订正系数，此处定义为实测数据 V_{obs}（如岸基 GNSS–R 站点风速和浮标数据）与背景场风速 V_{BG} 的比值，即 $k = V_{\mathrm{obs}} / V_{\mathrm{BG}}$。在风暴潮预报时，可根据台风强度设置距离订正系数，例如当预报台风强度过大时，令 $k < 1$，能有效地减小风速值。

式（6.69）对台风内部（$\leqslant R_{\mathrm{MW}}$）和台风外部（$\geqslant 4R_{\mathrm{MW}}$）的风场进行了重建，其余部分采用背景场数据。由式（6.69a）可知：当 $r = 0$ 时，重构的风

速即为背景场风速；当 $r = R_{MW}$ 时，重构风速由距离订正系数乘以背景场风速得到；当 $r < R_{MW}$ 时，每个点风速的增大或减小取决于 k 和 r，并确保在台风内部的风速值较为平滑，在空间分布上不会出现梯度过大的现象。从式（6.69b）可看出，$R_{MW} \sim 4R_{MW}$ 之间的风速重构过程类似于对台风内部（$\leq R_{MW}$）的风速重构过程。在 R_{MW} 边界处的风速大小和式（6.69a）的值相同；在 $4R_{MW}$ 处重构后的风速为背景场风速，保证了 $4R_{MW}$ 边界处的风速和 $4R_{MW}$ 外背景场风速[见式（6.69c）]在空间分布上的连续性。

6.3.2 岸基 GNSS-R 台风风场重构

本节以 2013 年 7—8 月在广东阳江进行的 GNSS-R 台风观测试验（Typhoon Investigation using GNSS Reflected and Interferometric Signals, TIGRIS）为例分析岸基台风风场的重构[33,43]。

在风场重构之前，对欧洲中期天气预报中心（European Centre for Medium-Range Weather Forecasts, ECMWF）数据进行评估。图 6-36 所示为 GNSS-R 风速反演结果与 ECMWF 数据的对比，相对于 GNSS-R 岸基站点的实测数据，在 8 月 13 日 12:00—14 日 00:00 期间 ECMWF 数据出现了不同程度的偏低。

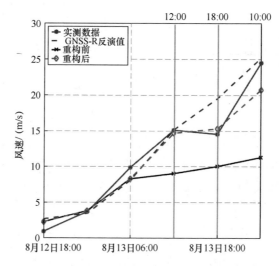

图 6-36 GNSS-R 风速反演结果与 ECMWF 数据对比（阳江站）

根据台风的中心位置和背景风场最大风速位置来确定 R_{MW}，距离订正系

数 k 由岸基 GNSS-R 风速 $V_{\text{GNSS-R}}$ 和 ECMWF 风速 V_{ECMWF} 计算得到，即

$$k = \frac{V_{\text{GNSS-R}}}{V_{\text{ECMWF}}} \qquad (6.70)$$

将各个时刻的 k 值代入式（6.69）重构台风风场。从图 6-36 还可看出，在阳江站，GNSS-R 风速反演值和气象站实测数据的最大值均达到了 25 m/s，而 ECMWF 数据重构前风速最大值仅为 11 m/s，而重构后风速最大值达到 21 m/s。风场重构后的数据与实测数据更为吻合，风速的准确度明显提升，因而风场重构可为风暴潮模拟提供质量更优的风场数据。

6.3.3　风暴潮模型的建立及验证

1. FVCOM 概述

有限体积海岸海洋模型（Finite-Volume Costal Ocean Model，FVCOM）由美国马萨诸塞大学陈长胜教授所领导的海洋生态动力学模型实验室与伍兹霍尔海洋研究所罗伯特·C.比尔兹利联合开发，在笛卡儿直角坐标系下的原始控制方程主要有动量方程、压强方程、连续方程和温盐方程[44]。由于计算机无法处理连续问题，FVCOM 采用有限体积法对方程进行离散化，相对于有限元法和有限差分法，该方法可以对方程分别离散求解。既可以类似于有限元法，在三角节点上计算标量（海表面自由高度、温度、盐度等参量）；也可以类似于有限差分法在三角网格质心上计算矢量，以保证整个三角网格的质量守恒。由于采用非结构化三角网格架构和有限体积的离散方法，FVCOM 能灵活地刻画岸线和边界，在内陆湖泊、河流以及河口等地域也有广泛的应用。

FVCOM 采用图 6-37 所示的不规则非重叠三角网格。相对于结构化网格，这种三角网格结构可较为灵活地描述曲折多变的岸线，且非常方便对特定研究区域进行加密。计算区域所划分的三角网格在水平和垂直方向上没有交叉，网格的节点个数和单元个数根据以下公式进行统计：

$$[X(i), Y(i)], \; i = 1 \sim N \qquad (6.71)$$

$$[X_n(i), Y_n(i)], \; i = 1 \sim M \qquad (6.72)$$

其中，N 为三角网格的总数，$[X(i), Y(i)]$ 表示三角网格质心的坐标；每个三角形有三个节点，M 为三角网格节点的总数，$[X_n(i), Y_n(i)]$ 表示三角网格按顺时

针排列的网格节点坐标。

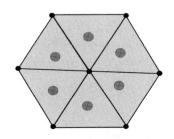

图 6-37 不规则非重叠三角网格

此外，FVCOM 采用模块化设计，除了基本的水动力模块，还包括四维同化、泥沙、海冰、粒子跟踪、示踪、生态以及水质等模块，其核心代码至今还在不断地升级。根据研究内容和目的的不同，可以使用不同的模块集成而得到新的模型，精确地模拟近岸海域的水动力现象，如潮汐、风暴潮、海浪和泥沙输运等。该模型在浅海物理海洋学、海洋生态系统动力学、海洋环境、理论海洋学以及海洋模型开发等领域都得到了广泛的应用。

2. 风暴潮模型

精细化风暴潮模型用于精细化再现风暴潮的形成、传播和消亡整个过程，其整体组成如图 6-38 所示。该模型将 FVCOM 的风暴潮模块和天文潮模块进行耦合，基于边界驱动条件和表面强迫条件实现对风暴潮的有效模拟。该模型的核心是精细化网格的构建，需要精细化的海岸线资料，以美国国家地球物理数据中心的全球高分辨率地理数据资料为基础[45]，利用地表水模拟软件 SMS 10.1，采用划分不规则三角网格的方法产生。一般在近岸网格相对较小，开边界附近网格较为稀疏，中间区域过渡自动生成。同时，考虑到台风登陆中国的范围，对珠江口、台湾海峡等区域的网格加密一些。为提升计算效率，设置在沿岸区域以及大陆架边缘的网格水平分辨率为 2～5 km，在开边界区域为 10～15 km。在实际情况下，相邻的三角形受到岸线或者岛屿的影响，其形状与理想情况的差异较大。

海洋海底地形数据（水深）取自分辨率为 1′ 的地形高程数据 ETOPO1，其中水深为负值，经插值到各个网格上便得到整个计算区域的地形。

1）边界条件

海表面条件为风场和气压场条件，采用 ECMWF 的再分析数据。开边界条件为潮位驱动，包括 4 个全日潮（K1、O1、P1 和 Q1）和 4 个半日潮（M2、S2、N2 和 K2），采用俄亥俄州立大学的全球潮汐预测软件 OTPS 获得。

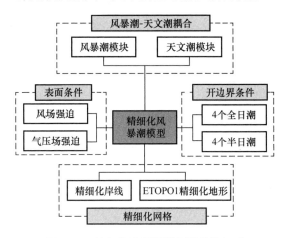

图 6-38　精细化风暴潮模型的整体组成

2）初始条件

模型的初始流速场和水位场均设置为 0，垂向分为 11 层，且温度和盐度分别设为常数值 15 ℃和 35 psu（实际盐度单位）；模型设置为正压，暂时不考虑斜压的影响；近岸潮间带采用干湿处理，将海岸线边界作为闭边界。模拟过程中的运行步长为 2 s，且内外步长比为 10：1。为了避免冷启动导致的初始振荡，模拟 15 天以后开始输出数据，并用于风暴潮分析。

3）模拟方案

基于 FVCOM 的精细化风暴潮模型评估风场重构前后对风暴潮模拟精度的影响，设计 3 个数值模拟方案。方案一用于测试在研究区域内的天文潮模拟性能，方案二用于测试风场重构前的风暴潮模拟性能，方案三用于测试风场重构后的风暴潮模拟性能。

方案一：单独天文潮的数值模拟（8 个分潮）；

方案二：天文潮-风暴潮耦合的数值模拟（8 个分潮+ECMWF 再分析风场和气压场）；

方案三：天文潮-风暴潮耦合的数值模拟（8 个分潮+ECMWF 气压场+重构的台风风场）。

3. 风暴潮模型分析与验证

对于海洋动力学参数的数值模型而言，能准确地模拟天文潮是最基本的要求。为了测试风暴潮模型的天文潮模拟性能，利用验潮站数据作为同比数据。

根据精细化风暴潮模型输出的潮位数据，查找与表 6-4 中验潮站最邻近的网格点，分别对网格点输出的潮位数据进行经典调和分析，得到该处 M2 分潮的振幅和相位。与我国沿岸验潮站分析得到的调和常数进行对比，M2 分潮的振幅和相位的均方根误差分别为 11.2 cm 和 13.2°。可见，该风暴潮模型可以较为准确地再现研究区域内的天文潮传播。此外，模拟结果有较高的空间分辨率，可以提供精细化的近岸增水信息，更好地用于风暴潮的结构和传播分析。

表 6-4 M2 分潮的振幅和相位对比（相位数值相对于 120°E）

经度/（°）	纬度/（°）	分析的振幅/（cm）	模拟的振幅/（cm）	分析的相位/（°）	模拟的相位/（°）
117.57	23.75	110	120.25	8	44.34
117.87	23.91	150	156.10	1	35.67
120.17	23.70	114	135.53	331	342.15
121.87	24.58	44	41.707	169	203.65
122.23	31.41	125	116.33	309	335.77
122.32	29.85	120	132.41	265	289.86
123.68	25.93	45	47.494	200	214.53
123.00	24.41	42	43.197	173	204.5
123.73	24.33	45	43.974	183	201.37
124.17	24.33	46	44.864	175	199.27

6.3.4 重构风场的风暴潮模拟

1. 超强台风"尤特"

超强台风"尤特"（国际编号：1311，Utor）从 2013 年 8 月 9 日开始，经历了两次增强和两次登陆。8 月 11 日 12 时，"尤特"首次增强达到峰值强度，10 min 最大持续风速达到 54 m/s，大气压力降至 925 hPa，并于 19 时左右在吕宋岛北部登陆。8 月 12 日早上，"尤特"抵达南海。8 月 14 日 7 时 50 分"尤特"在中国广东省阳江市阳西县溪头镇沿海地区再次登陆，登陆时中心最大风力达 14 级，并伴有大暴雨，个别江河超过了警戒水位。该台风具有风速强、风浪大、潮位高、降雨大的特点，对中国、菲律宾造成严重的经济损失和人员伤亡。2014 年第 46 届台风委员会将"尤特"除名。

2. 风暴潮验证

利用 6.3.3 节的精细化风暴潮模型实施数值模拟，重构前后的风场分别用于模拟 1311 号台风"尤特"所引起的风暴潮。对比风场重构前后风暴潮增水的变化可得该台风期间的海面高度异常。具体计算如下：

（1）方案二的模拟水位减去方案一的模拟水位，得到由重构前的风场所引起的风暴潮；

（2）方案三的模拟水位减去方案一的模拟水位，得到由重构后的风场所引起的风暴潮。

其中 2013 年 8 月 11 日 18:00—2013 年 8 月 14 日 12:00 的模拟结果用于分析台风"尤特"所引起的风暴潮。

图 6-39 显示了 8 月 11 日—8 月 14 日风场重构前后对风暴潮增水的模拟结果与验潮站实测数据的对比。"尤特"台风所引起的风暴潮持续增水相对缓慢。硇洲站从 8 月 12 日 23:00 开始增水，并持续到 8 月 13 日 17:00；闸坡站从 8 月 12 日 20:00 开始增水，并持续到 8 月 14 日 01:00；台山站从 8 月 12 日 21:00 开始增水，并持续到 8 月 14 日 04:00；珠海站从 8 月 12 日 21:00 开始增水，并持续到 8 月 14 日 02:00。在风暴潮的峰值区域，方案二（8 个分潮+ECMWF 再分析风场和气压场）模拟得到的风暴潮（深黑色线）结果严重低估了在硇洲站、闸坡站、台山站和珠海站观测到的风暴潮。相比之下，方案三（8 个分潮+ECMWF 气压场+重构的台风风场）模拟得到的风暴潮与验潮站实测数据相对吻合。除了硇洲站以外，其他 3 个站点的模拟结果，在风暴潮的峰值区域的模拟精度均有明显的提升。在台风登陆附近的闸坡站，使用重构风场模拟得到的风暴潮，最大增水及最大增水时刻与验潮站实测数据对比，两个关键参数的模拟精度均有了显著的改善。

为了定量评估风场重构前后模拟精度的提升，针对各验潮站分别计算风场重构前后模拟结果与实测数据之间的均方根误差（RMSE），结果如表 6-5 所示。可见，重构后风场的均方根误差明显小于重构前的结果，且从 4 个站点的综合效果看，整体性能提升了近 30%。

对于风暴潮模拟来说，增水尺度和最大增水时刻是两个重要的指标。表 6-6

给出了风场重构前后的模拟结果与实测数据对比。由表 6-6 可知，除了台山站的最大增水时刻外，重构风场的其他模拟结果均能较好地再现台风"尤特"引起的风暴潮增水尺度和最大增水时刻。闸坡站的风暴潮模拟值与实测数据对

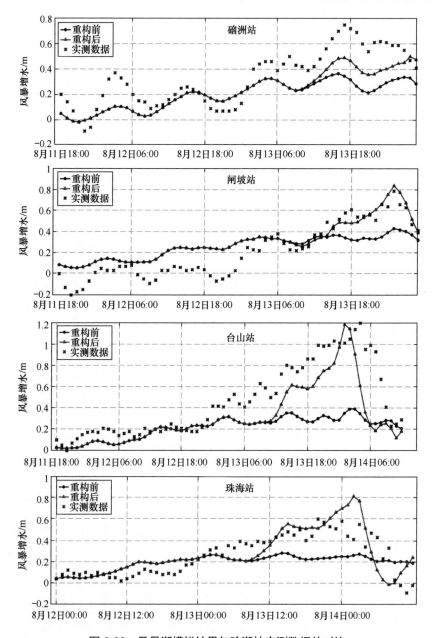

图 6-39　风暴潮模拟结果与验潮站实测数据的对比

比，其均方根误差为 14.4 cm，最大增水与实测数据相差 5 cm，最大增水时刻也完全一致。其他三个验潮站的模拟精度也都有不同程度的提升。例如，台山站观测到的最大增水为 1.2 m，经过台风风场重构后，模拟的最大增水从 0.39 m 增大到 1.185 m；经过台风风场重构后，模拟的硇洲站和珠海站的最大增水时刻均得到了改善。

表 6-5　重构前后的模拟结果和实测数据之间的 RMSE

验潮站	对比时间范围	重构前 RMSE/cm	重构后 RMSE/cm
硇洲站	11 日 18:00—14 日 05:00	19.5	14.7
闸坡站	11 日 18:00—14 日 05:00	17.9	14.4
台山站	11 日 18:00—14 日 12:00	35.1	22.4
珠海站	11 日 18:00—14 日 12:00	24.6	16.1

表 6-6　风场重构前后风暴潮最大增水和最大增水时刻的模拟结果与验潮站实测数据对比

验潮站	数据来源	最大增水时刻	最大增水/cm	时刻偏差/h	最大增水偏差/cm
硇洲站	重构前	13 日 16:00	37	−1	−38
	重构后	13 日 17:00	49	0	−26
	实测	13 日 17:00	75	—	—
闸坡站	重构前	14 日 01:00	43	0	−36
	重构后	14 日 01:00	84	0	5
	实测	14 日 01:00	79	—	—
台山站	重构前	14 日 03:00	39	−1	−81
	重构后	14 日 01:00	118.5	−3	1.5
	实测	14 日 04:00	120	—	—
珠海站	重构前	14 日 03:00	29	2	−52
	重构后	14 日 02:00	89	1	8
	实测	14 日 00:00	81	—	—

6.4　本章小结

海面高度和海面风场是衡量海洋特征的常用参数，本章介绍了利用 GNSS-R 实现参数测量的基本原理和方法，并通过实际采集的数据对理论模型进行了验证。首先以 GNSS-R 用于海面风场反演为对象展开了详细分析，给出了海面风场与海面统计特征的关系，海面风场反演的算法和流程，以及实际数据处理结果。其次讨论了海面高度测量的几何模型以及误差分析，对利用码相位延迟、载波相位延迟及载波频率求解海面高度的不同方法分别阐述了应该考虑的影响因素，并给出了试验验证。最后，探索了岸基 GNSS-R 数据在台风风场重构及风暴潮模拟中的应用。

参 考 文 献

[1] 齐义全, 施平, 王静. 卫星遥感海面风场的进展[J]. 遥感技术与应用, 1998, 13(1): 56-61.

[2] MARTIN-NEIRA M. A passive reflectometry and interferometry system (PARIS): application to ocean altimetry[J]. ESA Journal, 1993, 17(4): 331-355.

[3] MARTIN-NEIRA M. Altimetry method[P]. USA: 5546087, Aug.13, 1996.

[4] MARTIN-NEIRA M, CAPARRINI M，FONT-ROSSELLO J, et al. The PARIS concept: an experimental demonstration of sea surface altimetry using GPS reflected signals[J]. IEEE Transactions on Geoscience and Remote Sensing, 2001, 39(1): 142-150.

[5] AUBER J C, BILBAUT A, RIGAL J M. Characterization of multipath on land and sea at GPS frequencies[C]. Paris: ION Conference, 1994.

[6] ZAVOROTNY V U, VORONVICH A G. Scattering of GPS signals from the ocean with wind remote sensing application[J]. IEEE Transactions Geoscience and Remote Sensing, 2000, 38(2): 951-964.

[7] ARMATYS M, KOMJATHY A, AXELRAD P, et al. A comparison of GPS and scatterometer sensing of ocean wind speed and direction[C]. Honolulu: IGARSS, 2000.

[8] GARRISON J L, KOMJATHY A, ZAVOROTNY V U, et al. Wind speed measurement using forward scattered GPS signals[J]. IEEE Transactions Geoscience and Remote Sensing, 2002, 40(1): 50-65.

[9] HAJJ G A, ZUFFADA C. Theoretical description of a bistatic system for ocean altimetry using the GPS signals[J]. Radio Science, 2003, 38(5): 1089.

[10] RUFFINI G, SOULAT F, CAPARRINI M, et al. The GNSS-R eddy experiment I: altimetry form low altitude aircraft[C]. Barcelona: In Proceedings of the 2003 Workshop on Oceanography with GNSS-R, 2003.

[11] GERMAIN O, RUFINI G, SOULAT F, et al. The eddy experiment: GNSS-R speculometry for directional sea-roughness retrieval from low altitude aircraft[J]. Geophysical Research Letters, 2004, 31: L21307.

[12] GERMAIN O, RUFFINI G, SOULAT F. The GNSS-R eddy experiment II: l-band and optical speculometry for directional sea-roughness retrieval from low altitude aircraft[C]. Barcelona : Proceedings from the 2003 Workshop on Oceanography with GNSS Reflections, 2003.

[13] RUFFINI G, SOULAT F, CAPARRINI M, et al. The eddy experiment: accurate GNSS-R ocean altimetry from low altitude aircraft[J]. Geophysical and Research Letters, 2004, 31: L12306.

[14] EMERY W J, AXELRAD P, NEREM R S, et al. Student reflected GPS experiment (SuRGE) [C]. Sydney: IEEE Geoscience and Remote Sensing Systems (IGARSS), 2001.

[15] GLEASON S, ADJRAD M. Sensing ocean, ice and land reflected signals from space: results from the UK-DMC GPS reflectometry experiment[C]. Long Beach: ION GNSS 18th International Technical Meeting of the Satellite Division, 2005.

[16] 符养, 周兆明. GNSS-R 海洋遥感方法研究[J]. 武汉大学学报: 信息科学版, 2006, 31(2): 128-131.

[17] 陈世平, 方宗义, 林明森. 利用全球导航定位系统进行大气和海洋遥感[J]. 遥感技术与应用, 2005, 20 (1): 30-37.

[18] 董昌明, 禹凯, 刘宇, 等. 物理海洋学导论[M]. 北京: 科学出版社, 2019.

[19] 谢寿生，徐永进. 微波遥感技术与应用[M]. 北京: 电子工业出版社, 1987.

[20] PEAKE W H, OLIVER T L. The response of terrestrial surfaces at microwave frequencies[R]. Technical Report, 1971, 5.

[21] BOURLIER C, SAILLARD J, BERGINE G. Instrinsic infrared radiation of the sea surface[J]. Progress In Electronmagnetics Research, 2000, 27: 185-334.

[22] APEL J R. An improved model of the ocean surface wave vector spectrum and its effects on radar backscatter[J]. Journal of Geophysical Research, 1994, 99(C8): 16269-16291.

[23] ELFOUHAILY T, CHAPRON B, KASTAROS K, et al. A unified directional spectrum for long and short wind-driven waves[J]. Journal of Geophysical Research, 1997, 102(15): 781-796.

[24] BERGINC G. Small-slope approximation method: a further study of vector wave scattering comparison with experimental data[J]. Progress in Electromagnetics Research, 2002, 37: 251-287.

[25] AWADA A, KHENCHAF A, COATANHAY A. Bistatic radar scattering from an ocean surface at L-band[C]. Verona: IEEE Conference on Radar, 2006.

[26] BARRICK D E, PEAKE W H. A review of scattering from surface with different roughness scales[J]. Radio Science, 1986, 3(8): 865-868.

[27] 张益强. 基于 GNSS 反射信号的海洋微波遥感技术[D]. 北京: 北京航空航天大学, 2007.

[28] 路勇. 基于 GNSS 反射信号的海面风场探测技术研究[D]. 北京: 北京航空航天大学, 2009.

[29] SOULAT F, CAPARRINI M, GERMAIN O, et al. Sea state monitoring using coastal GNSS‑R[J]. Geophysical Research Letters, 2004, 31(21): L21303.

[30] MARTIN F, ARTIN F, CAMPS A, et al. Significant wave height retrieval based on the effective number of incoherent averages[C]. Milan: IEEE International Geoscience and Remote Sensing Symposium (IGARSS), 2015: 3634-3637.

[31] WANG F, YANG D, ZHANG B, et al. Wind speed retrieval using coastal ocean-scattered GNSS signals[J]. IEEE Journal of Selected Topics in Applied Earth Observations and Remote Sensing, 2016, 9(11): 5272-5283.

[32] MARCHAN-HERNANDEZ J, VALENCIA E, RODRIGUEZ N, et al. Sea-state determination using GNSS-R data[J]. IEEE Geoscience and Remote Sensing Letters, 2010, 7(4): 621-625.

[33] LI W, FABRA F, YANG D, et al. Initial results of typhoon wind speed observation using coastal GNSS-R of BeiDou GEO satellite[J]. IEEE Journal of Selected Topics in Applied Earth Observations and Remote Sensing, 2016, 9(10): 4720-4729.

[34] WANG Q, ZHU Y, KASAHTIKUL K. A novel method for ocean wind speed detection based on energy distribution of BeiDou reflections[J]. Sensors. 2019, 19: 2779.

[35] 周荫清. 随机过程理论[M]. 2 版. 北京: 电子工业出版社, 2009: 63.

[36] ANDERSON C, MACKLIN J, GOMMENGINGER C. Study of the impact of sea state on nadir looking and side looking microwave backscatter[R]. Technical Note, 2000.

[37] MASHBURN J R. Analysis of GNSS-R observations for altimetry and characterization of earth surfaces[D]. Boulder: University of Colorado, 2019.

[38] WU S C, MEEHAN T, YOUNG L. The potential use of GPS signals as ocean altimetry observable[C]. 1997 National Technical Meeting, Santa Monica, CA, 1997.

[39] YANG D K, WANG Y, LU Y, et al. GNSS-R data acquisition system design and experiment[J], Chinese Science Bulletin, 2010, 55 (33): 3842-3846.

[40] 路勇, 杨东凯, 等. 基于 GNSS-R 的海面风场监测系统研究[J]. 武汉大学学报·信息科学版, 2009, 34(4): 470-473.

[41] 路勇, 熊华钢, 杨东凯, 等. GNSS-R 海洋遥感原始数据采集系统研究与实现[J]. 哈尔滨工程大学学报, 2009, 30(6): 644-648.

[42] 杨东凯, 王峰. GNSS 反射信号海洋遥感方法及应用[M]. 北京: 科学出版社, 2020.

[43] 李晓辉. 基于 GNSSR 的台风风场重构与风暴潮模拟研究[D]. 北京: 北京航空航天大学, 2021.

[44] CHEN C, BEARDSLEY R C, COWLES G. An unstructured grid, finite-volume coastal ocean model: FVCOM user manual[M]. 3rd ed. Massachusetts Dartmouth: SMAST/UMASSD-11-1101, 2011.

[45] WESSEL P, SMITH W. A global, self-consistent, hierarchical, high-resolution shoreline database[J]. Journal of Geophysical Research Solid Earth, 1996, 101(4): 8741-8743.

第7章　陆表土壤湿度反演

7.1　土壤湿度及其测量方法简介

土壤湿度（也称土壤含水量）是用来表征土壤水分状况的指标。土壤水分是土壤的重要组成部分，在土壤的形成、发育以及物质和能量的运移过程中起着重要作用，对植物的生长情况以及植物在陆地表面的分布有着重要影响[1-2]。如图 7-1 所示，土壤水分通过蒸散作用（蒸发和蒸腾）参与地面和大气之间的水分交换，是全球水循环的重要环节，在水分转换过程、全球气候变化中起着重要作用[3]。因此，在不同尺度上掌握土壤湿度可为人类生产生活带来积极的影响。

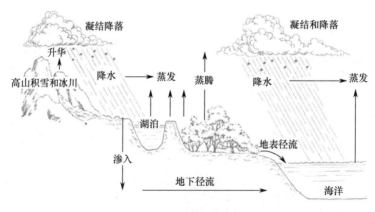

图 7-1　水循环示意图

土壤湿度通常有重量湿度和体积湿度两种表示方法。

1. 重量湿度

土壤水分的重量与相应固相物质重量的比值称为重量湿度，是无量纲量，

通常以百分数或 g/kg 表示:

$$m_w(\%) = \frac{M_w}{M_s} \times 100\%$$

$$m_w(g/kg) = \frac{M_w}{M_s} \times 1\,000\ g/kg$$

(7.1)

其中，m_w 为土壤重量湿度，M_w 为土壤水分重量，M_s 为土壤固相物质重量。

2. 体积湿度

土壤水分占有的体积和土壤总体积的比值称为体积湿度，同样是无量纲量，通常以百分数或 m³/m³（或 cm³/cm³）表示:

$$m_v(\%) = \frac{V_w}{V_s} \times 100\%$$

$$m_v(m^3/m^3) = \frac{V_w}{V_s} \times 1m^3/m^3$$

(7.2)

其中，m_v 为土壤体积湿度，V_w 为土壤水分体积，V_s 为土壤总体积。

土壤的重量湿度和体积湿度可以通过下式进行换算:

$$m_v \rho_w = m_w \rho_s$$

(7.3)

其中，ρ_w 为土壤水密度（kg/m³），ρ_s 为土壤容重（kg/m³）。

土壤湿度的测量方法多种多样，总体上可分为原位测量及遥感测量两类。典型原位测量方法包括烘干称重法[4]、时域反射法[5]、频域反射法[6]等。其中，烘干称重法是唯一可以直接测量土壤湿度的标准方法。原位测量方法的测量精度和可靠性普遍较好；但因土壤湿度具有极大的时空异质性，采用原位测量方法开展长期、大范围的观测非常困难。典型的遥感测量方法主要是利用主动雷达[7]和被动辐射计[8-9]，这被认为是对大范围土壤湿度进行长期观测的有效解决方案，但对大气状况、地表起伏和植被状况较为敏感，其时空性能、测量精度也有待提升。在上述方法中，只有烘干称重法可以通过直接测量得到土壤重量湿度，其余方法均通过间接方式测量得到土壤体积湿度。

GNSS-R（GNSS 遥感）具有不需要发射机、信号源众多、受大气状况和地物影响相对较小等特点[10-11]，除了可用于海洋遥感外，也能与现有土壤湿度测量方法形成优势互补，为土壤湿度遥感提供一种新方法。

7.2　土壤湿度反演基本原理

由 4.2.2 节可知，GNSS 信号经过土壤表面反射后，其极化方式会发生改变。根据电磁波的分解理论，该反射波可分解为一对圆极化波——右旋圆极化波和左旋圆极化波，两个极化波的反射系数由式（4.28）和式（4.29）给出，均与土壤介电常数和电磁波入射角关系密切。其中，电磁波入射角是 GNSS 卫星、GNSS-R 接收机及反射面三者的几何关系决定的，土壤介电常数与其湿度、温度、盐度、组成、结构以及电磁波频率等多个因素有关[12-13]。根据现有的土壤介电常数模型，对于成分和结构已知的土壤介质，在指定电磁波波段的情况下，土壤介电常数主要取决于土壤湿度。下式给出的是 1.4 GHz 频率下土壤介电常数与土壤湿度关系的经验模型[14]：

$$\varepsilon' = (2.862 - 0.012S + 0.001C) + (3.803 + 0.462S - 0.341C)m_{\mathrm{v}} + \\ (119.006 - 0.500S + 0.633C)m_{\mathrm{v}}^2 \tag{7.4a}$$

$$\varepsilon'' = (0.356 - 0.003S - 0.008C) + (5.507 + 0.044S - 0.002C)m_{\mathrm{v}} + \\ (17.753 - 0.313S + 0.206C)m_{\mathrm{v}}^2 \tag{7.4b}$$

其中，ε' 和 ε'' 分别为土壤介电常数的实部和虚部，S 和 C 分别为土壤中的沙土含量和黏土含量，m_{v} 为土壤体积湿度。

图 7-2 给出了土壤体积湿度在 0.05～0.5 cm^3/cm^3 条件下两种不同成分的土壤介电常数曲线（Hallikainen 模型曲线），可见土壤成分会对介电常数有一定影响。对于既定土壤介质，土壤湿度的变化会使得土壤介电特性发生改变，最终造成 GNSS 反射信号特征量的变化。

图 7-3 给出了表面平整的理想砂壤土介质（砂土占 51.51%，黏土占 13.43%，壤土占 35.06%）在不同卫星高度角和土壤湿度下，其反射系数模值和相角的变化情况。可见：对于反射系数模值而言，$|\mathscr{R}_{\mathrm{RR}}|$ 随着卫星高度角和土壤湿度的增大而减小，$|\mathscr{R}_{\mathrm{RL}}|$ 随着卫星高度角和土壤湿度的增大而增大；对于反射系数相角而言，两极化波反射系数的相角 ϕ_{RR} 和 ϕ_{RL} 在卫星高度角和土壤湿度增大过程中变化较小，基本保持在 10° 以内，但 $\mathscr{R}_{\mathrm{RR}}$ 的相角 ϕ_{RR} 在特定卫星高度角和土壤湿度条件下存在周跳情况。

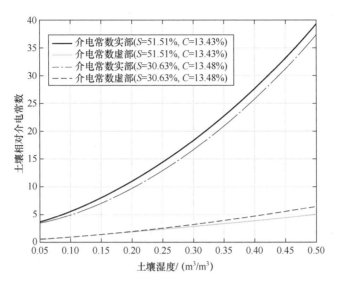

图 7-2　Hallikainen 模型曲线

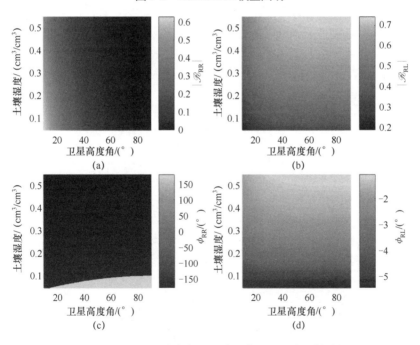

图 7-3　不同卫星高度角和土壤湿度下的土壤反射系数

实际上，土壤是一种多成分混合介质，它与空气的分界面具有粗糙特性，而土壤内部是复杂的多孔体系。GNSS 信号入射到分界面后，部分信号散射至接收天线方向，部分透射入土壤内部经多次散射后重新返回空气中被天线接收。显然，实际场景下信号在土壤与空气分界面处发生的是体散射而非面反射，"反射系数"将不再严格满足式（4.28）和式（4.29）；但在土壤表面较为平整的情况下，仍可继续沿用"反射系数"这一概念来描述 GNSS 信号经过土壤表面反射前后的信号特性变化。从当前研究来看，因土壤粗糙等因素影响实际观测到的反射系数模值比理论值小，而因信号透射影响观测到的反射系数相角变化比理论值稍大。从 GNSS 反射信号中提取与土壤反射系数相关的特征量，利用理论方法或经验方法构建土壤湿度与特征量之间的关系模型，即可实现陆表土壤湿度反演。

7.3　双天线土壤湿度反演

双天线土壤湿度反演和 GNSS-R 海洋遥感类似，由 RHCP 天线接收直射信号，由 LHCP 天线接收陆地表面的反射信号，对两信号进行协同处理，通过估计反射系数来实现对土壤湿度的反演。GNSS-R 接收机可安装于地面、空中或低轨卫星等多种平台，实现不同尺度的土壤湿度测量。

7.3.1　观测量提取

如第 4 章所述，在 GNSS 反射信号处理中的主要观测量是其在不同时延和多普勒频移下的相关功率，即时延–多普勒图（DDM）。对于 GNSS-R 波形测量应用（如海面风速反演），大多数情况下考虑镜面反射信号多普勒频移和不同时延的信号相关功率，也称为时延波形，是波形测量应用中的典型观测量。而在 GNSS-R 功率测量应用（如土壤湿度反演）中，多考虑镜面反射区内的反射信号相关功率，它既是对时延–多普勒图在时延和多普勒频移两个维度上的退化表达，也是对时延波形在时延维度上的退化表达，是功率测量应用的典型观测量。上述三种观测量的关系示意图如图 7-4 所示。

另外，反射信号相关功率中包含相干分量和非相干分量。对于较为平坦的陆地表面而言，相干分量占比较大，忽略非相干分量时的反射信号相关功率为

$$\left\langle \left| Y_{\mathrm{r}}(\tau, f) \right|^2 \right\rangle = \frac{\lambda^2 P_{\mathrm{t}} G_{\mathrm{t}} G_{\mathrm{r}}}{16\pi^2 \left(R_{\mathrm{t,sp}} + R_{\mathrm{r,sp}} \right)^2} \left| \mathcal{R} \right|^2 \chi^2(\tau, f) \tag{7.5}$$

其中，$R_{\mathrm{t,sp}}$ 和 $R_{\mathrm{r,sp}}$ 分别为 GNSS 卫星和 GNSS-R 接收机与镜面反射点之间的距离。

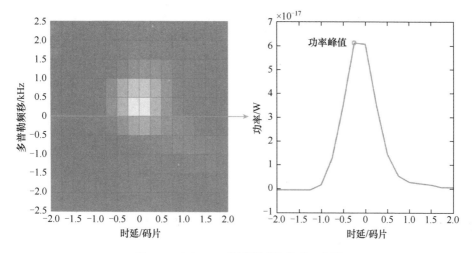

图 7-4 GNSS-R 典型观测量关系示意图

为了降低直射信号功率的变化对反射信号功率测量的影响，利用直射信号相关功率对反射信号相关功率进行归一化。实际情况中，直、反射信号均存在热噪声，剔除热噪声后的归一化比值表示如下[15]：

$$K=\frac{\langle|Y_{\mathrm{r,sp}}|^{2}\rangle-\sigma_{\mathrm{r}}^{2}}{\langle|Y_{\mathrm{d}}|^{2}\rangle-\sigma_{\mathrm{d}}^{2}} \tag{7.6}$$

其中，$Y_{\mathrm{r,sp}}$ 为反射信号复相关值，Y_{d} 为直射信号复相关值，σ_{r}^{2} 为反射信号复相关值中的噪声功率，σ_{d}^{2} 为直射信号复相关值中的噪声功率。$Y_{\mathrm{r,sp}}$ 和 Y_{d} 由下式确定：

$$\langle|Y_{\mathrm{r,sp}}|^{2}\rangle=\frac{\lambda^{2}P_{\mathrm{t}}G_{\mathrm{t}}^{\mathrm{r}}G_{\mathrm{r}}^{\mathrm{r}}}{16\pi^{2}(R_{\mathrm{t,sp}}+R_{\mathrm{r,sp}})^{2}}|\mathscr{R}|^{2}+\sigma_{\mathrm{r}}^{2}+\varDelta_{\mathrm{r}}$$

$$\langle|Y_{\mathrm{d}}|^{2}\rangle=\frac{\lambda^{2}P_{\mathrm{t}}G_{\mathrm{t}}^{\mathrm{d}}G_{\mathrm{r}}^{\mathrm{d}}}{16\pi^{2}R_{\mathrm{d}}^{2}}+\sigma_{\mathrm{d}}^{2}+\varDelta_{\mathrm{d}} \tag{7.7}$$

其中，$\varDelta_{\mathrm{d}}$ 为直射信号相关功率中的随机误差，$\varDelta_{\mathrm{r}}$ 为反射信号相关功率中的随机误差。对于某一具体卫星，其直、反射信号相关功率中的噪声功率可以利用该卫星直、反射信号时延一维相关功率曲线峰值的前一码片以外的相关功率均值代替，也可以利用其他不可见卫星的伪随机码（PRN 码）序列与该卫星基带信号互相关功率的均值进行估计。

将式（7.7）代入式（7.6），可得

$$K = \frac{G_t^r}{G_t^d} \cdot \frac{G_r^r}{G_r^d} \cdot \frac{R_d^2}{(R_{t,sp} + R_{r,sp})^2} \cdot |\mathcal{R}|^2 \tag{7.8}$$

其中，G_r^d 为直射信号接收天线的增益，G_r^r 为反射信号接收天线的增益，R_d 为 GNSS 卫星发射天线至 GNSS-R 装置直射信号接收天线的距离。注意，此处忽略了随机误差的影响。

7.3.2 土壤反射系数估计

在地基观测中，直射天线与镜面反射点之间的距离很小，发射天线在镜面反射点方向与接收天线方向的增益近乎相同，即

$$\frac{G_t^r}{G_t^d} \approx 1, \quad \frac{R_d}{R_{t,sp} + R_{r,sp}} \approx 1 \tag{7.9}$$

则反射信号归一化相关功率为

$$K = \frac{G_r^r}{G_r^d} \cdot |\mathcal{R}|^2 \tag{7.10}$$

定义天线增益修正因子为

$$F_g = \sqrt{\frac{G_r^d}{G_r^r}} \tag{7.11}$$

可得裸露平整地表反射系数的模值为

$$|\mathcal{R}| = \sqrt{K} \cdot F_g \tag{7.12}$$

当土壤表面不够平整时，随着粗糙度的增大，反射信号中的相干分量减小，非相干分量增大，此时所接收到的反射信号强度有一定衰减。定义粗糙度补偿因子为[16]

$$F_r = \exp(2k\sigma_s \sin\theta) \tag{7.13}$$

其中，$k = 2\pi/\lambda$ 为 GNSS 信号波数，σ_s 为地表起伏的均方根高度。

于是，裸露粗糙地表的土壤反射系数由下式估计：

$$|\mathscr{R}| = \sqrt{K} \cdot F_{\mathrm{g}} \cdot F_{\mathrm{r}} \tag{7.14}$$

当土壤表面有植被覆盖时，信号散射情况更为复杂，可能存在植被单次散射信号、土壤单次散射信号、植被双/多次散射信号、植被和土壤耦合双/多次散射信号等多种信号成分。其中主要的影响可等效为对信号的衰减。此时，可将式（7.14）进一步修正为[17]

$$|\mathscr{R}| = \sqrt{K} \cdot F_{\mathrm{g}} \cdot F_{\mathrm{r}} \cdot F_{\mathrm{v}} \tag{7.15}$$

其中，F_{v} 为植被衰减补偿因子，由植被光学厚度 γ 和卫星高度角 θ 求得：

$$F_{\mathrm{v}} = \exp\left(\frac{2\gamma}{\sin\theta}\right) \tag{7.16}$$

需要说明的是，上述推导的一个隐含前提为 GNSS-R 装置直、反射信号处理通道具有相同的增益，这在 GNSS-R 接收通道一致性较差时需要单独加以修正。

7.3.3　土壤湿度反演试验

在获得土壤反射系数后，利用理论模型或经验模型求解土壤湿度值。根据土壤介电常数模型以及修正的反射系数，可以推导出土壤湿度（此处为体积湿度）反演的数学表达式，如式（7.17）所示。

$$m_{\mathrm{v}} = \frac{-b + \sqrt{b^2 - 4ac}}{2a} \tag{7.17}$$

其中，

$$
\begin{aligned}
a &= 2.862 - 0.012S + 0.001C \\
b &= 3.803 + 0.462S - 0.341C \\
c &= 119.006 - 0.500S + 0.633C - \varepsilon^{-1}\big(|\mathscr{R}_{\mathrm{RL}}|\big)\big|_{\theta}
\end{aligned} \tag{7.18}
$$

$\varepsilon^{-1}(\cdot)\big|_{\theta}$ 是在卫星高度角为 θ 时，反射系数与介电常数关系模型的反函数，且此处忽略了土壤介电常数虚部的影响。

下面结合著者所在课题组在 2014—2015 年间的地基土壤湿度反演试验进行分析。

1. 试验场景描述

2014 年 11 月、2015 年 4 月和 5 月在山东省某气象站试验田开展了三次独立的数据采集试验，分别记为试验 1、试验 2 和试验 3。试验期间，田地表面平整，种植的作物为冬小麦。图 7-5 所示为现场的卫星视图。

图 7-5　山东泰安试验现场卫星视图

2014 年 11 月 26—28 日为冬小麦的分蘖期，2015 年 4 月 14—16 日为拔节期，5 月 19—21 日为灌浆期。试验期间冬小麦生长情况分别如图 7-6（a）（b）（c）所示。在后两个阶段均采集了冬小麦的植株含水率和密度信息，如表 7-1 所示。

(a) 分蘖期　　　　　　　(b) 拔节期　　　　　　　(c) 灌浆期

图 7-6　试验期间冬小麦生长情况

数据采集试验的设备安装情况如图 7-7 所示。天线架设高度约为 5 m，RHCP 天线最大增益方向指向天顶，LHCP 天线最大增益方向斜指地面，指向方位角约为 116°，俯仰角约为 45°。

表 7-1　试验期间采集的冬小麦参数

植被参数	试验 1	试验 2	试验 3
样本株数	—	20 株	20 株
样本湿重	—	90.97 g	175.75 g
样本干重	—	16.61 g	60.54 g
植株密度	—	1 078 株/m²	477 株/m²

图 7-7　信号采集设备安装情况

在 GNSS 直、反射信号采集过程中，先在每个整点时刻进行一次多点土样采集，然后利用烘干称重法测量各样点土壤重量湿度并求均值，再将事先测定的土壤容重换算为土壤体积湿度作为土样采集时刻土壤湿度真值。图 7-8（a）和（b）分别示出了烘干称重法（以下简称烘干法）测量土壤湿度过程中的土壤采样和烘干称重环节。

2. 试验 1 结果分析

试验 1 中冬小麦处于分蘖期，小麦苗对于土壤反射信号的影响可忽略，因此将所获得的土壤湿度作为场地裸土条件下的测量结果。与之相对应，试验 2

和试验 3 期间小麦植株的影响不能忽略，均将其视为植被覆盖条件下的测量结果，需要加以修正。

(a)   (b)

图 7-8　土壤采样（a）和烘干称重（b）环节

在三次试验期间，可见星的镜面反射点轨迹及对应的天线增益空间分布基本相同，图 7-9 给出了在试验 1 过程中的某次结果。其中，五角星标记点为天线在地面的投影位置，北斗（BDS）PRN01、PRN04 和 PRN08 三颗卫星的反射信号镜面反射点在试验区域内，其中 PRN01 和 PRN04 为 GEO 卫星，PRN08 为 IGSO 卫星。

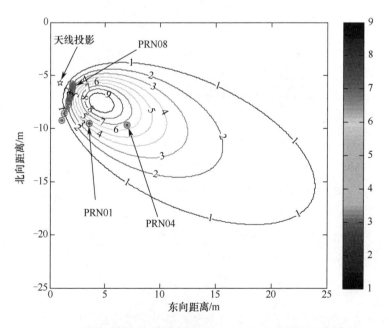

图 7-9　场地反射天线增益空间分布及部分可见星镜面反射点

图 7-10 给出了试验 1 的土壤湿度反演结果及绝对误差。横轴 0-1800 每个点分别代表试验 1 期间每日 8:00—18:00 的每一分钟（其余两次试验结果也采用同样表述方式），本次试验期间部分时段有降水。可以看出，降水过程在反演的土壤湿度结果中体现得较为明显。在三颗观测卫星中，PRN01 和 PRN04 两颗 GEO 卫星的结果比 PRN08 IGSO 卫星的结果更加连续，这是因为 IGSO 卫星运动使得观测区域持续发生变化。三颗卫星测量结果总的均方根误差约为 0.083 cm^3/cm^3，各自的平均绝对误差分别为 0.033 cm^3/cm^3、0.046 cm^3/cm^3 和 0.137 cm^3/cm^3。

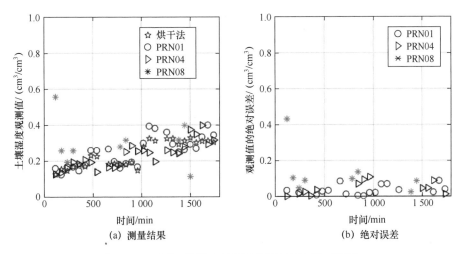

图 7-10 试验 1 期间土壤湿度测量结果及绝对误差

进一步开展 GEO 卫星观测结果与原位测量结果的线性相关性分析，如图 7-11 所示。PRN01 和 PRN04 观测结果与实测结果的相关系数（R）分别为 0.88 和 0.68，测量均方根误差分别为 0.040 cm^3/cm^3 和 0.055 cm^3/cm^3，可见，PRN01 的观测结果较 PRN04 略优。其原因是 PRN01 高度角更大，反射信号更强，反演结果误差小。对这两颗 GEO 卫星观测结果取均值后，与原位测量结果的相关系数为 0.90，均方根误差为 0.030 cm^3/cm^3。显然，取平均提升了土壤湿度反演性能。

3. 试验 2 和试验 3 结果分析

由于试验 2 和试验 3 均是在冬小麦拔节期之后进行的，小麦植株的影响必须考虑。此时，首先要计算冬小麦的植被光学厚度，如式（7.19）所示。

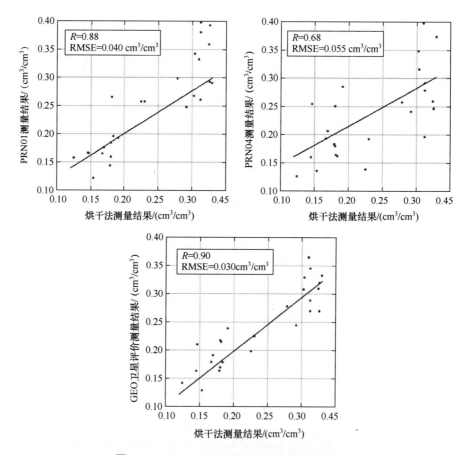

图 7-11　BDS GEO 卫星测量结果相关性分析

$$\gamma = b \cdot \mathrm{PWC} \tag{7.19}$$

其中，b 为经验系数，对小麦作物它的取值范围通常为 0.12±0.03，这里取中间值 0.12；PWC 为单位土地面积的植被水含量，由式（7.20）计算。

$$\mathrm{PWC} = \frac{m_{\mathrm{wet}} - m_{\mathrm{dry}}}{N_{\mathrm{sample}}} N_{\mathrm{total}} \tag{7.20}$$

其中，N_{sample} 为样本植株数量，m_{wet} 为样本植株总湿重，m_{dry} 为样本植株总干重，N_{total} 为植株密度。根据表 7-1 给出的植被参数，试验 2 和试验 3 期间单位土地面积的植被水含量分别为 4.008 kg/m² 和 2.748 kg/m²。

图 7-12 和图 7-13 分别给出了试验 2 和试验 3 的土壤湿度测量结果及其绝

对误差。注意，由于植被影响，PRN08 卫星的观测数据几乎不可用，在此重点分析 PRN01 和 PRN04 两颗 GEO 卫星的测量结果。

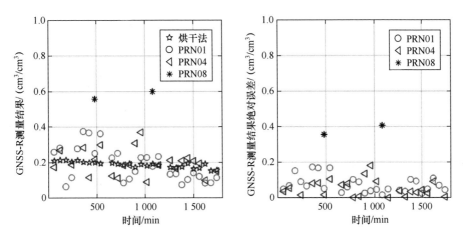

图 7-12　试验 2 期间土壤湿度测量结果及其绝对误差

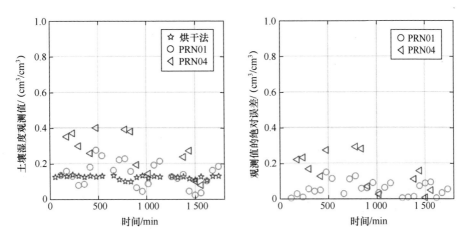

图 7-13　试验 3 期间土壤湿度测量结果及其绝对误差

　　试验 2 和试验 3 的测量结果相比于试验 1 存在较大波动，绝对误差也相对较大。在试验 2 中，PRN01 和 PRN04 测量结果的绝对平均误差分别为 0.073 cm³/cm³ 和 0.054 cm³/cm³；在试验 3 中，这两颗卫星测量结果的平均绝对误差分别为 0.056 cm³/cm³ 和 0.155 cm³/cm³。PRN01、PRN04 以及二者均值的平均偏差和标准差情况如表 7-2 所示，其中试验 2 中观测结果的平均偏差较小，PRN04 尤为明显。

表 7-2　试验 2 和试验 3 土壤湿度测量误差统计

观测结果	试验 2		试验 3	
	平均偏差/ (cm³/cm³)	标准差/ (cm³/cm³)	平均偏差/ (cm³/cm³)	标准差/ (cm³/cm³)
PRN 01	− 0.003	0.095	0.013	0.069
PRN 04	0.010	0.071	0.144	0.112
二者均值	≈ 0	0.070	0.050	0.078

7.4　单天线土壤湿度反演

单天线土壤湿度反演是相对于双天线而言的，其基本原理和 6.2.5 节中的干涉法海面高度测量类似，也是由单副天线同时接收直、反射信号，并提取两个信号发生干涉后的特征量，建立土壤湿度和特征量之间的映射关系，从而应用于土壤湿度反演。本章以单天线和双天线区分两种方法，是从所实现的系统构成角度命名的；第 6 章以协同法（对应于此处的双天线）和干涉法（对应于此处的单天线）区分，则是从信号处理角度命名的。

通常情况下，导航卫星反射信号遥感应用简记为 GNSS-R。与之相对应，单天线干涉法应用则简记为 GNSS-IR（Interferometric Reflectometry，干涉反射测量）或 GNSS-MR（Multipath Reflectometry，多径反射测量）。由于干涉的前提条件是直、反射信号具有相同的频率，此类应用仅适用于接收天线架设高度较低的地基观测场景。同时，利用已有的全球连续运行参考站，亦可实现站点所在区域的土壤湿度测量及信息服务。

7.4.1　观测量提取

考虑图 7-14 所示的地基 GNSS-IR 土壤湿度观测场景，RHCP 天线相位中心距离地面垂直高度为 H，卫星高度角为 θ。

不考虑天线交叉极化增益的影响，RHCP 天线接收到的信号可以表示为

$$s(t) = s_d(t) + s_r(t) + n(t) \tag{7.21}$$

其中，$s_d(t)$ 为直射信号，$s_r(t)$ 为反射信号，$n(t)$ 为系统噪声。

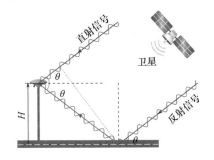

图 7-14　GNSS-IR 土壤湿度观测场景

在地基观测应用中，天线相位中心高度一般较低，可以做出如下近似[15]：

（1）抵达 RHCP 天线的 GNSS 直射信号与抵达镜面反射点的直射信号具有相同的功率密度；

（2）抵达 RHCP 天线的 GNSS 直射信号与反射信号具有相同的载波频率。

假定反射面是水平的，则 GNSS 直射信号与反射信号分别表示为

$$s_{\mathrm{d}}(t) = A_{\mathrm{d}}(t)D(t)C(t)\mathrm{e}^{-\mathrm{j}(2\pi f_0 t + \varphi_0)} \tag{7.22a}$$

$$s_{\mathrm{r}}(t) = A_{\mathrm{r}}(t)D(t-\tau)C(t-\tau)\mathrm{e}^{-\mathrm{j}(2\pi f_0 t + \varphi_0 - \varphi_{\mathrm{RR}})} \tag{7.22b}$$

其中，$A_{\mathrm{d}}(t)$ 为直射信号幅度，$A_{\mathrm{r}}(t)$ 为反射信号幅度，$D(\cdot)$ 为导航电文数据位，$C(\cdot)$ 为伪随机码序列，f_0 为载波频率，φ_0 为载波初相，φ_{RR} 为信号反射系数 $\mathscr{R}_{\mathrm{RR}}$ 的相角。

GNSS 直射信号与反射信号的幅度分别为[18]

$$A_{\mathrm{d}}(t) = \sqrt{\zeta(t)\frac{\lambda^2 G[+\theta(t)]}{4\pi}} \tag{7.23a}$$

$$A_{\mathrm{r}}(t) = \sqrt{\zeta(t)\frac{\lambda^2 G[-\theta(t)]}{4\pi}}|\mathscr{R}_{\mathrm{RR}}(t)| \tag{7.23b}$$

其中，ζ 为天线和反射点处的 GNSS 信号功率密度，λ 为信号波长，G 为 RHCP 增益分布，$|\cdot|$ 为模值算子，$\theta(t)$ 前面的正号和负号分别表示由天线的正向入射和背向入射。那么，GNSS 干涉信号的信噪比数据序列为[19]

$$\begin{aligned}\mathrm{SNR}(i) = {}& \mathrm{SNR}_{\mathrm{d}}(i) + \mathrm{SNR}_{\mathrm{r}}(i) + \\ & 2\sqrt{\mathrm{SNR}_{\mathrm{d}}(i)\mathrm{SNR}_{\mathrm{r}}(i)}\cos[2kH\sin\theta(i) + \varphi_{\mathrm{RR}}(i)]\end{aligned} \tag{7.24a}$$

$$\mathrm{SNR_d}(i) = \frac{\lambda^2 \psi(i)}{4\pi\sigma^2} G[+\theta(i)] \qquad (7.24b)$$

$$\mathrm{SNR_r}(i) = \frac{\lambda^2 \psi(i)}{4\pi\sigma^2} G[-\theta(i)] \cdot \left| \mathscr{R}_{\mathrm{RR}}(i) \right|^2 \qquad (7.24c)$$

其中，σ^2 为噪声功率；$k = 2\pi/\lambda$ 为 GNSS 信号波数。

GNSS 干涉信号信噪比中包含趋势项和振荡项，前者包含直、反射信号信噪比之和，后者为直、反射信号信噪比交叉项。土壤湿度的变化所影响的是反射信号特性，因此干涉信号信噪比的趋势项和振荡项均与土壤湿度有关。但是在实际应用中，天线接收到的直射信号比反射信号强度高得多，因此相比于趋势项而言，振荡项对土壤湿度的敏感程度更高，通常情况下仅用振荡项反演土壤湿度。

振荡项主要由功率相对较小的反射信号主导，波形为类余弦形式。当土壤表面较为粗糙时，类余弦振荡项产生不规则畸变，幅度恒定的标准余弦函数不能描述相应畸变带来的额外信息量。文献[20]介绍了一种基于自适应滤波算法的波形重构方法。此方法首先利用低阶多项式对信噪比数据进行拟合得到趋势项（记为 P_0），剔除趋势项后得到的信噪比数据为

$$\mathrm{SNR_c}(i) = P_1(i) + P_2(i)\cos[2\pi f(i)\sin\theta(i) + \varphi_0] \qquad (7.25)$$

其中，$P_1(i)$ 为趋势项拟合误差，$P_2(i)$ 为时变振荡幅度；$f(i)$ 为时变振荡频率；φ_0 为初始相位。

7.4.2　土壤反射系数估计

为了得到土壤表面直射信号与反射信号功率的比值，也即土壤反射系数，需进一步对剔除趋势项后的信噪比数据进行处理。将式（7.25）改写为向量相乘的形式，即

$$\mathrm{SNR_c}(i) = [P_1(i)\ P_2(i)\cos\varphi_0\ P_2(i)\sin\varphi_0] \begin{bmatrix} 1 \\ \cos[2\pi f(i)\sin\theta(i)] \\ -\sin[2\pi f(i)\sin\theta(i)] \end{bmatrix} \qquad (7.26)$$

其中，行向量包含了待估计的未知参数 $P_1(i)$、$P_2(i)$ 和 φ_0；列向量包含了前文估计出的量。设 $\mathrm{SNR_f}$ 为滤波器输出信噪比，c_0、c_1 和 c_2 为滤波器系数，构建如下形式的滤波器：

$$\text{SNR}_f(i) = [c_0 \; c_1 \; c_2] \begin{bmatrix} 1 \\ \cos[2\pi f(i)\sin\theta(i)] \\ -\sin[2\pi f(n)\sin\theta(i)] \end{bmatrix} \tag{7.27}$$

调整系数，使得滤波器输出 SNR_f 与输入 SNR_c 的均方根误差最小，相应的系数 c_0、c_1 和 c_2 即分别为 $P_1(i)$、$P_2(i)\cos\varphi_0$ 和 $P_2(i)\sin\varphi_0$ 的估值。图 7-15 为所构建滤波器（自适应滤波器）的工作原理示意图。

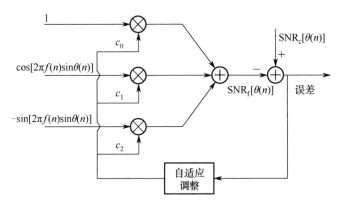

图 7-15　自适应滤波器工作原理示意图

基于趋势项 $P_0(i)$ 和滤波系数 c_0、c_1 和 c_2，构建如下方程组：

$$\begin{cases} S_d(i) + S_r(i) = P_0(i) + c_0(i) \\ 2\sqrt{S_d(i) \cdot S_r(i)} = \sqrt{c_1^2(i) + c_2^2(i)} \end{cases} \tag{7.28}$$

其解为

$$\begin{cases} S_r(i) = \dfrac{P_0(i) + c_0(i) - \sqrt{[P_0(i) + c_0(i)]^2 - [c_1^2(i) + c_2^2(i)]}}{2} \\ S_d(i) = \dfrac{P_0(i) + c_0(i) + \sqrt{[P_0(i) + c_0(i)]^2 - [c_1^2(i) + c_2^2(i)]}}{2} \end{cases} \tag{7.29}$$

于是土壤反射系数的模值为

$$|\mathscr{R}(i)| = \sqrt{S_r(i) / S_d(i)} \tag{7.30}$$

得到土壤反射系数后，可利用和 7.3 节双天线法相同的理论模型求得土壤湿度，亦可通过构建土壤反射系数与土壤湿度之间的经验模型来反演。

7.4.3 土壤湿度反演试验

1. 试验场景描述

单天线地基土壤湿度反演试验于 2018 年 9 月 10 日至 2018 年 11 月 9 日进行，为期两个月，地点位于北京市某试验田。试验区域（地块）东西长约为 200 m、南北长约为 50 m，其卫星地图如图 7-16 所示。

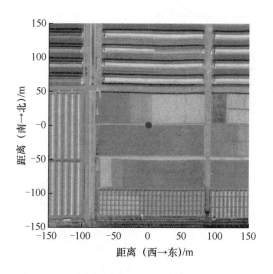

图 7-16　试验区域卫星视图

试验设备为华测 N72 参考站型接收机，天线型号为 Antcom G5Ant-52AT1，同时还配备小型气象站实时采集的三组 0～6 cm 深度的平均土壤湿度进行对比。试验设备安装情况如图 7-17 所示。

试验区域（地块）在 2018 年 9 月 19 日进行了一次犁地作业，使得土壤表面变得十分粗糙，且一直保持到试验结束。为此，在该地块上水平拉直一根 20 m 的长绳，在绳上均匀取点并测量土壤表面到绳子的垂直距离。地表粗糙度测量现场如图 7-18 所示。共采集样点 109 个，该水平绳距离土壤表面的平均高度为 9.2 cm，均方根高度为 5.1 cm，土壤表面最大高度为 32.8 cm。

2. 试验结果分析

在两个月的试验期间，采集到了 GPS 和 BDS 两个导航星座的干涉信号，卫星的最低仰角设置为 10°，以确保第一菲涅耳反射区在试验区域内。图 7-19

给出了犁地前后接收机载噪比随高度角变化的情况，卫星高度角越大，振荡波形的畸变越明显。

图 7-17 试验设备安装情况

图 7-18 地表粗糙度测量现场

按 7.4.1 节的观测量提取方法对数据进行处理得到剔除趋势项后的载噪比结果，如图 7-20 所示。

再用自适应滤波方法求解直射和反射信号功率，结果如图 7-21 所示，进而由式（7.30）得到土壤反射系数的模值。

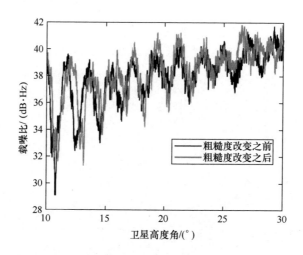

图 7-19　粗糙度改变前后载噪比变化情况（注：GPS PRN32 星）

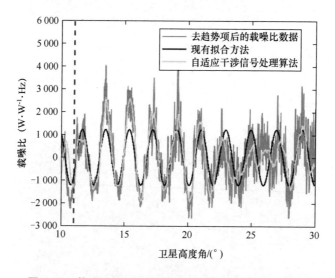

图 7-20　载噪比数据跟踪结果（注：GPS PRN32 星）

通过数据分析，可建立土壤湿度与土壤反射系数的二阶经验模型：

$$y = -44.06x^2 + 14.16x - 0.79 \qquad （7.31）$$

其中，y 为土壤湿度；x 为反射系数。

利用此模型反演土壤湿度，反演结果均方根误差为 0.023 cm³/cm³，平均误差为 0.085 cm³/cm³，反演结果与原位测量结果的相关系数为 0.70。

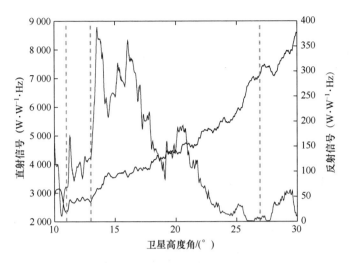

图 7-21　直射和反射信号载噪比重建结果（注：GPS PRN32 星）

7.5　土壤湿度监测系统实例

双天线法土壤湿度监测系统和海洋遥感系统没有本质上的不同，前端的数据采集部分可以说完全一样，只是后端的算法略有不同而已。本章以单天线土壤湿度监测系统为例介绍相应的硬件设计、软件设计以及现场测试结果[21-22]。

7.5.1　总体设计

单天线法测量土壤湿度的流程大致分为两个阶段：第一阶段从载噪比数据中提取出对土壤湿度敏感的干涉特征量，如振荡波形幅度、频率、初始相位等；第二阶段利用干涉特征量反演土壤湿度。其中，第一阶段的主要特点是数据量大、运算密集度高、处理流程相对固定，可以在嵌入式微处理器中进行，配置低成本、可定制、可集成的 GNSS 模块作为干涉数据采集前端，可实现"边采集边处理"的在线工作方式；第二阶段的主要特点是运算密集度相对较小、灵活性高，可在人机界面友好的、高性能的通用计算机上进行，可以采用离线处理或在线处理的工作方式。如此，可形成一套灵活性较高、可扩展性较强的 GNSS 干涉信号处理系统，其总体设计示意图如图 7-22 所示。

整个系统分为前端与后端两部分。前端包括完成第一阶段工作所需的硬件与软件，此处也被称为 GNSS 干涉信号处理终端，其总体设计目标是形成一台低成本的、可在线提取干涉特征量并同时进行同比数据采集的装置，该装置能够在农田等野外环境中、无人值守的条件下独立开展观测，以无线的方式远程回传观测数据，并且具备一定的组网能力；后端包括完成第二阶段工作所需的硬件与软件，其总体设计目标是对多终端进行管理与状态监测，对终端回传的数据进行存储、可视化、二次处理与土壤湿度反演等。

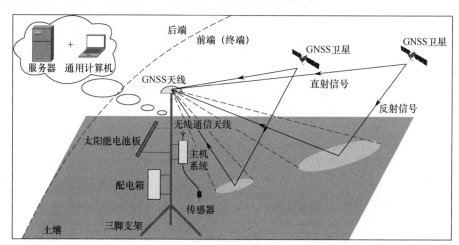

图 7-22　GNSS 干涉信号处理系统总体设计示意图

7.5.2　终端硬件设计

　　终端硬件包括主机系统、供电系统以及设备挂架，本书仅对主机系统进行重点介绍。图 7-23 给出了主机系统组成框图，其中包括 GNSS 模块、核心板卡、传感器模组、无线通信模块以及电源模块等。

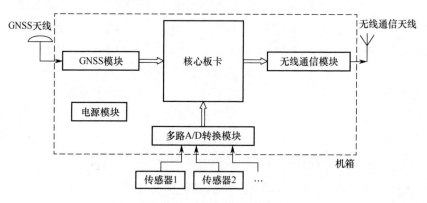

图 7-23　主机系统组成框图

1. GNSS 模块

GNSS 模块的作用是接收和处理导航卫星信号，并输出干涉测量所需的观测量。此处选用的是深圳华大北斗科技有限公司推出的高集成度射频基带一体化导航芯片 HD8030。该芯片内嵌 ARM-Cortex M3 处理器，支持二次开发，可通过芯片配套的软件开发工具包（Software Development Toolkit，SDK）实时获取导航数据，进而实现导航定位与干涉信号处理，并将处理结果通过串口输出。表 7-3 给出了该芯片的主要技术参数。

表 7-3 HD8030 芯片主要技术参数

参 数 名 称	参 数 值
导航系统	GPS、BDS
频点	L1、B1
射频前端量化比特数	3 bit
捕获灵敏度	−148 dBm
跟踪灵敏度	−165 dBm
工作电压	2.5~3.6 V
工作电流	25 mA
主频	100 MHz
片内 SQI FLASH（用于存放固件）	512 KB
片内 SRAM	256 KB
片内实时时钟（RTC）	32 768 Hz
接口/外设	USB×1, UART×2, SPI×3, I^{2}C×1, PWM×2, SDRAM×1, TFTC×1, GPIO×56
封装	BGA100
尺寸	7.0 mm x 7.0 mm

2. 核心板卡

核心板卡是计算与控制中心，其具体功能包括：

（1）接收并解析 GNSS 模块输出的观测数据，从中提取出干涉测量所需的观测量（如载噪比、卫星高度角、方位角等），然后对满足条件的观测量进行干涉处理；

（2）按照固定的时间间隔收集环境传感器采集的同比数据，如土壤温湿度、空气温湿度等；

（3）将干涉测量结果与同比数据进行整合、打包，然后传送给无线通信模块实现数据的远程回传。

选用搭载基于 ARM-Cortex M4 内核的 STM32F407ZGT6 嵌入式微控制器板，其外设资源丰富、可扩展性强、接口数量多、成本较低。

3. 传感器模组

传感器模组用于采集环境数据，包括土壤温湿度传感器与空气温湿度传感器，可为单天线土壤湿度反演模型的建立和验证提供同比数据和辅助数据。传感器有数字量输出型与模拟量输出型两类。前者直接输出二进制数字量表示的测量值，其优点是使用方便；缺点是分辨率被固化，不可自行更改。后者直接输出与测量值成比例的电压电流信号，需要额外采用 A/D 转换器将模拟量变为数字量，以得到测量值；通过选择合适的 A/D 转换器位数，可以达到较高的分辨率，使用更加灵活。

4. 无线通信模块

无线通信模块负责接收核心板卡的数据，并将数据通过无线通信网络发送给指定 IP（互联网协议）地址的远程主机。选用工业级 4G 全网通数据传输模块实现无线通信，其内部集成 TCP/IP 协议栈，支持串口数据与 TCP/IP 数据的双向转换，终端设备可永久在线，参数配置与存储很灵活。

7.5.3　终端软件设计

GNSS 干涉信号处理终端中的软件是基于实时操作系统（Real Time Operating System，RTOS）的多任务并行实现的，其处理流程如图 7-24 所示。

在图 7-24 中，"中断服务程序"主要响应 GNSS 模块的中断请求，从而完成对导航数据的接收与校验，并将数据存入内存中的暂存数据区，其中 GNSS 模块数据更新频率为 1 Hz，即每秒产生一次中断；"低卫星高度角数据实时捕获任务"是从暂存数据区中取出当前时刻的导航数据并按照格式提取出每颗卫星的高度角、载噪比等，然后筛选出低卫星高度角数据存入共享数据区，其中低卫星高度角范围为 5°～30°；"干涉信号处理任务"是待某颗卫星的低高度角数据收集齐备后，从共享数据区取出数据，然后执行干涉信号处理算法，提取出干涉特征量并输出。各模块之间的协调配合依赖于实时操作系统提供的任务调度机制、中断管理机制、同步机制等。

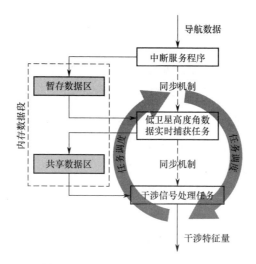

图 7-24　GNSS 干涉信号处理流程

在操作系统中，每个任务均有两种状态，即"运行态"与"非运行态"。当一个任务处于"运行态"时，处理器将执行该任务的代码；如果处于"非运行态"，则该任务将暂时休眠，保存其状态。某任务具体处于何种状态，是由任务调度机制决定的，并由任务调度算法具体实施。实时操作系统通常使用抢占式优先权调度算法，以确保系统的响应速度。所有任务均设置优先级，正处于运行态的任务可以随时被优先级更高的任务中断。在本监测系统中，"低卫星高度角数据实时捕获任务"的优先级高于"干涉信号处理任务"的优先级，以确保新的导航数据接收、筛选与存储不丢失。而且，这两个任务均为事件驱动型任务，前者始终等待中断服务函数产生的同步事件，同步事件的目的是通知该任务从暂存数据区中取走最新的导航数据。

GNSS 干涉信号处理时间分配示意图如图 7-25 所示。

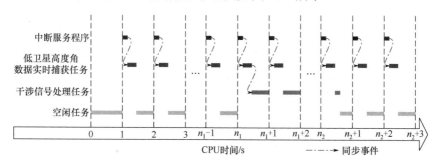

图 7-25　GNSS 干涉信号处理时间分配示意图

在图 7-25 中，从下到上的任务优先级依次升高，"中断服务程序"由硬件中断触发，因此其优先级默认高于其他任务。不同长度的水平线表示运算耗时，假设"中断服务程序"与"低卫星高度角数据实时捕获任务"的耗时均为毫秒量级，则"干涉信号处理任务"的耗时为秒量级。

"低卫星高度角数据实时捕获任务"紧密跟随"中断服务程序"执行，二者构成了"延迟中断处理"机制。实时操作系统为了快速响应外部事件，要求中断服务程序越短越好，例如仅完成中断源识别、数据校验、硬件标志位的复位置位等，余下的工作交给系统中的其他任务处理。

7.5.4 试验结果

GNSS 干涉信号处理终端于 2021 年 10 月 10 日部署于北京市某蔬菜基地，其部署情况如图 7-26 所示。当时场地暂时处于休耕状态，地表为平坦裸土，天线架设高度约为 2.1 m。

图 7-26 GNSS 干涉信号处理终端部署情况

终端数据实时回传到服务器端进行保存，使用户也可通过可视化的方式远程访问终端数据。图 7-27 所示为服务器端界面之一。

将接触式土壤湿度传感器的测量值作为基准对比数据，在服务器端提取 GNSS 干涉信号特征量，随机分成两组后分别用于训练反演模型和用于测试。图 7-28 所示为基于经验模型的土壤湿度反演结果，整个试验期间的数据总体上表现良好。

图 7-27 服务器端数据可视化

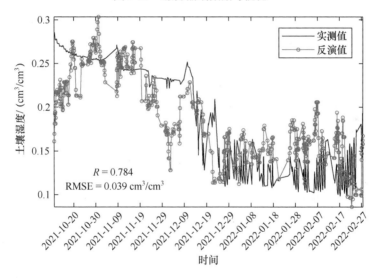

图 7-28 基于经验模型的土壤湿度反演结果

表 7-4 总结了多次随机分组、训练、反演的统计平均结果，包括平均均方根误差（$\overline{\text{RMSE}}$）、平均最大绝对误差（$\overline{\text{MAE}}$）、平均相关系数（$\overline{R}$）。

表 7-4 基于经验模型的土壤反演的统计平均结果

$\overline{\text{RMSE}}$ /(cm³/cm³)	$\overline{\text{MAE}}$ /(cm³/cm³)	$\overline{R}$
0.039	0.118	0.785

终端在线处理干涉信号和提取干涉特征量的时效，将从根本上决定土壤湿度测量所能达到的最佳时效，此处采用测量延迟与测量时间间隔两个指标衡量

终端在线处理时效。测量延迟针对的是单颗卫星，是指从接收到该卫星第一组低卫星高度角数据到终端输出该卫星的干涉特征量观测结果所需的时间，它由两部分组成：一部分为低卫星高度角数据积累时间，取决于导航卫星轨道设计以及终端所在位置，与终端设计无关，是理想条件下所能达到的最短延迟；另一部分为终端数据处理耗时，取决于终端的硬软件设计。测量时间间隔是终端输出相邻两颗卫星观测结果的时间差，也由两部分组成：一部分为相继出现的两颗卫星间的时间差，取决于导航卫星轨道设计以及终端所在位置，与终端设计无关，是理想条件下所能达到的最短时间间隔；另一部分为终端分别处理两颗卫星数据所耗费时间的差值，不仅取决于终端设计，也取决于两颗卫星的数据量。

由于地球表面不同位置处同一颗卫星的可见时长不同，相继出现的两颗卫星间的时间差也不同，因此以上两个指标都是非均匀的。此处采用最大值、最小值与平均值来进行统计分析，结果如表 7-5 所示。其中，理想条件下的平均测量延迟为 80 min 左右，平均测量时间间隔为 20 min 左右；终端实现的平均测量延迟为 102 min 左右，平均测量时间间隔为 30 min 左右。

表 7-5　终端在线处理时效性分析结果（卫星高度角为 5°～30°）

指 标 名 称	指 标 值		
	最 小 值	最 大 值	平 均 值
测量延迟（理想）/min	23.17	146.00	77.78
测量延迟（实际）/min	39.02	177.69	102.87
测量时间间隔（理想）/min	0	101.75	19.66
测量时间间隔（实际）/min	0	203.29	30.08

7.6　本章小结

本章介绍了基于 GNSS 反射信号的陆表土壤湿度反演的相关内容，涉及土壤湿度反演的基本原理、典型方法以及土壤湿度监测系统实例。主要介绍了单天线土壤湿度反演和双天线土壤湿度反演两种典型方法，其基本思路都是从观测序列中提取对土壤湿度敏感的特征观测量，利用特征观测量与土壤湿度关系模型实现对土壤湿度的反演。所需的特征观测量主要包括与反射信号幅度相关的观测量和与反射信号相位相关的观测量。反演模型包括理论模型和经验模

型。地基观测试验结果表明，两种方法均具备土壤湿度定量反演能力。在土壤湿度监测系统实例中，以单天线系统为例介绍了

系统的总体设计、软/硬件实现以及现场测试结果，这对 GNSS-R 应用于土壤湿度反演的推广具有一定的借鉴价值。

参 考 文 献

[1] 黄昌勇. 土壤学[M]. 北京: 中国农业出版社,2004.

[2] 陈怀满. 环境土壤学[M]. 北京:科学出版社,2005.

[3] 陈震. 水环境科学[M]. 北京: 科学出版社,2006.

[4] 周健民. 土壤学大辞典[M]. 北京: 科学出版社,2013.

[5] 徐玲玲, 高彩虹, 王佳铭, 等. 时域反射仪(TDR)测定土壤含水量标定曲线评价与方案推荐[J]. 冰川冻土, 2020, 42(1): 265-275.

[6] 黄飞龙, 李昕娣, 黄宏智, 等. 基于 FDR 的土壤水分探测系统与应用[J]. 气象, 2012, 38(6): 764-768.

[7] HEGARAT-MASCLE S L,ZRIBI M, ALEM F,et al. Soil moisture estimation from ERS/SAR data: toward an operational methodology [J]. IEEE Transactions on Geoscience and Remote Sensing, 2002, 40(12): 2647-2658.

[8] SCHMUGGE T J, JACKSON T J. Passive microwave remote sensing of soil moisture[C]. Land Surface Processes in Hydrology, Berlin, 1997, 135-151.

[9] NJOKU E G, ENTEKHABI D. Passive microwave remote sensing of soil moisture[J]. Journal of Hydrology, 1996, 184: 101-129.

[10] ZAVOROTNY V U, VORONOVICH A G. Bistatic GPS signal reflections at various polarizations from rough land surface with moisture content[C]. IEEE International Geoscience and Remote Sensing Symposium, Honolulu, 2000, 2852-2854.

[11] ZAVOROTNY V U, MASTERS D, GASIEWSKI A, et al. Seasonal polarimetric measurements of soil moisture using tower-based GPS bistatic radar[C]. IEEE Geoscience and Remote Sensing Symposium, Toulouse, 2004, 781-783.

[12] WANG J R, SCHMUGGE T J. An empirical model for the complex dielectric permittivity of soils as a function of water content[J]. IEEE Transactions on Geoscience and Remote Sensing, 1980, GE-18(4):288-295.

[13] DOBSON M C. Microwave dielectric behavior of wet soil-part II: dielectric mixing models[J]. IEEE Transactions on Geoscience and Remote Sensing, 1985, 23(1): 35-46.

[14] HALLIKAINEN M T, ULABY F T, DOBSON M C, et al. Microwave dielectric behavior of wet soil-part i: empirical models and experimental observations[J]. IEEE Transactions on Geoscience and Remote Sensing, 1985, 23(1): 25-34.

[15] LARSON K M, SMALL E E, GUTMANN E, et al. Using GPS multipath to measure soil moisture fluctuations: initial results[J]. GPS Solutions, 2007, 12(3): 173-77.

[16] ARROYO A A, CAMPS A, AGUASCA A, et al. Dual-polarization GNSS-R interference pattern technique for soil moisture mapping[J]. IEEE Journal of Selected Topics in Applied Earth Observations and Remote Sensing, 2014, 7(5):1533-1544.

[17] MO T, CHOUDHURY B J, SCHMUGGE T J, et al. A model for microwave emission from vegetation-covered fields[J]. Journal of Geophysical Research: Oceans, 1982, 87(C13): 11229-11237.

[18] DE ROO R D, ULABY F T. Bistatic specular scattering from rough dielectric surfaces[J]. IEEE Transactions on Antennas Propagation, 1994, 42(2): 220-231.

[19] NIEVINSKI F G, LARSON K M. Forward modeling of GPS multipath for near-surface reflectometry and positioning applications[J]. GPS Solutions, 2014, 18(2): 309-322.

[20] HAN M, ZHU Y, YANG D, et al. Soil moisture monitoring using GNSS interference signal: proposing a signal reconstruction method[J]. Remote Sensing Letters, 2020, 11(4): 373-382.

[21] 武尚玮. 基于 GNSS-R 的土壤湿度测量系统设计与实现[D]. 北京: 北京航空航天大学, 2022.

[22] 汉牟田. GNSS 干涉法测量土壤湿度关键技术研究[D]. 北京: 北京航空航天大学, 2022.

第 8 章　GNSS-R 成像

基于全球导航卫星系统反（散）射信号（GNSS-R）的 SAR（Synthetic Aperture Radar，合成孔径雷达）系统，是由导航卫星、低轨卫星或机载/地基接收机组成的空天地一体化双/多基 SAR 系统，该系统能够充分利用已有的导航卫星资源，具有卫星数量多、几何构型灵活多样、隐蔽性强、重访周期短、观测时间长等优点，是未来空天地 SAR 系统组网发展的重要方向之一。本章重点介绍 GNSS-R 成像系统的几何构型、信号模型、空间分辨率及成像算法，并在此基础上分析仿真和试验验证的结果。

8.1　系统构型及二维信号模型

8.1.1　系统构型

合成孔径雷达（SAR）能够实现高分辨率的微波成像，具备全天时、全天候以及大幅宽等特点。双基 SAR 是指收发天线分置于两个不同的平台，也泛指同一个脉冲的收发天线相位中心处于不同的空间位置[1]。

根据发射平台和接收平台运动方式的不同，双基 SAR 可分为几种不同的模式。德国宇航中心的 Ender 教授提出了一种经典分类方法，该方法将双基 SAR 不同模式进行了等级划分[2]。随着分类等级的提高，双基 SAR 系统的几何复杂度不断增加，成像难度逐渐增大，但系统的灵活度逐渐提高且适用性也更加广泛。表 8-1 所示为双基 SAR 系统的等级划分。

GNSS-R SAR 是一类典型的被动双/多基 SAR 系统，发射机位于导航卫星，接收机位于低轨卫星、机载平台或地表固定位置。从拓扑关系中可以看出，导航卫星在地表的直达波束覆盖范围非常大，而接收机距离观测区域较近时的回波波束覆盖范围相对较小。也就是说，该系统的几何构型具有高度非对称性。通常 GNSS-R SAR 系统包含一个直达波通道和一个回波通道。直达波通道通过 RHCP 全向天线接收导航卫星直达信号，并获得准确的载波相位、码相位和定位结果，为回波通道的信号同步提供精确的参考信息；回波通道通常采用高增益圆极化或线极化天线接收观测区域反射的回波信号，用于观测区域的成像。

表 8-1　双基 SAR 系统的等级划分

等　级	模　式	定　义
1	Tandem	发射机与接收机分置于两个不同平台，但是发射机和接收机沿相同轨道以相等的速度做匀速直线运动
2	移不变	发射机与接收机分置于两个不同平台，发射机和接收机沿两个相互平行的轨道以相等的速度做匀速直线运动
3	常速度	发射机与接收机分置于两个不同平台，发射机和接收机轨道不平行或者收发平台速度不相等
4	任意	发射机与接收机分置于两个不同平台，发射机和接收机各自沿任意路径运动

如图 8-1（a）所示，接收机是静止状态的地面固定站、悬停的无人机以及不动的临近空间浮空器等，称此模式为一站固定模式并归类为一种特殊的移不变模式。如图 8-1（b）所示，接收机置于飞行的载体上，称此模式为机载模式。

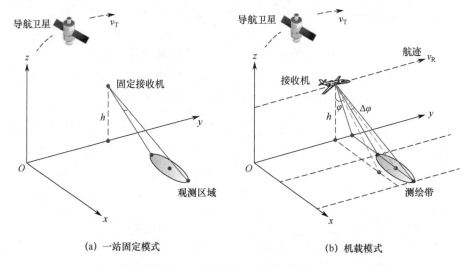

(a) 一站固定模式　　　　　　　　　　(b) 机载模式

图 8-1　GNSS-R SAR 模式示意图

此时，导航卫星高度与机载平台高度差异大，也不满足导航卫星与机载平台沿平行路径和匀速直线运动的条件。若将合成孔径时间内的导航卫星运动等效为匀速直线运动，则当飞机运行轨迹与导航卫星运行轨迹平行时，可以将此模式归类为常速度模式；当飞机与导航卫星运行轨迹不平行时，可将此模式归类为任意模式。

8.1.2 二维信号模型

将导航卫星发射信号表示为复数形式，有

$$s_t(t) = A_e c(t) \exp[-j2\pi f_c t - j\varphi - j\pi d(t)] \tag{8.1}$$

其中，A_e 表示导航信号的幅值；$c(t)$ 表示伪随机码；f_c 为载波频率；φ 表示初始相位；$d(t)$ 表示导航数据码，取值为 ±1。由式（8.1）可以看出，导航数据码极性的变化会导致回波信号的相位跳变，若要使多普勒相位保持连续，则需要剥离导航电文。在信号重构和处理过程中，通过直达波实现同步，剥离导航数据码，并省略对成像算法不产生影响的幅度和初始相位，信号变为如下形式：

$$s_d(t) = c[t - \tau_d(t)] \exp[-j2\pi f_c \tau_d(t)] \tag{8.2}$$

其中，$\tau_d(t)$ 是直达波的传播时延。对于观测场景中位置矢量为 $\boldsymbol{P}$ 的目标，回波信号可以表示为

$$s_r(t) = c[t - \tau_r(t)] \exp[-j2\pi f_c \tau_r(t)] \tag{8.3}$$

其中，$\tau_r(t)$ 是回波的传播时延。直达波时延 $\tau_d(t)$ 和回波时延 $\tau_r(t)$ 的数学模型分别表示为

$$\tau_d(t) = \frac{\left| \boldsymbol{R}_t(t) - \boldsymbol{R}_r(t) \right|}{v_c} \tag{8.4}$$

$$\tau_r(t) = \frac{\left| \boldsymbol{R}_t(t) - \boldsymbol{P} \right|}{v_c} + \frac{\left| \boldsymbol{R}_r(t) - \boldsymbol{P} \right|}{v_c} \tag{8.5}$$

其中，$\boldsymbol{R}_t(t)$ 表示导航卫星的位置矢量，$\boldsymbol{R}_r(t)$ 表示接收机的位置矢量，v_c 表示光速，$|\cdot|$ 表示 2 范数。式（8.2）和式（8.3）中的信号模型为一维模型，而 SAR 系统实现场景目标的二维分辨需要建立二维信号模型。基于导航信号连续波的特性，可将一维信号进行二维分割处理，以一个伪随机码周期（如 GPS L1 C/A 信号为 1 ms）作为距离向等效脉冲的宽度生成二维回波信号，即系统的脉

冲重复频率（Pulse Repetition Frequency，PRF）为 1 000 Hz。对回波信号按照方位向时间和距离向时间进行划分，则式（8.3）可以重写如下：

$$s_r(t,\tau) = w(t)c\left[\iota - \frac{R(t)}{v_c}\right]\exp\left[-j2\pi f_c\frac{R(t)}{v_c}\right] \tag{8.6}$$

其中，t 为方位向时间，也称作慢时间；τ 为距离向时间，也称为快时间；$w(t)$ 为回波信号在方位向的矩形包络；$R(t)$ 为反射信号传输的总距离。

如图 8-2 所示，$R_T(t)$ 表示导航卫星到目标区域的瞬时距离，$R_B(t)$ 表示导航卫星到接收机的瞬时距离，$R_R(t)$ 表示接收机到目标区域的瞬时距离，则

$$R_B(t) = \left|\boldsymbol{R}_t(t) - \boldsymbol{R}_t(t)\right| \tag{8.7}$$

$$R_T(t) = \left|\boldsymbol{R}_t(t) - \boldsymbol{P}\right| \tag{8.8}$$

$$R_R(t) = \left|\boldsymbol{R}_t(t) - \boldsymbol{P}\right| \tag{8.9}$$

$$R(t) = R_T(t) + R_R(t) \tag{8.10}$$

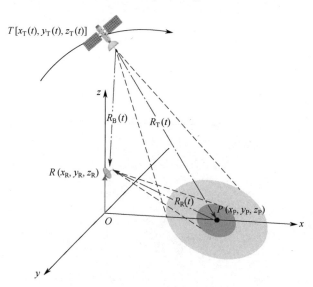

图 8-2　GNSS-R SAR 地面固定站模式几何构型

多普勒频移的变化使信号在每个脉冲持续时间内的相位产生变化，则式（8.2）和式（8.3）可分别重新表示为

$$s_{\mathrm{d}}(t,\tau) = c\left[\tau - \frac{R_{\mathrm{B}}(t)}{v_{\mathrm{c}}}\right]\exp\left[-\mathrm{j}2\pi\frac{R_{\mathrm{B}}(t)}{\lambda} - \mathrm{j}2\pi f_{\mathrm{dB}}t\right] \qquad (8.11)$$

$$s_{\mathrm{r}}(t,\tau) = c\left[\tau - \frac{R(t)}{v_{\mathrm{c}}}\right]\exp\left[-\mathrm{j}2\pi\frac{R(t)}{\lambda} - \mathrm{j}2\pi(f_{\mathrm{dT}} + f_{\mathrm{dR}})t\right] \qquad (8.12)$$

其中，f_{dB} 和 $(f_{\mathrm{dT}} + f_{\mathrm{dR}})$ 分别是 $R_{\mathrm{B}}(t)$ 和 $R(t)$ 在一个伪随机码周期内变化而产生的多普勒频移，即

$$\begin{cases} f_{\mathrm{dB}} = \mathrm{d}[(2\pi/\lambda)R_{\mathrm{B}}(t)]\mathrm{d}t \\ f_{\mathrm{dT}} + f_{\mathrm{dR}} = \mathrm{d}[(2\pi/\lambda)R(t)]\mathrm{d}t \end{cases} \qquad (8.13)$$

在实际接收到的导航信号中还包含诸多误差因素，如本地晶振漂移及大气干扰引起的时延和相位误差等。定义 τ_{e} 和 φ_{e} 为各干扰因素引起的时延和相位综合误差，则式（8.11）和式（8.12）分别变为式（8-14）和式（8-15）：

$$s_{\mathrm{d}}(t,\tau) = c\left[\tau - \frac{R_{\mathrm{B}}(t)}{v_{\mathrm{c}}} - \tau_{\mathrm{e}}\right]\exp\left[-\mathrm{j}2\pi\frac{R_{\mathrm{B}}(t)}{\lambda} - \mathrm{j}2\pi f_{\mathrm{dB}}t - \mathrm{j}\varphi_{\mathrm{e}}\right] \qquad (8.14)$$

$$s_{\mathrm{r}}(t,\tau) = c\left[\tau - \frac{R(t)}{v_{\mathrm{c}}} - \tau_{\mathrm{e}}\right]\exp\left[-\mathrm{j}2\pi\frac{R(t)}{\lambda} - \mathrm{j}2\pi(f_{\mathrm{dT}} + f_{\mathrm{dR}})t - \mathrm{j}\varphi_{\mathrm{e}}\right] \qquad (8.15)$$

8.2 空间分辨率

空间分辨率是衡量 SAR 系统整体性能的重要指标，用来表征 SAR 系统对目标区域中相邻目标的二维分辨能力，包括方位向分辨率和距离向分辨率，主要与信号参数和几何构型相关。在单基（地）SAR 系统中，距离向定义为回波天线的波束中心指向；方位向定义为雷达平台的运动方向，其斜距历程只与雷达平台的运动参数相关。GNSS-R SAR 是收发分置的双基 SAR 系统，存在发射机与接收机两个载体的运动方向以及发射天线波束中心与回波天线波束中心两个指向。空间分辨率的定义需考虑几何构型，即两个平台相对于目标的位置和速度矢量的关系[3]。

8.2.1 分辨率定义

方位向分辨率 ρ_{a} 反映了 SAR 系统的多普勒频移分辨能力，定义为单位多

普勒分辨单元映射的距离变化[4]：

$$\rho_a = \frac{\partial r_a}{\partial f_d} \mathrm{d}f_d = \frac{1}{\partial f_d / \partial r_a} \mathrm{d}f_d \tag{8.16}$$

其中，r_a 是以距离表征的方位向坐标，f_d 表示回波信号的多普勒频移。而距离向分辨率 ρ_r 反映了 SAR 系统的时延分辨能力，定义为单位时延分辨单元映射的距离变化：

$$\rho_r = \frac{\partial r_g}{\partial \tau} \mathrm{d}\tau = \frac{1}{\partial \tau / \partial r_g} \mathrm{d}\tau \tag{8.17}$$

其中，r_g 是以距离表征的距离向坐标。将 SAR 系统使用梯度法分别对距离向和方位向进行解析，方位向是多普勒频移变化的最大方向，而距离向是时延变化的最大方向，双基 SAR 系统的二维分辨率可以通过求解多普勒频移 f_d 和时延 τ 在其相应方向上的最大变化率获得。

图 8-3 给出了 GNSS-R SAR 机载模式的几何构型。其中，$\boldsymbol{v}_{\mathrm{Tx}}$ 是导航卫星的速度矢量，$\boldsymbol{v}_{\mathrm{Rx}}$ 是接收机的速度矢量，两者之间的夹角为 Φ；θ_{Tx} 与 θ_{Rx} 分别为导航卫星、接收机与目标区域中心 O 的地面入射角，飞机的观测角 ϕ 为 OT' 与 OR' 的夹角；T' 和 R' 分别为星下点和机下点，P 是目标区域中的任意点目标；$\boldsymbol{i}_{\mathrm{Tx}}$ 和 $\boldsymbol{i}_{\mathrm{Rx}}$ 分别为点目标 P 指向导航卫星与接收机的单位矢量，定义 $\overrightarrow{OP} = \boldsymbol{r}$。

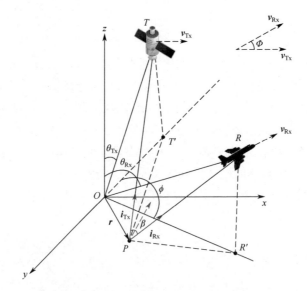

图 8-3　GNSS-R SAR 机载模式下的几何构型

点目标 P 处的回波时延信息可以表示为

$$t(\tau,r)=\frac{1}{v_c}[|\boldsymbol{R}_{Tx}(\tau,r)|+|\boldsymbol{R}_{Rx}(\tau,r)|] \tag{8.18}$$

当向量 $\boldsymbol{r}$ 沿任意方向发生变化时，回波的时延变化可以表示为

$$dt=\nabla\boldsymbol{t}\cdot d\boldsymbol{r} \tag{8.19}$$

$$\nabla\boldsymbol{t}=\frac{1}{v_c}\left(\boldsymbol{i}_{Tx}(\tau,r)+\boldsymbol{i}_{Rx}(\tau,r)\right) \tag{8.20}$$

其中，$\nabla\boldsymbol{t}$ 为 $t(\tau,r)$ 在 $\boldsymbol{r}$ 方向的梯度。若卫星导航信号的带宽为 B，则距离向最小时间分辨间隔为

$$T_r=1/B \tag{8.21}$$

由式（8.19）和式（8.20）可得

$$|d\boldsymbol{r}|=\frac{dt}{|\nabla\boldsymbol{t}|\cdot\cos\theta_{rt}}\geqslant\frac{dt}{|\nabla\boldsymbol{t}|}=\frac{T_r}{|\nabla\boldsymbol{t}|} \tag{8.22}$$

其中，θ_{rt} 为 $\nabla\boldsymbol{t}$ 与 $d\boldsymbol{r}$ 的夹角，其取值范围为 $0°\sim90°$，当且仅当 $\theta_{rt}=0°$（$\nabla\boldsymbol{t}$ 与 $d\boldsymbol{r}$ 同向）时，式（8.22）中等号成立。通常情况下，距离向和方位向分辨率矢量均不在成像平面上。假定将 $\nabla\boldsymbol{t}$ 投影到成像平面（一般选择地表平面）后的矢量为 $\nabla\boldsymbol{t}_g$，则 GNSS-R SAR 成像平面的距离向分辨率矢量为

$$d\boldsymbol{r}_g=\frac{1/B}{|\nabla\boldsymbol{t}_g|}\cdot\boldsymbol{i}_{tg} \tag{8.23}$$

其中，$\boldsymbol{i}_{tg}$ 是 $\nabla\boldsymbol{t}_g$ 的单位矢量。由于 GNSS-R SAR 在机载模式或一站固定模式下成像场景较小，以图 8-3 中的目标区域中心点 O 为参考来计算地表成像平面距离向分辨率，可得

$$|\nabla\boldsymbol{t}_g|=\frac{1}{v_c}\sqrt{\sin^2\theta_{Tx}+\sin^2\theta_{Rx}+2\sin\theta_{Tx}\sin\theta_{Rx}\cos\phi} \tag{8.24}$$

$$\boldsymbol{i}_{tg}=\begin{bmatrix}\dfrac{-\sin\theta_{Rx}\cos\phi-\sin\theta_{Tx}}{\sqrt{\sin^2\theta_{Tx}+\sin^2\theta_{Rx}+2\sin\theta_{Tx}\sin\theta_{Rx}\cos\phi}}\\\dfrac{\sin\theta_{Rx}\sin\phi}{\sqrt{\sin^2\theta_{Tx}+\sin^2\theta_{Rx}+2\sin\theta_{Tx}\sin\theta_{Rx}\cos\phi}}\end{bmatrix} \tag{8.25}$$

同理，推导可得 GNSS-R SAR 的方位向分辨率矢量为

$$d\boldsymbol{r}_\text{a} = \frac{1/T_\text{s}}{\left|\nabla \boldsymbol{f}_\textbf{dg}\right|} \cdot \boldsymbol{i}_{fg} \tag{8.26}$$

其中，T_s 为方位向最小时间间隔，$\boldsymbol{i}_{fg}$ 是 $\nabla \boldsymbol{f}_\text{dg}$ 的单位矢量，$\nabla \boldsymbol{f}_\text{dg}$ 是回波信号的多普勒梯度 $\nabla \boldsymbol{f}_\text{d}$ 在地表成像平面上的投影，表示为

$$\nabla \boldsymbol{f}_\textbf{dg} = \frac{1}{\lambda}\left[\frac{1}{\left|\boldsymbol{R}_\text{Tx}\right|}(\boldsymbol{v}_\text{Tx} - (\boldsymbol{v}_\text{Tx} \cdot \boldsymbol{i}_\text{Tx})\boldsymbol{i}_\text{Tx}) + \frac{1}{\left|\boldsymbol{R}_\text{Rx}\right|}(\boldsymbol{v}_\text{Rx} - (\boldsymbol{v}_\text{Rx} \cdot \boldsymbol{i}_\text{Rx})\boldsymbol{i}_\text{Rx})\right] \tag{8.27}$$

通常情况下，GNSS-R SAR 在一站固定或机载模式下的合成孔径时间内，多普勒梯度 $\nabla \boldsymbol{f}_\text{d}$ 变化较小，因此可以选择在合成孔径中心时刻计算 $\nabla \boldsymbol{f}_\text{d}$。

8.2.2 分辨率与几何构型的关系

GNSS-R SAR 距离向与方位向的分辨率矢量与其双基几何构型有关，相同的回波参数在不同几何构型条件下的二维分辨能力是不同的。由距离向和方位向分辨率公式可知，GNSS-R SAR 的分辨能力主要由距离向分辨率矢量、方位向分辨率矢量及二者的夹角决定。

1. 距离向分辨率

由式（8.23）、式（8.24）和式（8.25）可知，GNSS-R SAR 的距离向分辨率由 θ_Tx、θ_Rx 和 ϕ 三个变量共同约束，而与导航卫星和接收机的速度无关。在实际应用场景中，通过观测场景、导航卫星的轨道信息和接收机的运动轨迹可以计算导航卫星的入射角 θ_Tx 和接收机的入射角 θ_Rx，二者的取值范围均为 $0° \sim 90°$。ϕ 的取值范围为 $0° \sim 360°$，当 $\cos\phi = 1$（即 $\phi = 0°$ 或 $\phi = 360°$）时获得最优的距离向分辨率，当 $\cos\phi = -1$（即 $\phi = 180°$）时获得最差的距离向分辨率。最优与最差距离向分辨率可以分别表示为

$$\left|d\boldsymbol{r}_\text{g}\right|_\text{min} = \frac{v_\text{c}}{B}\frac{1}{\left|\sin\theta_\text{Tx} + \sin\theta_\text{Rx}\right|} \tag{8.28}$$

$$\left|d\boldsymbol{r}_\text{g}\right|_\text{max} = \frac{v_\text{c}}{B}\frac{1}{\left|\sin\theta_\text{Tx} - \sin\theta_\text{Rx}\right|} \tag{8.29}$$

由式（8.29）可知，当 $\theta_\text{Tx} = \theta_\text{Rx}$ 且 $\phi = 180°$ 时，时延梯度 ∇t 垂直于成像平面，∇t_g 是零向量，GNSS-R SAR 地面距离向分辨率趋于无穷大，即没有地面

距离向分辨能力。以 BDS-B3 信号为例，图 8-4 给出了距离向分辨率随观测角
与入射角的变化曲线，其中参数设置如表 8-2 所示。导航卫星的入射角为 45°，
接收机的入射角选为 30°、40° 和 50° 三种情况。当观测角为 $0° \leqslant \phi \leqslant 180°$ 时，
距离向分辨率随观测角的增加而降低；当观测角为 $180° \leqslant \phi \leqslant 360°$ 时，距离向
分辨率随观测角的增加而提高；当 $\phi = 180°$ 时分辨率最差。对于变化入射角的
接收机，距离向分辨率随着入射角的增加而变差。

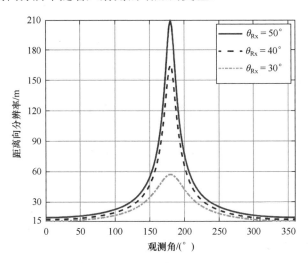

图 8-4　不同接收机入射角下距离向分辨率随观测角的变化曲线

表 8-2　基于 BDS-B3 信号的 GNSS-R SAR 系统参数设置

参 数 名 称	参 数	
	导航卫星	接收机
信号	BDS-B3	—
带宽	20.46 MHz	—
高度	20000 km	1000 m
运动速度	3000 m/s	65 m/s
入射角	45°	30° / 40° / 50°

2．方位向分辨率

由式（8.26）和式（8.27）可知，GNSS-R SAR 的方位向分辨率与导航卫
星和接收机的位置和速度有关。对于机载接收机，式（8.27）中回波信号的多
普勒梯度 ∇f_{dg} 主要包含导航卫星运动和机载接收机运动。虽然飞机运动速度远
小于导航卫星的运动速度（$|v_{Tx}| \gg |v_{Rx}|$），但是由于目标场景到导航卫星的距

离远大于到机载接收机的距离（$|\boldsymbol{R}_{\mathrm{Tx}}| \gg |\boldsymbol{R}_{\mathrm{Rx}}|$），因此式（8.27）中回波信号的多普勒梯度主要来源于第二项。在一站固定模式中，回波信号的多普勒梯度 $\nabla\boldsymbol{f}_{\mathrm{dg}}$ 则主要来源于式（8.27）的第一项。通常情况下，为了获得较高的方位向分辨率，可增加合成孔径时间来积累更大的多普勒带宽。图 8-5 所示是基于表 8-2 条件下得出的 GNSS-R SAR 的方位向分辨率结果。随观测角和速度矢量夹角不同，方位向分辨率变化呈对称分布，当合成孔径时间为 3 s 时，方位向分辨率最优值为 1.31 m 左右。随着合成孔径时间的增加或机载平台速度的增加，其方位向分辨率将进一步提升。

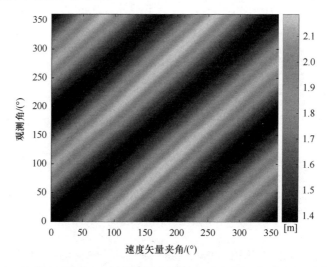

图 8-5　方位向分辨率随观测角和速度矢量夹角的关系（合成孔径时间为 3s）

8.3　后向投影成像算法

后向投影（BP）成像算法是一种基于时域处理的成像算法。它根据图像像素位置计算天线和像点之间的距离延迟，将回波数据根据时延信息反向投影到图像域，并在每个像素点进行相干累加，从而得到二维图像[5]。该算法是一种逐点处理方法，可以做到对所有目标的最佳匹配并获得较高的图像分辨率。

GNSS-R SAR 后向投影成像算法框图如图 8-6 所示。先对直达信号进行捕获/跟踪处理，所获取的时延信息、相位信息、多普勒信息和导航数据码等用于对回波信号进行补偿处理；再通过匹配滤波方法实现距离向压缩；然后对输出的相关值进行映射（后向投影），实现方位向聚焦；最后对每个方位向时刻的图像进行叠加，产生最终的图像。

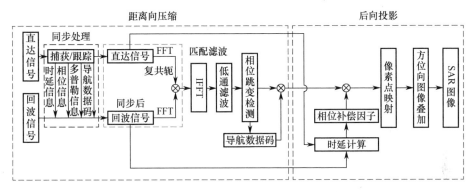

图 8-6　GNSS-R SAR 后向投影成像算法框图

8.3.1　距离向压缩

以本地生成的参考信号 $h(t)$ 为匹配滤波器的冲激响应函数，回波信号与之在时域进行卷积以完成匹配滤波，提取相应的时延与相位信息，或者通过傅里叶变换转换至频域完成。回波信号中携带了多普勒调制项、导航数据码相位及干扰相位产生的误差，需逐一消除以提升距离向和方位向的聚焦精度。

1．脉冲内多普勒影响的消除

式（8.12）和式（8.15）中引入的多普勒频移 $f_{dT} + f_{dR}$，可利用导航卫星轨道数据、接收机航迹数据和场景信息进行估计，定义其估计值为 $(f_{dT} + f_{dR})'$，则参考信号重构为

$$h'(t) = h(t)\exp[j2\pi(f_{dT} + f_{dR})'t] \qquad (8.30)$$

估计偏差 $\Delta f = (f_{dT} + f_{dR})' - (f_{dT} + f_{dR})$ 通过对回波信号两步搜索获得。导航卫星相对于地面固定站的运动所产生的多普勒频移一般在 $-5\sim5$ kHz 的范围内，先以 500 Hz 为间隔进行遍历搜索得到接收信号多普勒频移的粗略估计，再以 100 Hz 为间隔在粗略估计值为中心的 ±400 Hz 范围内搜索。

2．导航数据码影响的消除

式（8.15）中没有考虑导航数据码的影响，但是在距离向压缩后的结果中包含导航数据码 $d(t)$ 的相位信息 φ_d，如式（8.31）所示。

$$F(t,\tau) = P\left[\tau - \frac{R(t)}{v_c}\right]\exp\left[-\mathrm{j}2\pi\frac{R(t)}{\lambda} - \mathrm{j}2\pi\Delta ft - \mathrm{j}\varphi_d - \mathrm{j}\varphi_e\right] \qquad (8.31)$$

其中，$P(\tau)$ 为伪随机码的自相关函数，Δf 为参考信号与回波信号的多普勒频移偏差。φ_d 取值为 0 或 π，当数据发生跳变时此相位相应发生跳变。因此，当距离向压缩信号峰值的相位变化时，将对应的导航数据码与之相乘，即可消除其影响。

图 8-7 给出了某导航数据码的影响结果。其中，图 8-7（a）为距离向压缩后的方位向峰值相位历史片段，在 5 个采样点处出现了相位跳变；图 8-7（b）为差分处理后的结果，共有 5 处相位为 π 的跳变；图 8-7（c）为检测到的导航数据码，数据跳变位置和相位跳变位置一致；图 8-7（d）为剥离导航数据码后方位向峰值信号的多普勒相位。导航数据码的影响消除后，其值变化连续。

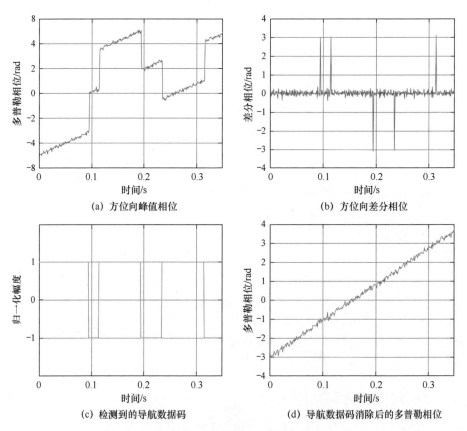

(a) 方位向峰值相位   (b) 方位向差分相位

(c) 检测到的导航数据码   (d) 导航数据码消除后的多普勒相位

图 8-7 导航数据码的影响结果

3．干扰相位误差消除

在一站固定模式或机载模式下，直达信号与回波信号可视为穿过相同的大气层，两者的大气干扰相位误差 φ_e 相同，主要由本地晶振漂移引起的高阶项构成，由拟合多项式表示。距离向压缩结果去除多普勒频移和导航数据码的影响后，将相关峰值点处的相位信息与多项式拟合结果相减，即可获得高阶相位残差 $\varphi_e{}'$ 和相位补偿项 $\exp(-j\varphi_e{}')$。

对回波信号进行同步处理之后的距离向压缩结果为

$$F(t,\tau) = P\left[\tau - \frac{R(t)}{v_c}\right]\exp\left[-j2\pi\frac{R(t)}{\lambda}\right] \tag{8.32}$$

在实际的离散信号处理过程中，当回波信号的时延与采样点不重合时，必须采用插值处理，以提升方位向聚焦精度。一般情况下，导航信号接收处理中的采样率均超过数据码速率的 6～8 倍以上，可满足成像算法后向投影过程对采样点的要求，无须插值[6-7]。

8.3.2　后向投影

后向投影是将距离向压缩信号映射到成像区域的各个像素点，即网格化后各个网格的中心点。图 8-8 所示为后向投影（BP）成像算法的几何构型示意图，网格的大小与成像的分辨率有关，选取时需要综合考虑成像质量和运算复杂度。通常以分辨率较优的方位向地距分辨率进行网格划分，间距小于等于 $\frac{1}{2}|dr_a|$。在某方位向时刻，导航卫星、像素点和接收机三点的位置是确定已知项，像素点 (x_m, y_n) 处回波信号的时延根据信号传播距离计算，即

$$\tau_{mn}(t) = \frac{R_T(t,m,n) + R_R(t,m,n)}{v_c} \tag{8.33}$$

$R_T(t,m,n)$ 是导航卫星到像素点 (x_m, y_n, z) 的瞬时距离，$R_B(t)$ 是导航卫星到接收机的瞬时距离，$R_R(t,m,n)$ 是接收机到像素点 (x_m, y_n, z) 的瞬时距离。

$$R_T(t,m,n) = \sqrt{[x_T(t) - x_m]^2 + [y_T(t) - y_n]^2 + [z_T(t) - z]^2} \tag{8.34}$$

$$R_R(t,m,n) = \sqrt{[x_R(t) - x_m]^2 + [y_R(t) - y_n]^2 + [z_R(t) - z]^2} \tag{8.35}$$

$$R_B(t) = \sqrt{[x_T(t) - x_R(t)]^2 + [y_T(t) - y_R(t)]^2 + [z_T(t) - z_R(t)]^2} \quad （8.36）$$

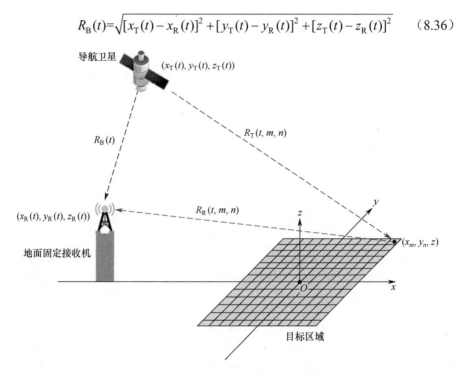

图 8-8　BP 成像算法几何构型示意图

将式（8.34）和式（8.35）代入式（8.32），可以得到像素点 (x_m, y_n) 的相关值为

$$F(t, \tau_{mn}(t)) = P[\tau - \tau_{mn}(t)]\exp\left[-j2\pi\frac{R_T(t,m,n) + R_R(t,m,n)}{\lambda}\right] \quad （8.37）$$

接收机在收到回波信号的同时也收到了直达信号，成像区域各像素点的相关值和两个信号之间的传播时延差存在不可分割的联系，在算法中用如下因子加以补偿，否则成像时会导致方位向散焦[8]：

$$h(t,m,n) = \exp\left[j2\pi\frac{R_T(t,m,n) + R_R(t,m,n) - R_B(t)}{\lambda}\right] \quad （8.38）$$

相位补偿后的距离向压缩结果即为该像素点的灰度值，在每个方位向时间生成一幅图像。

$$S(t,m,n) = F(t, \tau_{mn}(t)) \cdot h(t,m,n) \quad （8.39）$$

最后，将合成孔径时间 $[-T_p/2,\ T_p/2]$ 内各方位向时刻的图像进行积分，产生完整的图像。

$$S(m,n) = \int_{-T_{\mathrm{p}}/2}^{T_{\mathrm{p}}/2} S(t,m,n)\,\mathrm{d}t \qquad （8.40）$$

8.4 成像算法的实现

在近年来的图形图像处理领域，传统中央处理器（Central Processing Unit，CPU）的"单一"处理方式正逐步向 CPU 和图形处单元（Graphics Processing Unit，GPU）并用的"协同处理"方式发展。英伟达（NVIDIA）提出了计算统一设备体系结构（Compute Unified Device Architecture，CUDA）编程模型，可以充分利用 CPU 和 GPU 各自的优点：CPU 被视为"主机端"完成具有串行数据特性的数据运算；GPU 被视为"设备端"，通过调用内核完成具有并行数据特性的运算。由于后向投影成像算法的并行性，在 CUDA 编程模型中实现有良好的加速效果，在不降低成像质量的前提下，还可减少算法的运行时间，满足快速成像处理的要求[9-14]。

8.4.1 异构并行平台

当目标区域面积增加和合成孔径时间延长时，后向投影算法的计算成本会急剧加大。为确保成像质量和效率，算法执行过程中的距离向压缩和后向投影均可针对回波信号并行处理。图 8-9 给出了一种异构并行处理平台，CPU 主要完成直达信号的捕获、跟踪、定位及对回波信号的同步处理等任务，GPU 完成后向投影成像并发送给 CPU 进行输出和存储。

8.4.2 距离向压缩

距离向压缩主要有 FFT（快速傅里叶变换）、IFFT（快速傅里叶逆变换）和复数乘法三种运算。其中，FFT 和 IFFT 基于 CUDA 中提供的 cuFFT 函数完成，复数乘法则通过构造核函数完成。在 GPU 的应用中，显存溢出是一个常见的错误。FFT 和 IFFT 在数据长度较大时对存储器的要求非常高，尤其是GNSS 导航卫星的反射信号数据量很大，此时则要合理匹配回波数据和存储空间的大小，以防显存溢出。图 8-10 所示为一种 FFT/IFFT 执行策略，其中 1,2,···,n 为各个不同距离门的编号，用于分配独立的线程执行其中数据的 FFT 及 IFFT

操作，单个线程可负责一个或多个距离门的数据处理，由 GPU 的存储器空间大小综合考虑确定。

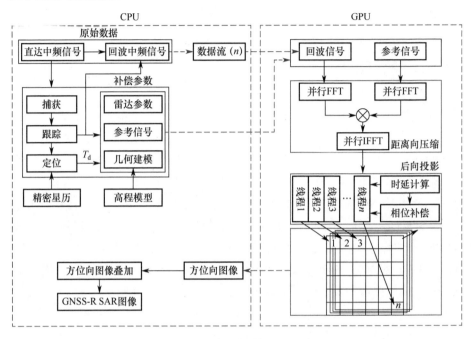

图 8-9　一种异构并行处理平台

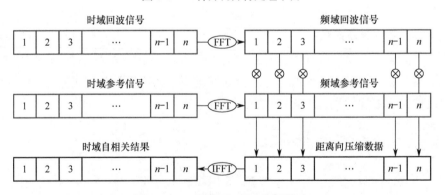

图 8-10　一种 FFT/IFFT 执行策略

距离向压缩的实现过程如下：

（1）根据导航信号一个等效脉冲的宽度和采样率确定傅里叶变换（如 FFT）的点数，以及 CPU 和 GPU 中的数据存储空间，将参考信号和回波信号从 CPU 传输到 GPU 中。

（2）根据距离向采样点的个数设计并执行参考信号及回波信号的距离向傅里叶变换方案。

（3）构建参考信号复共轭矩阵、回波信号矩阵以及复数乘法的并行核函数，按距离门数分配线程来完成并行运算。

（4）根据距离向采样点的个数设计并执行参考信号与回波信号的距离向傅里叶逆变换方案。

8.4.3　后向投影

后向投影（BP）主要包括时延计算、相位补偿等内容，具体包括核函数中的复数乘法与复数加法运算，有基于像素点映射和基于脉冲重复间隔（PRI）映射两种不同的实现方式。

（1）基于像素点映射实现后向投影时，各线程与图像的各像素点相对应。每次调用核函数实现复数加法和乘法运算时，仅针对当前 PRI 内的不同像素点，对每一 PRI 重复调用核函数获得成像结果。

（2）基于 PRI 映射实现后向投影时，各线程和 PRI 相对应。在一次核函数调用中，仅针对同一像素点对应的回波信号相干累加，再对每个像素点重复调用核函数获得成像结果。

对比上述两种实现方式，前者重复各 PRI 完成所有数据的处理，对内存的访问要少于后者重复各像素点的情况，可减少或避免存储访问冲突。为进一步减少调用核函数时耗费的资源，还可采用"批次"处理的方式，即单次调用核函数处理多个 PRI 的回波数据。如图 8-11 所示，每次所处理的 PRI 数量即为"批次"。

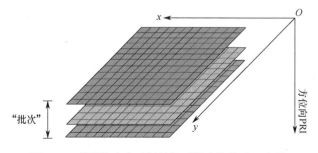

图 8-11　基于像素点映射并行"批次"处理示意图

8.4.4 流处理结构优化设计

　　CUDA 编程模型中的数据传输接口为一种高速串行计算机扩展总线标准——PCI-E，PCI-E 4.0 接口传输速率最高可达 8 GBps，用于将处理数据从 CPU 的内存传输至 GPU 的显存，处理完成后的数据再由 GPU 的显存回传至 CPU 的内存。如果接口数据受限制，那么 GPU 对数据处理加速的性能改善将得不到充分保障，尤其在数据量超大的情况下更是如此。对于数据分段以串行顺序执行各段数据的成像过程，尽管各段数据采取并行处理方式，仍不能最大限度地发挥 CPU+GPU 架构的并行处理能力。

　　异步多级流处理则采用流水结构，将传输和处理交替使用不同的引擎实现，如图 8-12 所示。每一级流处理结构负责一个数据段信号的处理，各流处理结构之间异步并行执行，可大大减小接口传输带来的时延。1 级流处理结构的计算引擎和 2 级流处理结构的复制引擎并行工作，前一级的计算引擎和后一级的复制引擎交替工作，从而最大限度地使用 GPU 的工作单元，使 CPU 和 GPU 之间的数据传输时延并行发生，缩短整体时延，提高运算效率。

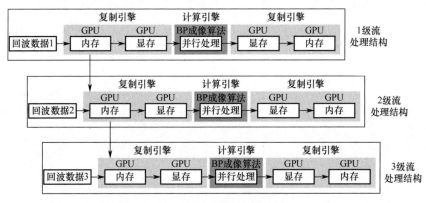

图 8-12　异步多级流处理结构

8.5　仿真分析及试验验证

8.5.1　仿真分析

1. 仿真场景描述

以某导航卫星为发射源，将接收机固定在某个位置，待成像的 25 个点目标均匀分布在 4 km × 4 km 的平面上，其相对几何关系如图 8-13 所示，各点目标的编号为 1～25。取脉冲重复间隔（PRI）为 1 ms（即 1 个码周期），则多普勒频移估计误差 Δf 应小于 500 Hz（满足奈奎斯特采样定理），否则距离向压缩结果中将会出现混叠现象。图 8-14（a）所示（$\Delta f = 800$ Hz）为 13 号点目标的结果（合成孔径时间为 300 s）。当 $\Delta f = 0$ Hz 时，混叠现象消失，如图 8-14（b）所示。

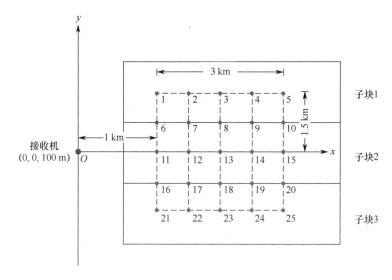

图 8-13　成像区域点目标分布

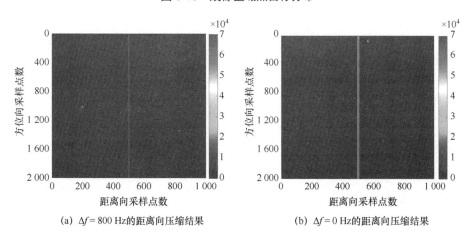

（a）$\Delta f = 800$ Hz 的距离向压缩结果　　　（b）$\Delta f = 0$ Hz 的距离向压缩结果

图 8-14　不同多普勒频移估计误差对距离向压缩的影响

根据图 8-9 的实现流程，将各方位向图像叠加便可得区域内 25 个点目标的所有成像结果，以 13 号点目标位置为(0, 0)的成像结果如图 8-15 所示，各点目标的相对几何关系和仿真设置完全一致。以典型的 5 号、10 号、13 号三个目标为例，分别求解其 PSLR（峰值旁瓣比）和 ISLR（积分旁瓣比）的值，在距离向和方位向上均与理论值一致，未因几何构型的变化而引起较大的偏差。具体数值如表 8-3 所示。

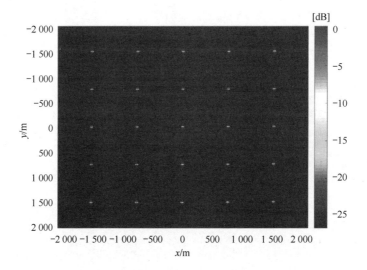

图 8-15　点目标成像结果［以 13 号点目标位置为（0, 0）］

表 8-3　典型点目标的评估参数和理论值对比

	距 离 向			方 位 向		
	PSLR/dB	ISLR/dB	分辨率/m	PSLR/dB	ISLR/dB	分辨率/m
目标 5	−34.80	−13.45	15.9	−12.25	−10.90	5.6
目标 10	−34.80	−13.45	15.9	−13.25	−10.90	5.6
目标 13	−34.80	−13.45	15.9	−13.25	−10.90	5.6
理论值	−35.00	−13.45	15.9	−13.27	−10.90	5.6

2. 成像算法并行加速

基于 8.4 节中的 CPU+GPU 并行处理平台，用 C 语言编程实现成像数据处理，主要器件型号及参数如表 8-4 所示。

为了对比 GPU 在成像处理中的作用，分别用 CPU 单独处理和用 CPU+GPU 协同处理实现成像。由于 GPU 的引入没有改变算法本身的校正、误差等内容，因此两种情况下的成像性能相当，其距离向和方位向分辨率、PSLR 和 ISLR

值均相同。表 8-5 所示为 25 号点目标的评估参数，两种运行条件下的结果完全一致。

表 8-4 主要器件型号及参数

器 件 名 称	型　号	容　量	主　频
CPU	AMD Ryzen 3800X	—	3.9 GHz
GPU	Nvidia GeForce GTX 3090	24 GB	1.95 GHz
内存	DDR4	64 GB	3 GHz

表 8-5 25 号点目标的评估参数

	距　离　向			方　位　向		
	分辨率/m	PSLR/dB	ISLR/dB	分辨率/m	PSLR/dB	ISLR/dB
CPU	15.9	−34.8	−13.45	5.6	−13.25	−10.9
GPU+CPU	15.9	−34.8	−13.45	5.6	−13.25	−10.9
理论值	15.9	−35.00	−13.45	5.6	−13.27	−10.9

尽管 GPU 的使用未提升成像质量，但其对成像效率的提升是非常显著的。距离向压缩过程主要涉及 FFT/IFFT 运算和复数乘法，其加速比分别达 117 和 261。后向投影过程主要涉及复数乘法和复数加法，其整体的加速比为 164 左右。单纯从后向投影和距离向压缩两个过程看，前者所用时间占比达 99%以上，GPU 对其运算效率的提升非常有利于 GNSS 反射信号成像应用的工程化实现。表 8-6 示出了 25 号点目标成像所用的时间对比。

表 8-6 25 号点目标成像所用时间对比

过　程	FFT/IFFT	复 数 乘 法	后 向 投 影	整　体
CPU 所用时间/s	74.4	20.88	1 7361.6	1 7456.88
CPU+GPU 所用时间/s	0.636	0.08	105.752	106.468
加速比	117	261	164.17	163.96

为了进一步评估 CPU+GPU 并行平台对不同场景成像的效率，以 1 m 为网格间距对 7 个不同大小的场景执行后向投影（BP）成像算法，成像时间和加速比列于表 8-7 中。可以看出，当成像区域在 2048 × 2048 以上时，CPU+GPU 并行平台相对于单独用 CPU 平台成像已不再有较大的加速比变化。这是由于大场景中单点成像的平均时间已趋近不变，GPU 的所有流处理器都处于工作状态，CPU 和 CPU+GPU 两种平台的总体耗费时间同步增长，因而加速比变化不再明显[15]。

表 8-7　不同大小场景下一体化 BP 成像算法的加速性能分析

区 域 大 小	128×128	256×256	512×512	1 024×1 024	2 048×2 048	4 096×4 096	8 192×8 192
CPU 所用时间/s	123.1	206.4	507	2 087.4	7 611.9	3 0543.3	6 8871.9
CPU+GPU 所用时间/s	1.1	1.73	3.43	13.38	45.47	180	407.26
加速比	111.6	119.07	147.6	156	167.4	168.9	169.11

8.5.2　试验验证

试验场景所选的成像区域为某大学体育场区，如图 8-16 所示。数据采集时间为 2021 年 3 月 25 日 9 时 50 分至 10 时 20 分，接收机置于田径场看台。对成像场景进行 0.4 m × 0.4 m 网格划分，成像区域设置为 600 m × 600 m 的正方形，网格数量相应为 1 500×1 500。

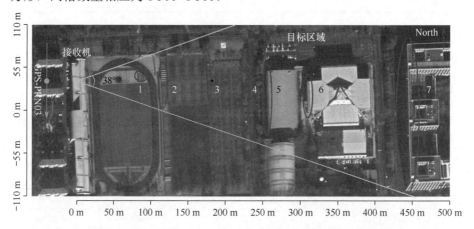

图 8-16　导航卫星位置、接收机位置及目标区域建筑物分布示意图

接收机位置坐标设为(0, 0)，合成孔径时间为 1 800 s（即整个数据采集时间 30 min），后向投影成像结果如图 8-17 所示，实际场景中所有建筑物都被聚焦到图像中。

由于接收机高度的限制，回波主要来源于建筑物的西侧（图 8-16 左侧为西向），图像中呈现强散射点或面的形式。将成像结果中像素点的位置信息和光学图像的位置信息进行匹配，结果如图 8-18 所示。可以看出，回波信号最强的位置大约位于点(315 m,10 m)处，对应图 8-16 中的 6 号目标（体育馆的西侧边沿部分）。

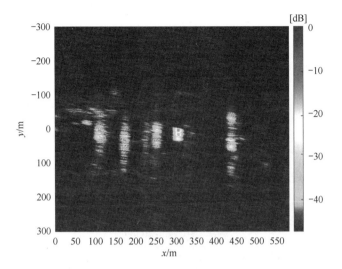

图 8-17　成像结果

图 8-18　GNSS-R SAR 图像与光学图像匹配结果

从图 8-19（a）所示的距离向剖面结果还可以看出，成像区域中的 2 号、3号、4 号、5 号、6 号和 7 号目标的功率峰值点与各建筑物的位置一一对应，对 6 号目标的距离向测量值约为 18 m，与距离向分辨率的理论值 16.8 m 相比略大（即分辨率略有降低）。对体育馆西侧边沿的方位向剖面测量结果为 40 m，如图 8-19（b）所示，与光学图像测量结果相当。

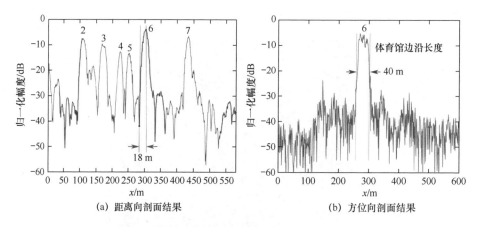

图 8-19　SAR 图像的剖面分析

　　和仿真试验类似，采集的实际数据也经 CPU 单独处理和 CPU+GPU 综合处理，耗时分别约为 5.5 h 和 2 min，效率提升近 165 倍，和仿真时的加速比结果基本一致。

8.6　本章小结

　　导航卫星作为 GNSS-R SAR 系统的辐射源，其全球覆盖和信号的特性保证了该系统具备全天时、全天候能力，可以在任意时刻获取观测区域的图像。本章重点分析了几何构型对 GNSS-R SAR 空间分辨率的影响，研究了 GNSS-R SAR 系统成像的实现方法，仿真分析和试验均验证了其可行性。

参 考 文 献

[1] 仇晓兰,丁赤飚, 胡东辉. 双站 SAR 成像处理技术[M]. 北京: 科学出版社, 2010.

[2] ENDER J. A step to bistatic SAR processing. EUSAR, 2004: 356-359.

[3] CARDILLO G P. On the use of the gradient to determine bistatic SAR resolution[C]. International Symposium on Antennas and Propagation Society, Merging Technologies for the 90's. Dallas: IEEE, 1990, 2: 1032-1035.

[4] MOCCIA A, RENGA A. Spatial resolution of bistatic synthetic aperture radar: impact of acquisition geometry on imaging performance[J]. IEEE Transactions on Geoscience and Remote Sensing, 2011, 49(10): 3487-3503.

[5] MUNSON D C, O'BRIEN J D, JENKINS W K. A tomographic formulation of spotlight-mode synthetic aperture radar. Proceedings of the IEEE, 1983, 71(8): 917-925.

[6] CUMMING I G, WONG F H. 合成孔径雷达成像: 算法与实现[M]. 洪文, 胡东辉, 译. 北京: 电子工业出版社, 2007.

[7] 顾久祥, 王浩. 插值运算在 SAR 成像处理中的应用[J]. 国际航空航天科学, 2014, 2: 1-9.

[8] SHAO Y F, WANG R, DENG Y K, et al. Fast back projection algorithm for bistatic SAR imaging[J]. IEEE Geoscience and Remote Sensing Letters, 2013, 10(5): 1080-1084.

[9] ZHANG F, YAO X, TANG H, et al. Multiple mode SAR raw data simulation and parallel acceleration for Gaofen-3 Mission[J]. IEEE Journal of Selected Topics in Applied Earth Observations and Remote Sensing, 2018,11(6): 2115-2126.

[10] LIU Y, ZHOU Y, ZHOU Y, et al. Accelerating SAR image registration using swarm-intelligent GPU parallelization[J]. IEEE Journal of Selected Topics in Applied Earth Observations and Remote Sensing, 2020, 13: 5694-5703.

[11] SONG M C, LIU Y B, ZHAO F J, et al. Processing of SAR data based on the heterogeneous architecture of GPU and CPU[C]. IET International Radar Conference 2013. Xi'an: IET, 2013: 1-5.

[12] FASIH A, HARTLEY T. GPU-accelerated synthetic aperture radar back projection in CUDA[C]. 2010 IEEE Radar Conference. Arlington: IEEE, 2010: 1408-1413.

[13] BALZ T, STILLA U. Hybrid GPU-yasedyunce SAR simulation[J]. IEEE Transactions on Geoscience and Remote Sensing, 2009, 47(10): 3519-3529.

[14] DEVADITHYA S, PEDROSS-ENGEL A, WATTS C M, et al. GPU-accelerated enhanced resolution 3-D SAR imaging with dynamic metamaterial antennas[J]. IEEE Transactions on Microwave Theory and Techniques, 2017, 65(12): 5096-5103.

[15] 吴世玉. GNSS-R SAR 成像性能优化方法研究及系统实现[D]. 北京: 北京航空航天大学, 2021.

第 9 章　GNSS 反射信号新应用初探

自 20 世纪 80 年代末至今，GNSS-R 已发展了 30 多年，经历了概念提出、理论创新、技术论证和应用推广等阶段。目前，随着美国 CYGNSS、中国风云 3-E 卫星的发射，以及岸基观测站点建设，海面风速反演已开始步入业务化应用和推广阶段，土壤湿度和海冰探测也已进入技术论证阶段，GNSS Bi-SAR 技术正从概念研究逐步进入试验验证阶段。在此过程中，通过对 GNSS-R 技术理解的深入和信号处理技术的不断进步，对地观测和雷达探测等领域相继提出了一些新的概念和应用，如移动目标探测、内陆水体探测和河流识别等。针对目前地面移动通信基站信号（如 GSM 信号）、地面调频（FM）广播信号等常用外辐射源信号覆盖范围受限、带宽窄和旁瓣大等缺点，将 GNSS 信号作为外辐射源进行目标探测是新兴的技术领域，有很强的生命力。内陆水体探测技术是 GNSS-R 在土壤湿度应用之外的进一步扩展，是星载 GNSS-R 对地观测的又一新方向。河流作为地球表面一类特殊的水体，其水体宽度、河流边界和河流水面高度等特征对区域气候及农业安全生产都有较大的影响，GNSS 反射信号同样可以发挥精准监测的作用。

本章对地基空中移动目标探测、地基河流边界探测及星载地表水体识别进行简要阐述，其中包括著者研究小组所做的理论仿真和试验验证结果，试图为该领域的后续研究提供一些新思路和新方法。

针对地基空中移动目标探测，从探究后向散射与前向散射两种构型下的机理入手，利用已经开展的试验和数据处理结果初步验证其可行性。尽管由于信号弱及杂波干扰严重等问题影响了其技术成熟度，但其技术理念是先进的，随着信号处理技术的进步和接收天线技术的发展，该技术必将进一步走向实用。

GNSS-I/MR 作为 GNSS-R 技术的独特分支，已被应用于土壤湿度、植被涨势和积雪深度等参数的测量。河流作为地球表面的典型实体，其河水与河岸的区分正是 GNSS 反射信号应用的重要方向，由此而衍生的河流边界探测正是本章的第二个阐述重点。本章从方法论角度，对基于地基 GNSS 反射信号接收机输出的观测量确定河流边界的流程进行研究，并结合实际的场景和仿真分析验证其可行性。

相比于其他波段，L 波段具有更强的植被穿透性，有利于植被覆盖区域的水体识别，这是对光学、微波遥感等手段的有效补充。本章利用 CYGNSS 星载数据对刚果河、亚马孙河、尼罗河及东非大裂谷湖泊群等四类典型的低纬度水体进行识别，揭示星载 GNSS-R 技术在内陆水体识别方面的巨大潜力。

9.1 地基空中移动目标探测

移动目标探测有很强的军事和国防应用背景，在现代智慧城市和安全管理中也是必备的前沿技术。按照目标所在的移动范围，可分为地面/海面移动目标探测和空中移动目标探测两大类。前者可用第 8 章 GNSS-R 成像的技术和方法实现，本章着重分析后者。对于空中移动目标的探测，现有的雷达成熟产品已经应用多年，在国内外多种场景发挥了重要作用[1]。主动式雷达因其发射电磁信号而容易暴露自身，且空中低小慢移动目标的探测领域尚有不同程度的盲点。而 GNSS 反射信号载波频率属于 1.1～1.6 GHz 的 L 波段，接收机可配置为双基或者多基模式，充分利用空间各个方向的导航卫星作为辐射源，构建灵活可变的几何构型来实现空中移动目标探测，可弥补其他类型雷达的不足，是未来发展的一个新方向。

9.1.1 探测机理介绍

空中移动目标探测的双基配置模式有多种，其中接收机置于地面是最简单、最普遍的一种模式。此时的待测目标位于导航卫星和接收机之间的空间范围内。图 9-1 所示为空中移动目标探测的几何关系示意图，其中坐标原点即为接收机所在位置，y 轴为接收天线波束在地平面上的投影，z 轴指向天顶，构成 XYZ 右手空间直角坐标系，被测目标和接收机位于同一平面 yOz 内。

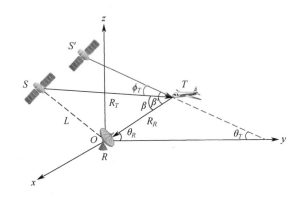

图 9-1 空中移动目标探测几何关系示意图

在图 9-1 中，S 表示单颗导航卫星（Satellite），T 表示待测空中目标（Target），R 表示位于地面固定点的接收机（Receiver），S' 为 S 在 yOz 平面上的投影。β 称为双基角，在接收机固定的条件下，随导航卫星和空中目标的移动而变化。当其值为 $0° < \beta < 135°$ 时，接收到的目标散射信号称为后向散射信号；当 $135° < \beta < 180°$ 时，称之为前向散射信号。后向散射和前向散射是双基雷达系统的两种几何构型，如图 9-2 所示[2-3]。

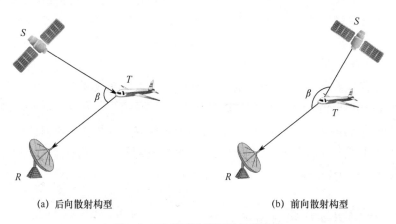

(a) 后向散射构型   (b) 前向散射构型

图 9-2 双基雷达的两种几何构型

1. 后向散射构型

后向散射构型是双基雷达中的一种常见类型。因为导航卫星信号不是专门为目标探测而设计的，所以利用 GNSS 反射信号进行空中目标探测可视为非合作式双基探测系统的具体实现案例。基于后向散射构型的空中目标探测流程如图 9-3 所示。其中，选星模块主要根据探测区域、导航卫星星历以及天线（接收机）位置，结合目标的散射特性选取几何构型最优的卫星。直射天线和反射天线分别指的是接收导航卫星直射信号和目标反射信号的天线，这两种信号均有各自的处理通道。对直射信号进行捕获、跟踪而获得参考信号，将它与反射天线接收处理得到的回波信号进行相关处理，得到时延–多普勒观测量，用于目标检测。

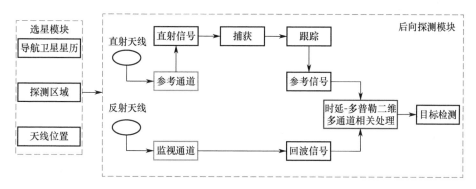

图 9-3　基于后向散射构型的空中目标探测流程

　　对直射信号的接收处理，与普通的导航定位接收机的接收处理相同，信号捕获可视为伪随机码、时延和多普勒（频移）三个维度的搜索过程。若所用的导航卫星事先已选择确定，则仅考虑后两个维度的搜索，以相关峰出现的时刻确定参考信号的参数。时延–多普勒二维多通道相关处理和第 5 章介绍的类似，此处所有码片和待搜索频率窗均需处理。考虑到实现的复杂度，通常采用时延并行–多普勒串行搜索的方式实现，具体流程如图 9-4 所示。

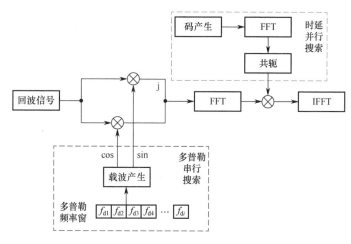

图 9-4　时延并行匹配滤波过程示意图

2. 前向散射构型

前向散射的几何关系和无线信号传播的衍射现象相对应。当电磁波在空中传播遇到障碍物（此处即指空中目标）时，产生新的次级波，并绕过障碍物进入阴影区，也称为前向散射区域[4]。地面接收机接收到绕过障碍物的电磁波后，通过识别和未经遮挡的信号之间的差别来实现对空中目标的探测。

考虑到空中移动目标的实际物理尺寸，以目标进入衍射区域的程度为自变量，分析目标进入前向散射区域过程中接收信号发生的变化。

以发射机 S 和接收机 R 为焦点，间距相差半波长的一组同心椭圆称为菲涅耳区，如图 9-5 所示[5]。对位于第 n 个同心椭圆上的目标 T_n，依据几何关系有

$$|ST_n| + |T_nR| - |SR| = n\lambda/2 \tag{9.1}$$

其中，λ 为信号载波的波长。第一个同心椭圆内部所包含的区域称为第一菲涅耳区，第 $n-1$ 和第 n 个同心椭圆之间的区域称为第 n 菲涅耳区。目标点 T_n 与发射机和接收机视距连线的距离为 h，其在视距连线（即直射路径）上的投影与发射机、接收机之间的距离分别为 d_1 和 d_2。

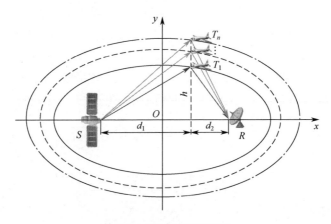

图 9-5 菲涅耳区示意图

导航卫星信号经图示椭圆上的任意一点后，再到达接收机，其传播路径距离与导航卫星信号直接到达接收机的距离之差记为 Δd，则有

$$\Delta d = |ST_n| + |T_nR| - |SR|$$

$$= d_1\sqrt{1 + \frac{h}{d_1}} + d_2\sqrt{1 + \frac{h}{d_2}} - (d_1 + d_2) \tag{9.2}$$

相位差为

$$\Delta\varphi = \frac{2\pi\Delta d}{\lambda} \qquad (9.3)$$

当目标位于第一菲涅耳区内,即 $n=1$ 时, $h \ll d_1$,则有如下的近似表达式[6]:

$$\Delta d \approx \frac{h^2(d_1 + d_2)}{2d_1 d_2} \qquad (9.4)$$

$$\Delta\varphi \approx \frac{\pi h^2(d_1 + d_2)}{\lambda d_1 d_2} \qquad (9.5)$$

第一菲涅耳区范围的大小由半径 r_1 确定,即

$$r_1 = \sqrt{\frac{\lambda d_1 d_2}{d_1 + d_2}} \qquad (9.6)$$

空中移动目标自第一菲涅耳区外进入第一菲涅耳区内的比例称为菲涅耳间隙 u。目标在第一菲涅耳区外时的 u 值为负值,目标位于菲涅耳区正中时的 u 值为零,目标离开菲涅耳区及其之后的 u 值为正值。菲涅耳间隙 u 的大小定义为[7]

$$u = h / r_1 \qquad (9.7)$$

依据目标的类型及运动过程,导航卫星信号的衍射传输可分为单边和双边两种模型来分析。

假定 E_o 为导航卫星信号在自由空间中的场强,则单边模型为

$$\frac{E_d}{E_o} = F(v) = \frac{1+j}{2}\int_v^\infty \exp\left(\frac{-j\pi z^2}{2}\right)dz \qquad (9.8)$$

其中,$F(v)$ 为随菲涅耳衍射参数 v 变化的菲涅耳积分,常采用查表或近似计算等方式求解。此时,衍射产生的增益(以 dB 表示)为

$$G_{\text{single}} = 20\lg|F(v)| \qquad (9.9)$$

在目标穿越第一菲涅耳区的过程中,前沿与后沿分别发生衍射,接收信号为两端衍射信号之和,即为双边模型。目标前沿衍射信号的场强为

$$F(v_{\text{front}}) = \frac{1+\text{j}}{2} \int_{v_{\text{front}}}^{\infty} \exp\left(\frac{-\text{j}\pi z^2}{2}\right) \text{d}z \tag{9.10}$$

目标后沿衍射信号的场强为

$$F(v_{\text{back}}) = \frac{1+\text{j}}{2} \int_{-\infty}^{v_{\text{back}}} \exp\left(\frac{-\text{j}\pi z^2}{2}\right) \text{d}z \tag{9.11}$$

根据式（9.10）和式（9.11）可得到双边衍射产生的增益为

$$G_{\text{double}} = 20 \lg \left| F(v_{\text{front}}) + F(v_{\text{back}}) \right| \tag{9.12}$$

单边及双边衍射模式下接收信号衍射增益随目标前沿菲涅耳间隙的变化示例如图 9-6 所示。在单边衍射模式 [见图 9-6（a）] 下，无限大平板从 $u<0$ 的位置进入第一菲涅耳区，平板前端由 $u=-2$ 运动至 $u=3$ 的位置，衍射增益随目标的进入而逐渐衰减；在双边衍射模式 [见图 9-6（b）] 下，选取球体作为目标，其穿越菲涅耳区方向的长度为第一菲涅耳区半径，目标前端从 $u=-2$ 的位置运动至 $u=3$，当目标完全进入第一菲涅耳区后，衍射增益会出现短暂的峰值，接收信号功率呈现"W"形变化[8]。

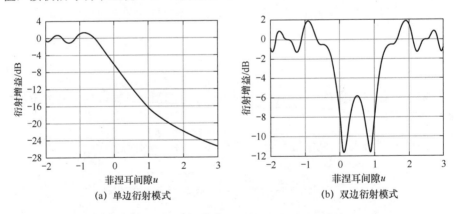

(a) 单边衍射模式　　　　　　　　(b) 双边衍射模式

图 9-6　衍射增益随菲涅耳间隙的变化示例

9.1.2　现场试验分析及验证

1. 后向散射构型试验

针对后向散射构型的空中移动目标探测，选择首都机场附近以民航飞机为对象开展试验。试验时间为 2022 年 4 月 24 日上午，数据采集地点位于某机场附近，试验现场如图 9-7 所示。

图 9-7　后向散射构型试验现场

试验采集数据所用的天线如表 9-1 所示。右旋圆极化天线可接收北斗导航卫星的直射信号，左旋圆极化天线可接收飞机反射的北斗导航卫星信号，各路信号下变频到中频后被采样、量化和存储，以图 9-3 和图 9-4 所示的处理流程进行数据处理。

表 9-1　试验选用的天线

天 线 编 号	天 线 类 型	最 大 增 益	安 装 方 式	极 化 方 式
1	全向天线	2.8 dBi	固定	RHCP
2	全向天线	5.5 dBi	固定	RHCP
3	定向天线	10 dBi	固定	LHCP
4	定向天线	13 dBi	手持对准飞机	LHCP

试验过程中民航飞机的飞行轨迹和天线照射范围如图 9-8 所示。采集数据的起始时刻为 12 时 42 分 29 秒，国航航班 CA17XX 于 12 时 41 分左右出港，自北向南飞行，12 时 42 分 48 秒进入 3 号天线的照射范围。试验期间北斗导航卫星中，2 号、7 号、10 号、30 号和 36 号 5 颗卫星均构成后向散射几何关系。

CA17XX 航班于接收机启动后的第 16.8 秒进入天线的照射范围（36 号卫星），第 21.6 秒离开天线的照射范围（2 号卫星）。数据处理结果表明，和直射天线收到的信号（图 9-3 中的参考通道）相比，反射天线收到的信号（图 9-3

中的监视通道）频率偏移范围为 –5～–20 Hz，且 5 颗导航卫星的观测结果一致。但是，直、反射信号协同处理后的时延对 5 颗卫星而言存在明显差异，相干积分时间取 20 ms 的数值结果如表 9-2 所示。

图 9-8　试验过程中民航飞机的飞行轨迹和天线照射范围

表 9-2　5 颗卫星的探测结果

卫星 PRN 号	起始时间/s	终止时间/s	时延/μs	多普勒频移/Hz
30	19.1	19.5	0.68	–10
7	17.88	18	0.23	–5
36	16.8	17.3	0.71	–10
10	17.4	17.7	0.45	–10
2	21.24	21.6	1.03	–20

图 9-9 按照时间顺序给出了 36 号、10 号、30 号和 2 号共 4 颗卫星的时延-多普勒频移相关值结果。由此可明显地看出，北斗导航卫星的反射信号在这种几何配置下可有效地探测空中移动目标。

2. 前向散射构型试验

针对前向散射构型，本节基于 2020 年 11 月 23 日在山东省某机场开展的试验数据进行分析，观测量为前述菲涅耳区衍射条件下的导航卫星信号变化量。接收天线采用全向天线和定向天线两种，其指标参数如表 9-3 所示，两路信号经下变频到中频后采样、量化，由著者研究小组专门定制的目标探测软件进行处理。

试验期间的空中移动目标为塞斯纳 172R 小型教练机，机长为 8.2 m，翼展为 11 m。试验现场示意图如图 9-10 所示。接收天线位于机场跑道西侧，其固定位置与飞机跑道的径向距离为 448 m，朝正东方向水平放置；教练机自南向北起飞穿过探测区域盘旋。

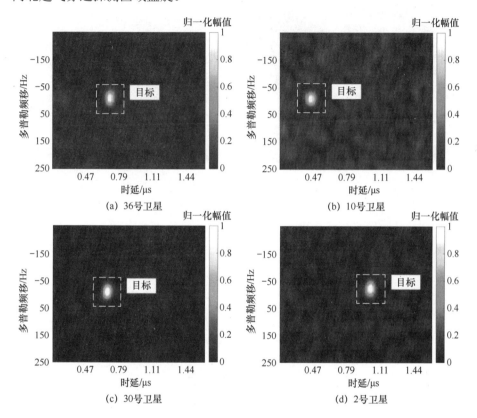

图 9-9 4 颗北斗导航卫星的时延–多普勒频移相关值结果

表 9-3 前向散射接收天线参数

天 线 类 型	天 线 用 途	工 作 频 段	天 线 增 益	极 化 方 式
全向天线	接收直射信号	GPS L1（支持 B1 信号）	3 dBi	RHCP
定向天线（±20°）	接收衍射信号	GPS L1	10 dBi	RHCP

数据采集时刻（采集当日 13:20）的可见导航卫星分布如图 9-11 所示。根据前向散射构型的双基角范围，选取 24 号卫星的信号作为观测量。

根据现场试验场景并将空中移动目标的参数代入式（9.6），可得飞机起飞时所经过的第一菲涅耳区半径为 10.7 m，与目标尺寸相当。在第一组数据中，仅有单个目标起飞经过探测区域，当目标穿越 24 号卫星与接收机之间的第一菲涅耳区时，接收到的信号幅值发生明显的"V"形变化，如图 9-12 所示。其持续时间近似为飞机停留在第一菲涅耳区的时间。

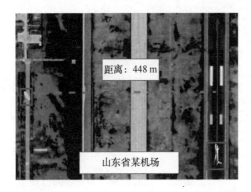 

图 9-10　试验现场示意图

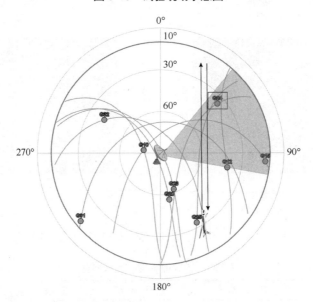

图 9-11　数据采集时刻的可见卫星分布

　　在第二组数据中，飞机起飞后在机场上空盘旋，即此目标多次穿过第一菲涅耳区；因此，接收信号幅值中出现了多次"V"形变化，如图 9-13 所示。在飞机盘旋往返的过程中，它与地面固定位置的接收机之间径向距离增加，第一菲涅耳区的半径也相应增大。试验期间出现了飞机完全进入第一菲涅耳区的情况，使得接收信号幅值出现"W"形变化（在图 9-13 中对应目标 3），且飞机停留在第一菲涅耳区的时间有所增加。

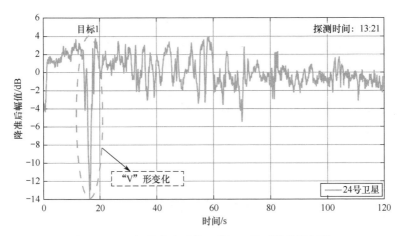

图 9-12　目标单次穿过第一菲涅耳区时的信号幅值

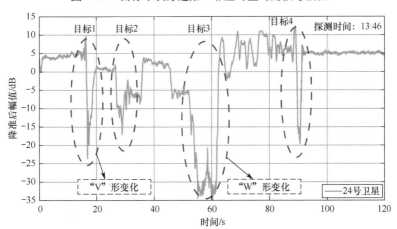

（注：图中标注的目标 1～4 指的是同一目标出现的顺序）

图 9-13　目标多次穿过第一菲涅耳区时的信号变化

　　该试验数据处理结果表明，当空中移动目标多次出现在菲涅耳区时，从接收到的信号变化中均可以加以识别。但是，如果是多个不同的目标同时出现在探测区域内，则需要额外的观测量来进行识别和区分。例如，采用多颗导航卫星的数据，增加多副天线，地面接收机组网等。

9.2　地基河流边界探测

　　河流是指降水或由地下涌出地表的水汇集在地面低洼处，在重力作用下经常地或周期性地沿洼地流动的水体[9]，在维系地球水循环、能量平衡、气候变迁及灾害监测等方面具有重要作用[10]。随着人类活动强度的不断增大，河流已从自然属性演变为"自然–人类"二元属性。在河流监测方面，目前常用的方式是基于接触式缆道无线测流的水文站。该方式在财力、物力方面消耗巨大，且难以满足野外刮风、降雨、洪水汛期等复杂环境的需求，使得我国偏远地区和气候恶劣地区的水文站点稀疏或者缺失，由此获得的河流水文信息有限[11]。遥感技术的发展使得摄像法[12]、甚高频（VHF）地波雷达[13]、主被动微波雷达[14]及星载多光谱[15]等河流监测手段涌现，在一定程度上补充了对较大尺度及欠发达地区河流的观测。光学监测方法的测量结果，与研究区域的地物组成、气候条件（如云雾、降雨天气）及自身分辨率相关，且星载光学传感器仅能提取河流分布，而无法获得流速、水位等信息。同光学传感器类似，基于微波成像的星载合成孔径雷达可在复杂气候条件下提供河流分布等信息。

河流作为地表水资源重要载体和水资源管理基本单元，对其边界、流速、水位及流量等水文资料进行实时监测具有重要作用。如前所述，GNSS 反射信号在对地观测中能够提取反射地面的土壤含水量等物理参数，而作为河水和河岸（土壤或水泥等非水的物质）的河流边界适于用什么样的模型和观测量进行求解，正是本节重点阐述的内容。

9.2.1　探测原理分析

如前所述，基于 GNSS 反射信号对河流边界的探测，既可以采用双天线模式，也可以采用单天线的模式。前者的应用范围更广一些，不仅利用星载，也可以利用机载和地基的几何配置结构进行数据收集；后者仅能采用地基的几何配置结构，图 9-14 所示为地基 GNSS 反射信号应用的几何配置示意图。随着导航卫星的运动，与地面固定的接收机对应的镜面反射点在地表将形成连续的位置变化轨迹。当 GNSS 天线位于河流附近时，镜面反射点轨迹的一部分落在河水表面上，另一部分落于河岸上。由于河水和河岸（通常为土壤等非水物质）的介电常数不同，其反射的导航卫星信号将有幅度、相位或者频率的不同，这就是基于 GNSS 反射信号区分河水与河岸的物理基础。而河流边界为线型目标，考虑到导航卫星运动所形成的镜面反射点移动速度较慢，河流边界可以视为一系列近似折线连接的曲线，探测河流边界可以简化等效为每一近似直线端点的求解。这是 GNSS 反射信号得以探测河流边界的物理基础[16]。此外，由于大部分河岸相对于河水面有一定的坡度，使得河水和河岸反射的 GNSS 信号相对于直射信号的时延变化率也有所不同。也就是说，直射信号的时延变化率也可以作为一个观测量，在进行特征提取和河流边界反演时加以应用。

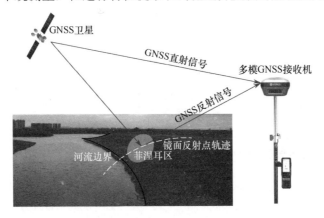

图 9-14　地基 GNSS 反射信号应用的几何配置示意图

1. 反射系数幅度值求解

和 7.3 节类似，采用单天线模式的地基几何配置结构，此时对 GNSS 接收机输出的载噪比序列进行多项式拟合，得

$$\overline{C} = \sum_{i=0}^{3} a_i \theta^i \qquad (9.13)$$

其中，多项式阶数取为 3，$a_0 \sim a_3$ 为拟合系数，θ 为卫星高度角。式（9.13）称为载噪比序列中的缓变项。原载噪比序列 C 减去拟合后的缓变项 $\overline{C}$，得到如下的结果（也称为载噪比序列中的振荡项）：

$$\widetilde{C} = C - \overline{C} = 2A_d A_r \cos\varphi_{dr} \qquad (9.14)$$

其中，A_d 和 A_r 的定义与第 7 章的相同，分别为直射信号和反射信号的幅度；φ_{dr} 为振荡项的辐角（或者相位）。利用缓变项对振荡项进行变换，可得

$$r_{rd} = \frac{\widetilde{C}}{\overline{C}} = \frac{2A_d A_r}{A_d^2 + A_r^2} \cos\varphi_{dr} = \frac{2\tilde{r}_{rd}}{1 + \tilde{r}_{rd}^2} \cos\varphi_{dr} \qquad (9.15)$$

其中，$\tilde{r}_{rd} = \dfrac{A_r}{A_d}$。对式（9.15）进一步做希尔伯特变换后的结果记为[17]

$$\hat{r}_{rd} = H[r_{rd}] \qquad (9.16)$$

则 r_{rd} 的包络和相位分别为

$$|r_{rd}| = \sqrt{r_{rd}^2 + (\hat{r}_{rd})^2} \qquad (9.17)$$

$$\hat{\varphi}_{dr} = \arctan\left(\frac{\hat{r}_{rd}}{r_{rd}}\right) \qquad (9.18)$$

联合上述各式，可得 $\tilde{r}_{rd}$ 的表达式为

$$\tilde{r}_{rd} = \frac{1 - \sqrt{1 - |r_{rd}|^2}}{|r_{rd}|} \qquad (9.19)$$

2. 反射系数幅度值的网格化

为了尽可能地将镜面反射点和河流边界上的点相匹配，这里采用网格划分的方法，即以高度角 θ 和方位角 ϕ 两个参量生成网格化的高度角–方位角观测单元，使之满足如下约束关系：

$$\begin{cases} (i-1) \cdot \Delta\theta \leqslant \theta < i \cdot \Delta\theta \\ (j-1) \cdot \Delta\phi \leqslant \phi < j \cdot \Delta\phi \end{cases} \qquad (9.20)$$

其中，$\Delta\theta$ 和 $\Delta\phi$ 分别为高度角和方位角的网格间隔，(i,j) 为网格编号。将导航卫星数据反演所获得的反射系数幅度值映射到对应的网格内，并基于如下优化算子得到相应的介电常数 $\hat{\varepsilon}_{ij}$，即

$$\hat{\varepsilon}_{ij} = \underset{\varepsilon_r}{\arg\min}\left\{\sum_{n=1}^{N}\left\||\tilde{r}_{rd,n}(i,j)| - |\tilde{r}_{rd}(\varepsilon_r)|\right\|^2\right\} \qquad (9.21)$$

其中，$\tilde{r}_{rd}(\varepsilon_r)$ 为 $\tilde{r}_{rd}$ 的理论模型值；$|\tilde{r}_{rd,n}(i,j)|$ 为网格 (i,j) 内 $\tilde{r}_{rd}$ 的测量值；N 为相应网格 (i,j) 的观测点数。

3. 河水与河岸的识别

网格化的高度角–方位角观测单元和反射面的介电常数一一对应后，就可以对河水与河岸加以区分。换句话说，这是一个简单的二分类问题，尽管其特征量和观测数据比较复杂，但其本质是对网格中的介电常数与河水/河岸进行匹配。为了提高匹配的准确率，基于最大类间方差的自适应阈值分割方法具有良好的性能，特别适用于导航卫星运动导致接收数据的阈值随时变化的应用场合[18]。以每个方位角上的网格化数据为分割对象，设置 3 个阈值的最大类间方

差为

$$\{\hat{k}_{j1}, \hat{k}_{j2}, \hat{k}_{j3}\} = \underset{0<k_{j1}<k_{j2}<k_{j3}<L_j}{\arg\min}\ \{\sigma_{Bj}^2(k_{j1}, k_{j2}, k_{j3})\} \tag{9.22}$$

其中，L_j 为第 j 个方位角上的介电常数最大值；k_{j1}、k_{j2} 和 k_{j3} 为对应的三个分割阈值；σ_{Bj}^2 为介电常数的类间方差，定义为

$$\sigma_{Bj}^2 = \sum_{i=0}^{3}\omega_{ji}(\mu_{ji} - \mu_{jT})^2 \tag{9.23}$$

其中，μ_{jT} 为第 j 个方位角上介电常数的均值；μ_{ji} 为第 j 个方位角上第 i 类元素的类内均值；ω_{ji} 为第 j 个方位角上第 i 类元素所占的比例。当第 j 个方位角上同时有河水和河岸观测值时，分类对象呈双峰特性。k_{j1} 和 k_{j3} 分别位于河岸和河流观测值的聚集点附近，k_{j2} 位于河水和河岸观测值的模糊区。当第 j 个方位角上仅有河水或河岸观测值时，分类对象呈单峰特性，$k_{j1}\sim k_{j3}$ 均在河水或河岸观测值附近。因此，k_{j1} 和 k_{j3} 的差值可作为分类对象是否同时有河水和河岸观测值的判据。当差值大于设定值时，判定既有河水又有河岸观测值；否则，判定仅含有河水或河岸观测值。k_{j2} 可作为河水和河岸观测值的判据，即观测值大于 k_{j2} 则判定为河水，小于 k_{j2} 则判定为河岸。为了降低噪声对判决的影响，被判定为河水或河岸的观测值数目应大于事先所设定的阈值。具体判决步骤如下：

（1）读取第 j 个高度角的观测值。

（2）利用最大类间方差求解三个分割阈值。

（3）判决 k_{j1} 和 k_{j3} 差值的绝对值是否大于设定阈值 T_{h1}。当小于 T_{h1} 时，进入步骤（4）；当大于 T_{h1} 时，进入步骤（5）。

（4）求解所有第 j 个方位角上的观测值的均值 m_j。当 m_j 大于设定的阈值 T_{h4} 时，判定第 j 个方位角上的观测值均表示河水；否则，判定其观测值均表示河岸。

（5）判定大于 k_{j2} 的观测值数目 $n_{>k_{j2}}$ 是否大于设定阈值 T_{h2}，且小于 k_{j2} 的观测值数目 $n_{<k_{j2}}$ 是否大于设定阈值 T_{h3}。如不满足此条件，则返回步骤（4）；如满足，则进入步骤（6）。

（6）第 j 个方位角上的第 i 个观测值 o_{ji} 是否大于 k_{j2}？若是，则判断为河水；否则，判定为河岸。

（7）当 i 不大于第 j 个方位角观测值总数 N_j 时，跳转至步骤（6）进行下一个观测值的判决；当 $i>N_j$ 时，进入步骤（8）。

（8）当 j 不大于第 j 个方位角网格总数 N 时，跳转至步骤（1）处理下一个方位角的观测值；当 $j>N$ 时，跳出循环，判决完毕。

图 9-15 所示为河水与河岸的判决流程。

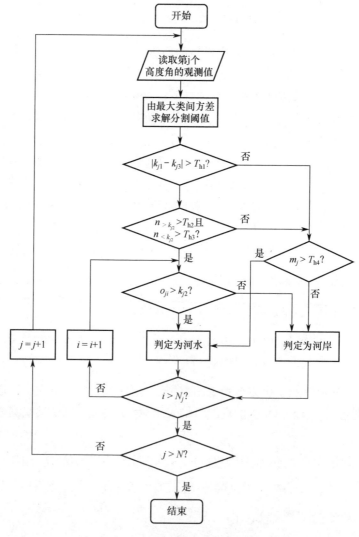

图 9-15　河水与河岸的判决流程

阈值 T_{h1} 设置为 $|o_{T1}-o_{T2}|/2$（其中，o_{T1} 和 o_{T2} 分别为两个分类对象属性的

理论值,即河水和河岸观测值的理论值);T_{h2} 和 T_{h3} 设置为分类对总数目的10%;T_{h4} 设置为 $|o_{T1} + o_{T2}|/2$。

4. 河流边界线的确定

河水与河岸被准确识别后,就在网格化的高度角-方位角观测单元确定了各镜面反射点的属性。由于河流边界提取所需的是确定其在地面的几何位置,因此以 θ 和 ϕ 两个参量生成的网格化观测单元与河流所在的地面区域再次映射,确定相应点的几何位置坐标。如图 9-16 所示,以 GNSS 天线在水平面上的投影点为坐标原点,并以水平面为东-北平面,建立东-北-天直角坐标系。网格化的高度角-方位角观测单元与空间域的映射关系为

$$\begin{cases} e = h_r \sin\phi / \tan\theta \\ n = h_r \cos\phi / \tan\theta \end{cases} \tag{9.24}$$

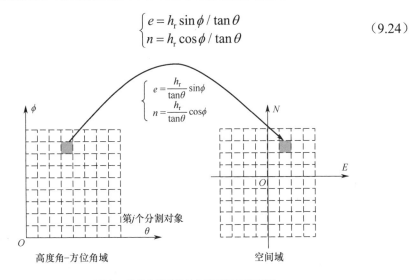

(其中 h_r 为接收机天线与水平面的垂直距离)

图 9-16　高度角-方位角域和空间域的映射示意图

河水和河岸被识别后,以河水靠近河岸的点为河流边界点。检测的边界点的高度角和方位角构成的集合为 $\{\theta_1, \phi_1; \theta_2, \phi_2; \cdots; \theta_M, \phi_M\}$。利用式(9.24)将该集合映射至空间域 $\{e_{b1}, n_{b1}; e_{b2}, n_{b2}; \cdots; e_{bM}, n_{bM}\}$。假设在建立的直角坐标系内,视场内的河流边界呈线性,即

$$n_b = p_1 \cdot e_b + p_2 \tag{9.25}$$

其中,e_b 和 n_b 分别为河流边界的东向和北向坐标;p_1 和 p_2 为河流边界的线性系数,可通过如下形式的拟合获得:

$$\{p_1, p_2\} = \underset{\{p_1, p_2\}}{\arg\min} \left\{ \sum_{i=1}^{M} |n_{bi} - (p_1 e_{bi} + p_2)|^2 \right\} \qquad (9.26)$$

为进一步提高河流边界的提取精度，还可以采用循环拟合的方法，即：

（1）将识别出的河流边界点通过式（9.26）拟合得到 p_1 和 p_2。

（2）计算各边界点的拟合结果，即式（9.25）中的距离。

$$d_i = \frac{|p_1 e_{bi} - n_{bi} + 1|}{\sqrt{p_1^2 + 1}} \qquad (9.27)$$

（3）检测边界点的最大距离是否大于设定阈值 T_{loop}。若大于阈值，则剔除距离最大的边界点，跳转至步骤（1）；若小于阈值，则结束循环，输出 p_1 和 p_2。

9.2.2　仿真分析及验证

利用导航卫星的实际星历，设定河水与河岸的不同类型和组成结构，进行理论计算和数值分析。

1. 场景设置

选取 GNSS 接收机的地面固定位置为（37.4475° N，119.0100° E），GNSS 接收天线距河水表面的垂直距离为 3.5 m，视场内的河流边界视为理想的直线。场景一河流边界的线性方程为 $n_b = -15$，河流为东西走向，河流边界距 GNSS 天线的水平距离为 15 m，河岸坡度为 1.9°，图 9-17（a）和（b）所示分别为该场景的侧视图和俯视图。场景二河流边界的线性方程为 $n_b = e_b - 10$，河流的方位角为 45°，GNSS 天线距河流边界的水平距离为 7.07 m，河岸坡度也为 1.9°，该场景侧视图和俯视图分别如图 9-17（c）和（d）所示。

数据采集时间为 2021 年 6 月 19 日，卫星高度角范围限定为 5°～40°，则根据 GNSS 实际星历绘出该时段的卫星天空视图如图 9-18 所示。由图 9-18 可知：GPS 和北斗系统的在轨卫星比 GLONASS 和 Galileo 系统的多，因而覆盖了更多的方位角区域；GLONASS 较其他系统有更高的轨道倾角，因而其方位向的覆盖区域更大。图中仅给出了中地球轨道的导航卫星分布，因其轨道为倾斜轨道，故北向低高度角区域的覆盖差，从而北向的探测能力也较差。

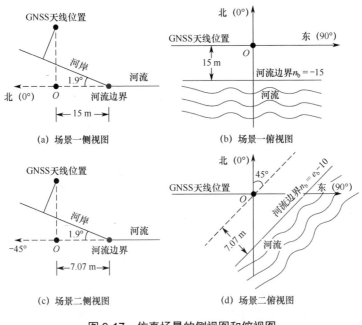

图 9-17　仿真场景的侧视图和俯视图

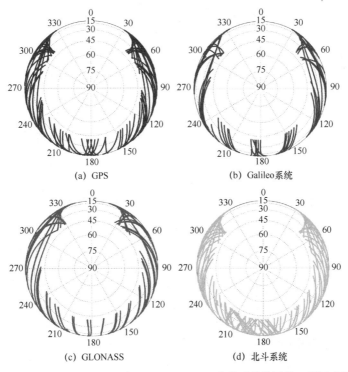

图 9-18　GPS、Galileo 系统、GLONASS 和北斗系统的导航卫星天空视图

　　在进行数据计算时，直射和反射信号中均加入了高斯白噪声，且天线增益采用的是著者研究小组实际使用的天线方向图数据。

2. 数值计算结果

　　网格化介电常数的高度角和方位角间隔分别设置为 $\Delta\theta = 0.2°$ 和 $\Delta\phi = 1.0°$。图 9-19 为场景一介电常数在高度角-方位角域的分布图。尽管由于希尔伯特变换估计的反射系数幅度 r_{rd} 包络存在微弱振荡，使得介电常数也随着高度角变化而呈微弱周期性变化，但介电常数在河水和河岸区域存在明显差异。

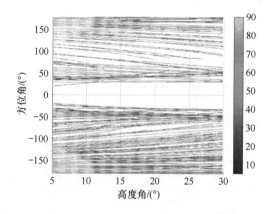

图 9-19　场景一介电常数在高度角-方位角域的分布图

　　为了确定最大类间方差法在分割河水和河岸时的有效性，选择既含河水又含河岸（图 9-19 中的方位角 0°～1°）和全河岸（图 9-19 中的方位角 146°～147°）两组数据进行分析，分别如图 9-20（a）和（b）所示。对于方位角为 0°～1°的介电常数序列，最大类间方差法所确定的 3 个阈值分别为 31.28、52.15 和 78.97。其中阈值 1（31.28）位于河岸介电常数附近，阈值 3（78.97）位于河水介电常数附近，且两阈值的差值为 47.69；而阈值 2（52.15）将反演的介电常数有效分割为河水和河岸两个不同区间。对于方位角为 146°～147°的介电常数序列，3 个阈值分别为 17.70、22.60 和 36.98，均位于河岸介电常数附近。其中阈值 1（17.70）和 3（36.98）的差值为 19.28，明显小于第一组数据即方位角为 0°～1°时的差值。因此，通过阈值 1 和阈值 3 的差值可判断分类对象的属性，而通过阈值 2 可进行河水和河岸分割。

　　确定河流边界时所设置的阈值 T_{h1}～T_{h4} 分别为 20、8、8 和 55（即图 9-16 中的 4 个阈值），且循环拟合的阈值 T_{loop} 设置为 4，则场景一和场景二所确定

的河流边界分别为 $n_b = -0.05e_b - 15.81$ 和 $n_b = 0.99e_b - 11.06$ ，均方根误差分别为 1.47 m 和 1.13 m。场景一和场景二的河流边界确定结果分别如图 9-21（a）和（b）所示。

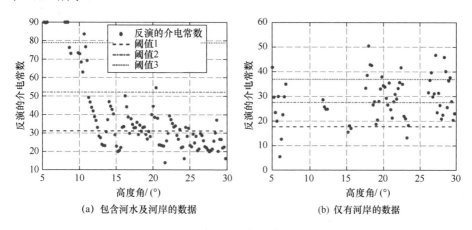

(a) 包含河水及河岸的数据　　　　　　(b) 仅有河岸的数据

图 9-20　反演的介电常数序列数据示例

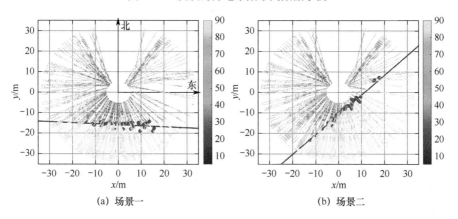

(a) 场景一　　　　　　　　　　(b) 场景二

图 9-21　河流边界确定结果

数值计算结果表明，在循环拟合过程中所设定的阈值 T_{loop} 与河流边界确定的准确性有密切关系[19]。

9.3　星载地表水体识别

前述的河流是地表水体的一种常见类型。地球表面的江、河、湖、海和冰川等，通称为水体，是被水覆盖的自然综合体，是地表水圈的重要组成部分[20]。

水体对于自然界与人类都有极为重要的作用：可以调节气候，水体丰富的地方气候一般较稳定；湖泊、河流大多作为动物栖息地，保护了生物多样性；内陆大面积的地表水更是为人类的生活提供了极大的便利。不同水体依据其特性可用于农业灌溉、内陆航运、水力发电、防洪供水、旅游观光等，大大推动了人类工业与城市文明的发展进程[21]。由于人类生产、生活等活动对自然的影响，很多区域水陆分布情况的变化速度远远超出了正常情况。通过对较大范围的水体进行观测，了解其分布及增减变化情况，可为全球生态保护提供支持，以合理应对全球性的环境变化。内陆水体识别的方法与 9.2 节所述的探测河流边界的方法一致，基于卫星的光学遥感和微波遥感等主动和被动手段都能很好地给出水体宏观尺度下的时间变化特征。利用 GNSS 反射信号对水体和非水体的敏感程度，同样可以获得高性能的水体识别。而且，星载 GNSS 反射信号的应用还能提供导航卫星本身所带来的额外优势。例如，信号源丰富，载波频率不受天气影响且可穿透云层、雨水和植被，以及仅设置数据接收以减少功耗等。利用星载的 GNSS 反射信号数据开展水体识别方法研究，是 GNSS 反射信号应用的一个自然延伸，在一定程度上可以弥补其他星载遥感手段的不足，具有广阔的推广前景。

9.3.1 水体识别过程

应该说，地表水体的识别原理同前述河水/河岸的识别原理在本质上相同，都是基于水和非水物质对 GNSS 反射信号的影响不同这一根本特征的。在具体遥感应用实践中，根据所配置的几何结构和接收机的类型选择不同的观测量进行求解。当然，地表水体的识别与河流边界的确定也有所不同，前者是将水体作为一个面域对象进行识别的（可视为二维空间），而后者是将水体（河流）作为一个线形目标来确定的（可视为一维空间）。仿真计算中针对线形目标，考虑了它相对于地平面的倾斜度。对于面域目标而言，其粗糙程度也对反射信号产生影响，即粗糙的地表面将使得导航卫星信号反射（严格说应为散射）后产生更多的非相干分量。非相干分量的多少直接影响反射信号的信噪比高低。由于水体表面相比于土壤、砂石、植被等更为光滑，因此利用反射信号的信噪比观测量即可实现水体的高性能识别，特别是在星载 GNSS 反射信号应用中体现得更明显。本节介绍基于 CYGNSS 星载数据的水体识别典型案例，以此说明该应用的实现方法和性能。

1. 观测量的提取

地表水体识别的观测量采用二维时延-多普勒相关功率的峰值信噪比 S/N，即

$$S/N = 10 \lg \left(\frac{P_{\text{peak}} - N_{\text{floor}}}{N_{\text{floor}}} \right) \qquad (9.28)$$

其中，P_{peak} 为 DDM 峰值相关功率；N_{floor} 为底噪相关功率，可通过对无信号的时延-多普勒区域的相关功率求平均得到[22]。为了提高地表水体的识别率，峰值信噪比数据的质量控制至关重要。信噪比数值过小，则说明反射信号中的噪声过大，难以提取有效信息，应用于识别时获得的识别率将降低。另外，GNSS 反射信号接收时所对应的天线波瓣将因导航卫星的运动和接收平台（如低轨卫星或者空中飞行器）的运动而变化，因此其天线增益也将不同。如果接收信号来自天线增益较低的方向，则其数据质量也会受到影响而导致不可用。

2. 网格化数据处理

和 9.2 节中的网格化类似，此处主要通过网格化将空间内不均匀分布的数据进行归类统计，寻找一个区域内的代表数值或趋势数值，并减小偶然数据的影响。首先，根据水体识别分辨率的要求确定网格的大小，常用的网格为边距相等的等距离网格，如 1 km 和 3 km 等[23]。同一个网格内的数据通过进行算术平均来确定。基于星载 GNSS 反射信号的水体识别，网格距离的确定还需考虑导航卫星的移动速度、接收平台卫星的移动速度，以及镜面反射点轨迹的采样频率等数值，尽可能保证相干累加-非相干累加后的结果在同一个网格范围内，充分反映其均值特性。其次，对每个数据样本点对应的几何位置和标准网格进行一一映射，获得反射信号数据的空间分布。

3. 水体识别方法

地表水体的识别是典型的二值分割问题，其关键是阈值的选择。通过统计非水体与水体的反射信号信噪比的范围，找到两者的公共数值（交集），即可确定阈值；也可以对所有的信噪比范围进行等间距的遍历，对每个待遍历的阈值进行分割，并与已知结果进行比对，得出正确率、虚判率、误判率等统计数值，从而得到近似的阈值-正确率曲线，用以确定后续识别的阈值。前一种方法是水体和非水体反射的统计特性已知的情况下使用。后一种方法需要人为设

定阈值及其间隔，和实际的阈值−正确率关系会有所不同；但是如果阈值间隔设置得足够小，也能取得很好的近似结果。

不管用哪一种方法确定或设定阈值，设定阈值后均可以用于生成该阈值下的二值分割图像，从而确定水体识别的结果。例如，数值低于阈值的记为 0，表示非水体；反之，高于阈值的记为 1，表示水体。

9.3.2　CYGNSS 数据验证

正如第 1 章所述，CYGNSS 是美国发射的一个用于监测热带气旋的 8 星小星座，公开了 4 个级别的数据集，包括：原始数字中频数据（L0），双基雷达散射截面相关数据（L1），海面风速及均方坡度轨道级产品（L2），海面风速及均方坡度网格化产品（L3）。式（9.28）对应的数据为 L1[24]。

此处选取 2020 年 1 月—12 月的公开数据，同比数据为全球陆表水域数据产品，其分辨率为 500 m[25]。由于所选网格尺度为 3 km，需要对标准的水体数据利用降采样的方式完成时空匹配。为体现水体识别方法在不同地形地物条件下的适用性情况，选取尼罗河流域、东非大裂谷湖泊群、刚果河流域和亚马孙河流域作为识别对象。其中，尼罗河流域的选取区域位于非洲大陆北部，沿径流分别流经热带草原气候、热带沙漠气候等，水流量较小，水体周围的地物环境以裸土沙漠及草原为主；东非大裂谷湖泊群在赤道南侧，水体周围的地物环境主要为草原及岩石；南美洲的亚马孙河与非洲的刚果河均位于赤道附近，分别位于世界第一大与第二大热带雨林中，森林茂密、降水丰富，周围的地物环境主要为森林[26]。

1．刚果河流域

所选取的刚果河流域区域位于赤道上，经、纬度范围分别为 15°E～25°E 和 5°N～5°S，周围典型地物为热带雨林。图 9-22 所示是对其地形数据进行降采样后的 3 km 标准网格数据。

由于缺少水体与非水体的统计信息，无法寻找最优阈值来实现水体识别，因此采取前述第二种方法确定阈值，即在统计的 0～20 dB 范围内遍历，阈值间隔设为 0.1 dB。图 9-23（a）～（d）所示分别是阈值为 3 dB、6 dB、9 dB 和 12 dB 时的水体识别结果。当阈值较小时，有较大块的陆地被识别为水体；当阈值较大时，仅有干流和较大的支流识别成功，细小支流或季节性河流则被识

别为陆地。当阈值为 8.7 dB 时，刚果河流域的水体识别最佳，可实现 90.64 %
以上的正确率。

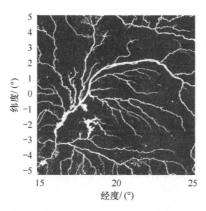

图 9-22 刚果河流域 3 km 标准网格数据

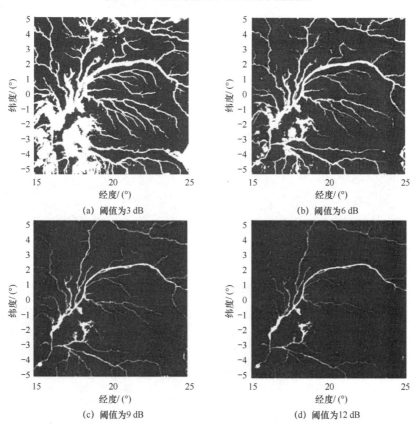

图 9-23 刚果河流域的水体识别结果

2. 亚马孙河流域

亚马孙河流域的经、纬度范围分别设置为 50°W~70°W 和 0°~10°S，图 9-24 所示为亚马孙河流域水体示意图。亚马孙河（干流）自西向东流动，存在明显的干流与支流分布，且除了线条状的河流外，还存在面块状的湖泊。在部分支流末端存在边界不清晰的散点形状，这是由于亚马孙河流域的整体气候较为湿润，陆地的土壤含水量较高，可能存在季节性的湖泊和湿地等地表实体。

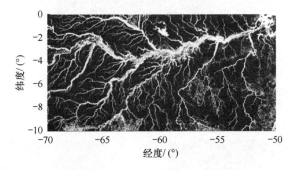

图 9-24　亚马孙河流域水体示意图

图 9-25 所示为亚马孙河流域不同阈值时的水体识别结果。与刚果河流域的识别结果相似，在阈值较小时许多陆地被判定为水体；而在阈值较大时，干

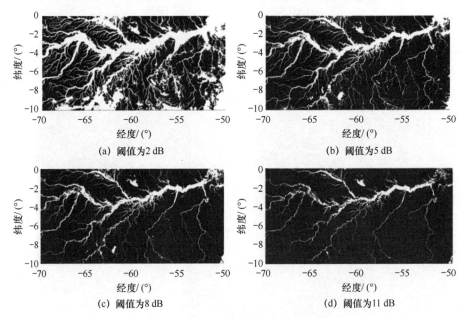

(a)　阈值为2 dB　　　　　　　　　　(b)　阈值为5 dB

(c)　阈值为8 dB　　　　　　　　　　(d)　阈值为11 dB

图 9-25　亚马孙河流域的水体识别结果

流和主要支流较为清晰，其他支流却被判定为陆地。最优阈值的确定与前一节相同，在统计正确率、虚判率及误判率数据的基础上选择确定。当阈值为 3.8 dB 时可获得最佳结果，相应的水体识别正确率达到 90.93%。

刚果河与亚马孙河流域均为典型的热带雨林气候，降水量大，河流流量大，分布清晰。基于 GNSS 反射信号信噪比的二值分割法对其有较好的水体识别结果，在最佳阈值确定的前提下均可以获得 90% 以上的正确率；但两个流域的最佳阈值不相同，前者最佳阈值约为 8.7 dB，而后者最佳阈值约为 3.8 dB。造成该差异的原因主要是：

（1）亚马孙河除受赤道低气压带控制外，还受东南风由大西洋吹往安第斯山脉的水汽影响，其降水量更大。

（2）亚马孙河流经平原地区，刚果河流经刚果盆地，不同的地形导致卫星信号的入射和反射角度不同；同时，亚马孙河拥有更多支流，而刚果河的支流分布相对较少。

（3）虽然同为典型的热带雨林，但二者的植被覆盖情况不同。

3．东非大裂谷湖泊群

在非洲赤道南侧偏东的区域（28°E～36°E，0°～20°S），围绕东非大裂谷存在几个较为大型的湖泊，如面积最大的凹陷湖——维多利亚湖、世界第二深湖——坦噶尼喀湖以及靠南侧的狭长湖泊——马拉维湖，统称为东非大裂谷湖泊群。此湖泊群大多是由于东非大裂谷的地壳运动出现断层陷落而形成的（如图 9-26 所示）湖泊的形状多为狭长形，且湖底深陷。

以和刚果河流域相同的阈值进行水体识别，结果如图 9-27 所示。可以看出，当阈值为 6 dB 时，可清晰地看出几块湖泊的边界，且显现一些河流的走向。北部维多利亚湖中心的信噪比要比湖边界的信噪比低，有部分网格点被误判为陆地。当阈值为 6.5 dB 时，水体识别结果最优，正确率可达 82.94%。

4．尼罗河流域

所选取的尼罗河流域经纬度范围为 30°E～40°E 和 10°N～30°N。尼罗河自南向北流动，横跨的纬度范围大，气候差异较大，降水量与地形变化也极大。如图 9-28 所示，尼罗河在偏南部有较多支流，形成三角洲。

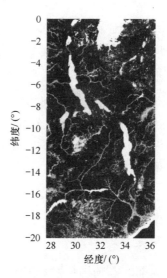

图 9-26　东非大裂谷湖泊群

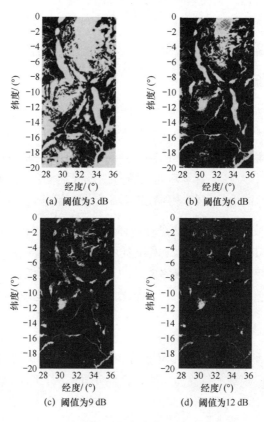

(a)　阈值为3 dB

(b)　阈值为6 dB

(c)　阈值为9 dB

(d)　阈值为12 dB

图 9-27　东非大裂谷湖泊群的水体识别结果

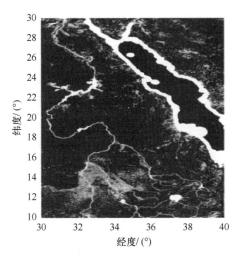

图 9-28 尼罗河流域的水体

图 9-29（a）～（d）分别是阈值为 4 dB、7 dB、10 dB 和 13 dB 时的水体识别结果。可以看出：在阈值较小时，尼罗河北部干流识别清晰，有明显的流向走势，但南部大块面积被误判；随着阈值增大，北部干流变得越来越不明显，南部支流区域显现较清晰的河流脉络。当阈值约为 11.8 dB 时可达最佳的识别结果，正确率近似为 82.96%。这与东非大裂谷的结果相近，但与刚果河与亚马孙河流域相比正确率偏低。

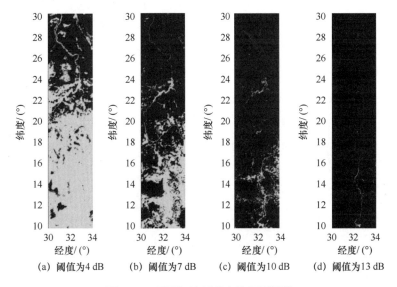

(a) 阈值为 4 dB   (b) 阈值为 7 dB   (c) 阈值为 10 dB   (d) 阈值为 13 dB

图 9-29 尼罗河流域的水体识别结果

尼罗河流域的水流量较小，含沙量较高，且热带草原气候干湿季分明，使得尼罗河的流量呈现较强的季节性变化。汛期还可能导致规律性的洪水，在洪水退去后留下肥沃土壤。由于所述方法是基于全年的平均数据进行水体识别的，因此对该季节性变化难以识别，仅能较好识别尼罗河下游信噪比较高的区域。也就是说，二值分割法在该区域的适用性有一定局限；如果有更多的数据或者利用其他算法，则可能会有更准确的识别结果。

另外，不同的地形也对识别的结果有影响，刚果河地处盆地，亚马孙河处于平原，能够更容易地清晰看到河流的脉络结构。

9.4 展望

GNSS-R 自 20 世纪 80 年代末作为 GNSS 的衍生品出现以来，已有 30 多年的发展历史了，可以说此项技术正进入"而立"之年，越来越多地被世人所接受。无论是 GNSS 反射信号的传播模型，还是接收处理反射信号的软硬件设备，抑或是数据挖掘和人工智能算法，从各种观测量提取地表面物理参数乃至成像等内容，都呈现出研究群体变大，业务应用部门都将目光转向此领域的局面。这是 GNSS 反射信号领域的幸事，更是 GNSS 领域从业者感到欣慰的一面。GNSS 又找到了新的"用武之地"。本章有选择性地介绍了地基空中移动目标探测、地基河流边界探测和星载地表水体识别三个新型应用，都是著者研究小组正在从事的主要研究方向。

然而，技术革新不断涌现，人们的需求层出不穷，两者有时互为因果，有时并驾齐驱。GNSS 反射信号领域的技术革新大致有如下几个可能的方向：

（1）辐射理论和 L 波段电磁信号的交叉融合。就是说，自然的和人为的信号混杂在一起，接收通道是对其进行区分还是融合？现有的信号处理方法或许还有较大的研究空间。

（2）随着卫星网络的日益庞大，天空中可用的卫星信号同样丰富多样。如果将此 GNSS 反射信号的研究逻辑推广开来，构建从 GNSS-R 到 Radio-R 的技术体系，则可能会出现另一个"耳目一新"的场景。

（3）能量强弱的相对性。一般而言，在白纸上写黑字和在黑纸上写白字具有等价的"定量"判别指标。尽管如此，从强信号中发现弱信号，还是与从弱信号中发现强信号有很大的差别的。其根源在于所使用的方法体系严重依赖于"能量"这一基本要素。从这个角度思考无疑也会引导我们发现"新大陆"。

在需求方面，从目前已有的 GNSS 反射信号应用研究拓展开来，尚在如下几个方面制约较为明显，有待深入探讨其可行性。

（1）海面溢油的监测。油膜厚度使得反射信号中保留的油质信息过于细微，难以精准发现。以油膜的张力致使海面局部变平的方法，似乎是一个潜在的研究方向。

（2）土壤成分的监测。土壤成分在某些特定场合有至关重要的识别价值，如中草药的种植基地等。GNSS 反射信号及其干涉分量中抑或含有土壤成分的微量信息，对此开展研究可能会从微观上形成一个新的学科增长点。

此外，还有很多其他方面有待研究。

尽管著者及所在团队日益精进，致力于 GNSS 反射信号的理论及方法研究，但仍然需要更多的专家学者加入此行列，共同打开 GNSS 应用的新局面，为我国自主建设的北斗导航卫星系统添砖加瓦、增光添彩。

参 考 文 献

[1] 苏军海, 邢孟道, 保铮. 宽带机动目标检测[J]. 电子与信息学报, 2009, 31(06): 1283-1287.

[2] MIKHAIL C. Bistatic Radar:Principles and Practice[M]. John Wiley & Sons, Ltd: 2007.

[3] MELVIN W L, SCHEER J. Principles of modern radar: advanced techniques[M]. IET Digital Library; SciTech Publishing Inc.: 2012-01-01.

[4] 拉帕波特. 无线通信原理与应用[M]. 周文安, 等译. 2 版. 北京: 电子工业出版社, 2006.

[5] ZHANG D, WANG H, WU D. Toward centimeter-scale human activity sensing with Wi-Fi signals[J]. Computer, 2017, 50(1): 48-57.

[6] ZHANG R, JING X. Device-free human identification using behavior signatures in Wi-Fi sensing[J]. Sensors, 2021, 21(17).

[7] 牛凯, 张扶桑, 吴丹, 等. 用菲涅耳区模型探究 Wi-Fi 感知系统的稳定性[J]. 计算机科学与探索, 2021, 15(01): 60-72.

[8] 苗铎. 基于导航卫星信号的空中目标探测技术研究[D]. 北京: 北京航空航天大学, 2022.

[9] 伍光和, 王乃昂, 胡双熙, 等. 自然地理学[M]. 4 版. 北京: 高等教育出版社, 2008:

202-222.

[10] 吴炳方. 流域遥感[M]. 北京: 科学出版社, 2019: 42-42.

[11] 史卓琳, 黄昌. 河流水情要素遥感研究进展[J]. 地理科学进展, 2020, 039(004): 670-684.

[12] KINOSHITA R, UTAMI T, UENO T. Image processing for aerial photographs of flood flow[J]. Journal of the Japan Society of Photogrammetry and Remote Sensing, 1990, 29(6): 4-17.

[13] COATS J E, CHENG R T, HAENI F P, et.al. Use of radars to monitor stream discharge by noncontact methods[J]. Water Resources Research, 2006.

[14] LYZENGA D R. Passive remote sensing techniques for mapping water depth and bottom features[J]. Applied Optics, 1978, 17(3).

[15] BRAKENRIDGE G R, NGHIEM S V, ANDERSON E, et al. Space-based measurement of river runoff[J]. Eos Transactions American Geophysical Union, 2013, 86(19).

[16] 杨鹏瑜, 杨东凯, 王峰. 河流边界遥感探测综述[C]//第十六届全国信号与智能信息处理与应用学术会议论文集. 《计算机工程与应用》编辑部, 2022.

[17] 何宜军, 陈忠彪, 李洪利. 海洋数据处理分析方法[M]. 北京: 科学出版社, 2021: 138-142.

[18] OTSU N. A threshold selection method from gray-level histograms[J]. IEEE Transactions on Systems, Man, and Cybernetics, 1979, 9(1): 62-66.

[19] 王峰, 杨鹏瑜, 杨东凯. GNSS-I/MR 河流边界及水位测量：理论与仿真[J]. 北京航空航天大学学报, 2022, 48.

[20] 陈波, 赵敏. 间歇性内陆水域是重要的碳源[J]. 科学通报, 2020, 65(16): 1581-1591.

[21] 朱尔明. 水工程与水环境[J]. 三峡大学学报（自然科学版）, 2004(03): 198-201.

[22] RODRIGUEZ-ALVAREZ N, AKOS D M, ZAVOROTNY V U, et al. Airborne GNSS-R wind retrievals using delay-doppler maps[J]. IEEE Transactions on Geoscience and Remote Sensing, 2013, 51(1): 626-641.

[23] AL-KHALDI M M, JOHSON J T, GLEASON S, et al. Inland water body mapping using CYGNSS coherence detection[J]. IEEE Transactions on Geoscience and Remote Sensing, 2012, 59(9): 7385-7394.

[24] RUF C, CHANG P S, CLARIZIA M, et al. CYGNSS Handbook[Z]. National Aeronautics and Space Adiministration, 2016.

[25] PEKEL J F, COTTAM A, GORELICK N, et al. High-resolution mapping of global surface water and its long-term changes[J]. Nature, 2016, 540: 418-422.

[26] 李亚琪. 星载 GNSS-R 内陆水体识别方法研究[D]. 北京: 北京航空航天大学, 2022.

附录A　缩　略　语

ADC	Analog-to-Digital Converter	模数转换器
AGC	Automatic Gain Control	自动增益控制
ASIC	Application Specific Integrated Circuit	专用集成电路
AWGN	Additive White Gaussian Noise	加性白高斯噪声
BDS	BeiDou Navigation Satellite System	北斗卫星导航系统
BOC	Binary Offset Carrier	二进制偏移载波
BP	Back-Projection	后向投影
BPF	Band-Pass Filter	带通滤波器
BPSK	Binary Phase-Shift Keying	二进制相移键控
BSAR	Bistatic Synthetic Aperture Radar	双基（地）合成孔径雷达
CDMA	Code Division Multiple Access	码分多址
CNR	Carrier-to-Noise Ratio	载噪比
CORS	Continuously Operating Reference Station	连续运行基准站
CPU	Central Processing Unit	中央处理器
CRC	Cyclic Redundancy Check	循环冗余校验
CUDA	Compute Unified Device Architecture	计算统一设备体系结构
CYGNSS	Cyclone Global Navigation Satellite System	（NASA）旋风卫星导航系统
DDM	Delay-Doppler Maps	时延–多普勒图
DDMR	Delay/Doppler Mapping Receiver	时延/多普勒映射接收机
DDS	Direct Digital Synthesizer	直接数字式频率合成器
DLL	Delay-Locked Loop	延迟锁定环
DMC	Disaster Monitoring Constellation	灾害监测星座
DMR	Delay Mapping Receiver	时延映射接收机
DSP	Digital Signal Processor	数字信号处理器
DSSS	Direct Sequence Spread Spectrum	直接序列扩频

（续表）

ECMWF	European Centre for Medium-Range Weather Forecasts	欧洲中期天气预报中心
EIRP	Effective Isotropic Radiated Power	有效全向辐射功率
EMD	Empirical Mode Decomposition	经验模态分解
EMIF	External Memory Interface	外部存储器接口
ESA	European Space Agency	欧洲空间局（欧空局）
ESTEC	European Space Research and Technology Center	欧洲空间研究与技术中心
FDMA	Frequency Division Multiple Access	频分多址
FFT	fast Fourier transform	快速傅里叶变换
FIFO	First Input First Output	先入先出
FLL	Frequency Locked Loop	锁频环
FM	Frequency Modulation	调频
FPGA	Field Programmable Gate Array	现场可编程门阵列
FVCOM	Finite-Volume Costal Ocean Model	有限体积海岸海洋模型
GDOP	Geometric Dilution of Precision	几何精度因子
GEO	Geosynchronous Earth Orbit	地球同步轨道
GLONASS	Global Navigation Satellite System	（俄罗斯）全球导航卫星系统
GNSS	Global Navigation Satellite System	全球导航卫星系统
GNSS-IR	GNSS-Interferometric Reflectometry	GNSS 干涉反射测量
GNSS-MR	GNSS-Mutipath Reflectometry	GNSS 多径反射测量
GNSS-R	GNSS-Reflectometry	GNSS 反射测量技术
GNSS-R	GNSS-Reflections	GNSS 反射信号
GNSS-R	GNSS-Remote Sensing	GNSS 遥感
GO	Geometric Optics	几何光学
GPS	Global Positioning System	全球定位系统
GPU	Graphics Processing Unit	图形处理单元
GSM	Global System for Mobile communications	全球移动通信系统
HC	Heterodyne Channel	外差通道
HDOP	Horizontal Dilution of Precision	水平精度因子
HPBW	Half-Power Beam Width	半功率波束宽度
ICF	Interferometric Complex Field	干涉复数场
IF	Intermediate Frequency	中频
IFFT	inverse fast Fourier transform	快速傅里叶逆变换
IGSO	Inclined Geo-Synchronous Orbit	倾斜地球同步轨道

（续表）

IMF	Intrinsic Mode Function	本征模态函数
IP	Internet Protocol	互联网协议
IRNSS	India Radio Navigation Satellite Service	印度区域导航卫星系统
ISRO	India Space Research Organisation	印度空间研究组织
JPL	Jet Propulsion Laboratory	（美国）喷气推进实验室
JPO	Joint Program Office	（美国国防部）联合项目办公室
KA	Kirchhoff Approximation	基尔霍夫近似
KA-GO	Kirchhoff Approximation-Geometric Optics	基尔霍夫近似几何光学（模型）
LDPC	Low Density Parity Check	低密度奇偶校验
LHCP	Left-Hand Circular Polarization	左旋圆极化
LNA	Low Noise Amplifier	低噪声放大器
LOS	Line of Sight	视线线路
LVTTL	Low Voltage Transistor-Transistor Logic	低压晶体管–晶体管逻辑
MBOC	Multiplexed Binary Offset Carrier	多元二进制偏移载波
MEO	Medium Earth Orbit	中地球轨道
MISL	Microwave Integrated System LaboratoryMISL	微波集成系统实验室
MPSF	Multistatic Point Spread Function	多基（地）点扩散函数
NASA	National Aeronautics and Space Administration	美国国家航空航天局
NAVSTAR	Navigation System Timing and Ranging	时距导航系统
NCO	Numerically Controlled Oscillator	数字控制振荡器
NDVI	Normalized Differential Vegetation Index	归一化植被指数
NNSS	Navy Navigation Satellite System	（美国）海军导航卫星系统
NOAA	National Oceanic and Atmospheric Administration	美国国家海洋与大气局
PARIS	Passive Reflectometry and Interferometry System	无源反射和干涉测量系统
PCB	Printed-Circuit Board	印制电路板
PCI	Peripheral Component Interconnect	外部设备互连
PCI-E	Peripheral Component Interconnect-Express	一种高速串行计算机扩展总线标准
PDOP	Position Dilution of Precision	位置精度因子
PLL	Phase Locked Loop	锁相环
PPS	Precision Positioning System	精密定位服务
PRI	Pulse Repetition Interval	脉冲重复间隔
PRN	Pseudo Random Number	伪随机数
PRN	Pseudo Random Noise	伪随机噪声（码）
PVT	Position, Velocity, Time	位置、速度、时间

（续表）

QPSK	Quadrature Phase-Shift Keying	正交相移键控
QZSS	Quasi-Zenith Satellite System	准天顶导航卫星系统
RAM	Random Access Memory	随机存储器
RC	Radar Channel	雷达通道
RF	Radio Frequency	射频
RHCP	Right-Hand Circular Polarization	右旋圆极化
RINEX	Receiver Independent Exchange Format	与接收机无关的交换格式
RNSS	Radio Navigation Service of Satellite	卫星无线电导航服务
ROM	Read-Only Memory	只读存储器
RTOS	Real Time Operating System	实时操作系统
SAR	Search and Rescue	搜救（业务）
SAR	Synthetic Aperture Radar	合成孔径雷达
SBAS	Satellite Based Augmentation Systems	星基增强系统
SDK	Software Development Toolkit	软件开发工具包
SIMD	Single Instruction Multiple Data stream	单指令多数据流
SOH	Seconds of Hour	小时内秒计数
SOL	Safety-of-Life	生命安全（服务）
SPM	Small Perturbation Method	小扰动方法
SPS	Standard Positioning System	标准定位服务
SSA	Small-Slope Approximation	小斜率近似（模型）
SSBSAR	Space-Surface Bistatic Synthetic Aperture Radar	天地双基（地）合成孔径雷达
SSH	Sea Surface Height	海面高度
TCP	Transmission Control Protocol	传输控制协议
TDOP	Time Dilution of Precision	时间精度因子
TOW	Time of Week	周内时间
TSM	Two Scale Model	二尺度模型
UART	Universal Asynchronous Receiver/Transmitter	通用异步接收发送设备
USB	Universal Serial Bus	通用串行总线
UTC	Coordinated Universal Time	协调世界时
VDOP	Vertical Dilution of Precision	垂直（高程）精度因子
VSWR	Voltage Standing Wave Ratio	电压驻波比